职业教育"十三五"规划课程改革创新教材

电气设备安装与检修

张　晴　主　编

马腾云　吴慧珍　副主编

李志江　主　审

科学出版社

北　京

内 容 简 介

本书的编写遵循"基于项目教学""基于工作过程"的职业教育课改理念,力求建立以项目为核心、以任务为载体、以工作过程为导向的"教学做一体化"的教学模式。

本书共 4 个项目,主要内容包括变压器与三相异步电动机的认识、三相异步电动机基本控制电路的安装与检修、常用电气系统控制电路的故障分析与检修、直流电动机控制电路的认识。每个项目以任务的形式展开,全书共设置 19 个任务,内容涵盖大部分工程中的实际应用。本书内容丰富、全面,任务经典,实施步骤详细,图文并茂,通俗易懂,符合职业院校教学实际。另外,本书配套免费的多媒体课件资源包,书中穿插有二维码资源链接,读者通过手机等终端扫描后,可观看相关的动画和视频。

本书可作为职业院校(含中职、五年制高职)机电一体化、数控技术、电气自动化等电类专业及相关专业的教学用书,也可作为有关行业的岗位培训教材及从业人员的自学用书。

图书在版编目(CIP)数据

电气设备安装与检修 / 张晴主编. —北京:科学出版社,2019.7
(职业教育"十三五"规划课程改革创新教材)
ISBN 978-7-03-060849-9

Ⅰ. ①电… Ⅱ. ①张… Ⅲ. ①电气设备-设备安装-职业教育-教材
②电气设备-设备检修-职业教育-教材 Ⅳ. ①TM05 ②TM07

中国版本图书馆 CIP 数据核字(2019)第 048109 号

责任编辑:张振华 / 责任校对:王万红
责任印制:吕春珉 / 封面设计:东方人华平面设计部

科 学 出 版 社 出版
北京东黄城根北街 16 号
邮政编码:100717
http://www.sciencep.com

三河市骏杰印刷有限公司印刷
科学出版社发行   各地新华书店经销
*

2019 年 7 月第 一 版   开本:787×1092 1/16
2019 年 7 月第一次印刷   印张:14 3/4
字数:330 000
定价:39.00 元
(如有印装质量问题,我社负责调换〈骏杰〉)
销售部电话 010-62136230   编辑部电话 010-62135120-2005(VT03)

前　言

随着经济和社会的不断发展，现代企业对具有良好的职业道德、必要的文化知识、熟练的职业技能等综合职业能力的高素质劳动者和技能型人才的需求越来越广泛，而相关从业人员的数量和质量都远远落后于行业快速发展的需求。这就亟须职业院校创新教育理念，改革教学模式，优化专业教材，尽快培养出真正适合当前企业需求的专业人才。

为了适应行业发展和教学改革的需要，编者根据《国家中长期教育改革和发展规划纲要（2010—2020年）》《国家教育事业发展"十三五"规划》等相关文件精神，在行业、企业专家和课程开发专家的精心指导下，结合企业生产岗位和工作实际，编写了本书。

相比以往同类教材，本书具有许多特点和亮点，主要体现在以下几个方面。

1. 面向职教，理念新颖

本书编者均来自职业院校教学一线或企业一线，有多年教学和实践经验，多数教师带队参加过国家或省级的技能大赛，并取得了优异的成绩。在编写本书的过程中，编者能紧扣该专业的培养目标，考虑内容与职业标准、职业资格考试对接，借鉴技能大赛所提出的能力要求，把职业资格考试所要求的知识与技能要求和技能大赛过程中所体现的规范、高效等理念贯穿其中，符合当前企业对人才的综合职业能力的要求。

本书的编写遵循"基于项目教学""基于工作过程"的职业教育课改理念，力求建立以项目为核心、以任务为载体、以工作过程为导向的"教学做一体化"的教学模式。

2. 结构清晰明确，实用性强

本书共4个项目、19个任务，每个项目以任务的形式展开。项目均配有"项目导读""项目目标"，让读者可以清楚地知道本项目的主要内容和在知识、能力、情感3个方面要达成的学习目标。任务配备有"任务描述""任务目标""相关知识""任务实施""任务评价""知识拓展""思考与练习"等模块。

本书充分考虑职业院校学生对知识的接受能力和对知识的掌握过程，抛弃以往同类教材过多的理论文字描述，从实用、专业的角度出发，设置环环相扣的任务，剖析任务的相关知识点、技能点，提炼任务实施步骤，并加以适当的提示，具有很强的针对性和可操作性，力求引导教师在"教中做，做中教"，让学生在"学中做，做中学"，全面提升学生的综合职业能力。

3. 资源立体，方便教学

本书配有免费的立体化教学资源包（下载地址：www.abook.cn），收录了 PDF 样章、PPT 课件、视频、动画等相关素材，便于教学。

另外，本书中穿插有二维码资源链接，读者通过手机等终端扫描后，可以观看与教学内容相关的动画和视频。

本书由江苏省徐州技师学院电气工程学院组织并联合行业、企业专家和课程开发专家编写。由张晴担任主编，马腾云、吴慧珍担任副主编，李志江担任主审，孙艳乔、秦阳参与了编写。具体编写分工如下：项目 1 由孙艳乔编写，项目 2 由马腾云、张晴编写，项目 3 由吴慧珍编写，项目 4 由秦阳编写，附录由秦阳编写。张晴负责全书的框架设计及统稿工作。

在编写本书的过程中，编者得到了众多专家的精心指导，参阅了国内出版的有关教材和资料，在此一并表示衷心的感谢！

由于编者水平有限，加上编写时间较为仓促，书中不妥之处在所难免，恳请广大读者批评指正，以便后续不断改进和完善。

编　者

2019 年 2 月

目　录

项目 1

变压器与三相异步电动机的认识

>>>>

◎ **项目导读**

变压器和三相异步电动机的应用极为广泛，它们都是利用电与磁的相互作用实现能量的传递和转换的。本项目主要内容包括变压器和三相异步电动机的结构、工作原理、铭牌数据、常见故障、产生原因及检修等。

◎ **项目目标**

通过本项目的学习，要求达到的学习目标如下：

目标	内容
知识目标	1. 了解变压器的基本结构和工作原理； 2. 掌握变压器的电压变换、电流变换和阻抗变换原理； 3. 了解几种常用变压器的结构特点及应用； 4. 掌握小型变压器的常见故障、产生原因及检修方法； 5. 熟悉三相异步电动机的基本结构； 6. 熟悉三相异步电动机铭牌数据的意义； 7. 掌握三相异步电动机的工作原理； 8. 掌握三相异步电动机的拆装步骤和方法
能力目标	1. 能识读变压器和三相异步电动机铭牌数据； 2. 能分析小型变压器的常见故障并能维修； 3. 能熟练拆装三相异步电动机，会识别三相异步电动机各组成部分
情感目标	1. 培养学习兴趣，体验发现问题、解决问题的成就感； 2. 培养互助友爱与团结合作的精神

任务 1.1 变压器的认识

◎ 任务描述

变压器是用来改变交流电压大小的电气设备，如图 1-1-1 所示。在人们日常生活中，电视机等家用电器都会用到变压器，如图 1-1-1（a）、（b）所示。在电力系统中，变压器对电能的经济传输、灵活分配和安全使用起着重要的作用，如图 1-1-1（c）、（d）所示。

（a）电视机中的行输出变压器

（b）电动车充电器中的变压器

（c）电力变压器

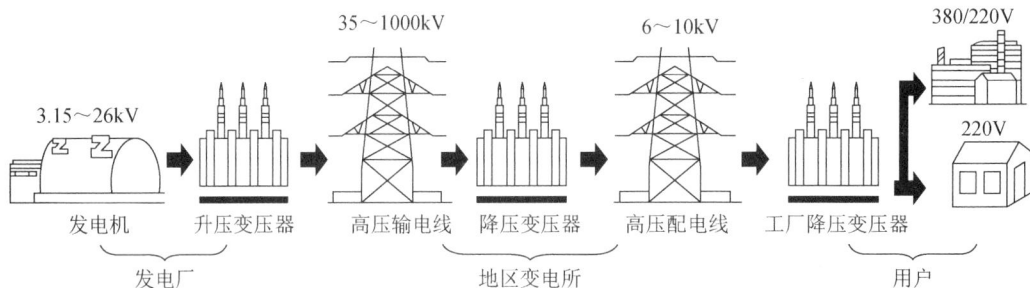

（d）电能的传输与分配

图 1-1-1 变压器的应用

单相变压器作为结构较简单的变压器，它由哪几部分组成？如何实现电压变换？小型变压器常见故障、产生原因及其检修方法又有哪些呢？掌握这些知识，将为学习和使用变压器打下坚实的基础。

◎ **任务目标**

1. 了解变压器的基本结构和工作原理；
2. 掌握变压器的电压变换、电流变换和阻抗变换原理；
3. 熟悉变压器主要参数的意义；
4. 了解几种常用变压器的结构特点及应用；
5. 掌握小型变压器的常见故障、产生原因及检修方法。

相关知识

1. 变压器的结构

变压器主要由绕组（电路）和铁心（磁路）两部分组成。此外，为了使变压器可靠运行，有些大型电力变压器还设有油箱、安全气道等附件。

（1）变压器绕组

1）绕组材料。绕组是变压器的电路部分，一般用绝缘铜线或绝缘铝线绕制而成，也有用铝线或铝箔绕制的。

2）绕组命名。变压器工作时与电源相连的绕组称为一次绕组，与负载相连的绕组称为二次绕组。

3）绕组类型。在变压器中，接到高压电网的绕组称为高压绕组，接到低压电网的绕组称为低压绕组。高、低压绕组之间的相对位置有同心式和交叠式两种排列方法，见表1-1-1。

表1-1-1　变压器绕组的特点

绕组类型	示意图	结构特点	应用范围
同心式	1—高压绕组；　2—低压绕组	为了便于绕制和铁心绝缘，通常低压绕组靠近铁心，高压绕组套在低压绕组的外面。同心式绕组的结构简单、制造容易	常用于心式变压器中，国产电力变压器基本采用这种结构
交叠式	第一组　第二组　1—高压绕组；　2—低压绕组	为了便于绕制和绝缘，一般最上层和最下层放置低压绕组。其主要优点是漏抗小、机械强度高、引线方便	主要用在低电压、大电流的变压器上，如容量较大的电炉变压器、电阻电焊机（如点焊、滚焊和对焊电焊机）变压器等

（2）变压器铁心

1）铁心材料。铁心是变压器的磁路通道，也是安放绕组的骨架。通常由磁导率较高的 0.35mm 厚冷轧硅钢片叠装而成，片间彼此绝缘。

2）铁心类型。铁心分为铁心柱和铁轭两部分。按照绕组套入铁心柱的形式，铁心分为心式结构和壳式结构两种，见表 1-1-2。

表 1-1-2　变压器铁心的特点

铁心类型	示意图	结构特点	应用范围
心式		线圈包着铁心，一次绕组、二次绕组套装在两根铁心柱上，其结构简单，装配容易，省导线	适用于大容量、电压高的变压器，电力变压器均采用心式结构
壳式		铁心包着线圈，铁心容易散热，机械强度较好，但用线量较多，工艺较复杂	适用于小型干式变压器，其他很少采用

3）铁心叠片形式。铁心叠片的形式根据变压器容量大小有所不同，中小型变压器为了简化工艺和减小气隙，常采用 E 字形、F 字形、C 字形和日字形硅钢片交替叠压而成，如图 1-1-2 所示。

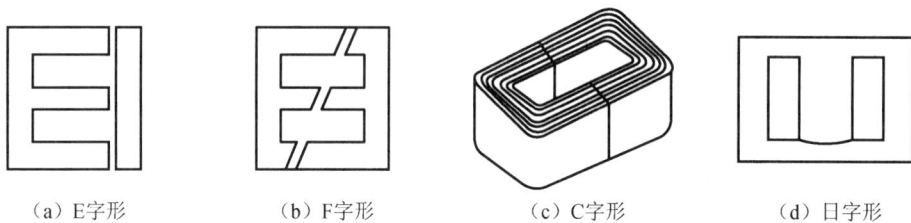

（a）E字形　　　　　　（b）F字形　　　　　　（c）C字形　　　　　　（d）日字形

图 1-1-2　小型变压器铁心的硅钢片

2. 变压器的工作原理

图 1-1-3 所示为单相变压器的工作原理图。

当变压器的一次绕组接上交流电压 u_1 时，在一次绕组中就有交流电流 i_1 通过，于是在铁心中产生交变磁通，这个交变磁通在闭合磁路中同时穿过一次绕组和二次绕组，根据电磁感应定律，在一次绕组中产生自感电动势的同时，在二次绕组中也产生互感电动势。如果二次绕组接有负载构成闭合回路，那么就有感应电流 i_2 流过负载，这就是变压器的基本工作原理。

下面分别讨论变压器的电压变换、电流变换及阻抗变换原理。

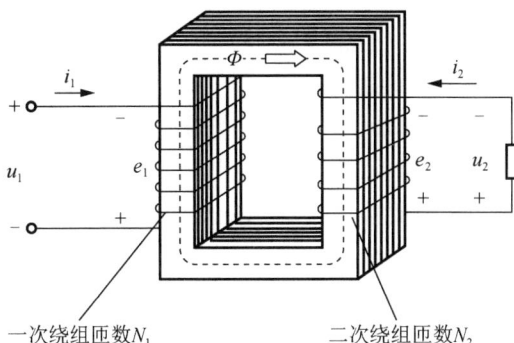

一次绕组匝数N_1　　二次绕组匝数N_2

图 1-1-3　单相变压器的工作原理图

（1）电压变换原理

设一次绕组和二次绕组的匝数分别为 N_1 和 N_2。如果忽略漏磁通，可以认为穿过一次绕组和二次绕组的主磁通相同，所以这两个绕组每匝所产生的感应电动势也相等，若主磁通的变化率为 $\dfrac{\Delta \Phi}{\Delta t}$，则由电磁感应定律可知，主磁通在一次绕组、二次绕组中产生的感应电动势分别为

$$e_1 = N_1 \frac{\Delta \Phi}{\Delta t}, \quad e_2 = N_2 \frac{\Delta \Phi}{\Delta t}$$

按照正弦规律变化的电流产生按照正弦规律变化的磁通，其值从零增加到幅值 Φ_{m} 或由幅值 Φ_{m} 减少到零，所需的时间是 T/4 周期，在此期间磁通变化量为 $\Delta \Phi = \Phi_{\mathrm{m}}$，

$$\Delta t = \frac{T}{4} = \frac{1}{4f}$$

由此可以求得 $T/4$ 周期内的平均感应电动势

$$E_{\mathrm{P}} = N \frac{\Phi_{\mathrm{m}}}{\frac{T}{4}} = N \frac{\Phi_{\mathrm{m}}}{\frac{1}{4f}} = 4fN\Phi_{\mathrm{m}}$$

一个周期可以分为 4 个 1/4 周期，一个周期内的平均感应电动势与 1/4 周期内的平均感应电动势相同，从电工基础知识中知道：

$$E_{\mathrm{P}} = \frac{2}{\pi} E_{\mathrm{m}}, \quad E_{\mathrm{m}} = \frac{\pi}{2} E_{\mathrm{P}}$$

感应电动势的有效值

$$E = \frac{1}{\sqrt{2}} E_{\mathrm{m}} = \frac{\pi}{2\sqrt{2}} E_{\mathrm{P}} \approx 1.11 E_{\mathrm{P}}$$

经数学推导可以得到它们的有效值分别为

$$E_1 = 4.44fN_1\Phi_{\mathrm{m}}, \quad E_2 = 4.44fN_2\Phi_{\mathrm{m}}$$

一次绕组与电源相接，如果将绕组电阻忽略不计，感应电动势 E_1 与加在绕组两端的电压 U_1 近似相等，即 $U_1 = E_1$；二次绕组也相当于一个电源，如果也将绕组电阻忽略不计，则有 $U_2 = E_2$。由此可得

$$\frac{U_1}{U_2} = \frac{E_1}{E_2} = \frac{N_1}{N_2}, \qquad \frac{U_1}{U_2} = \frac{N_1}{N_2} = K$$

这种忽略绕组电阻和各种电磁能量损耗的变压器称为理想变压器。

上式表明理想变压器一次绕组、二次绕组端电压之比等于绕组的匝数比 K。匝数比又称为变压比。变压比是变压器的一个重要运行参数。

当 $N_1 > N_2$ 时，$U_1 > U_2$，变压器使电压降低，这种变压器称为降压变压器；

当 $N_1 < N_2$ 时，$U_1 < U_2$，变压器使电压升高，这种变压器称为升压变压器；

当 $N_1 = N_2$ 时，$U_1 = U_2$，变压器变压比为 1，虽然这种变压器并不改变电压，但它可以将用电器和电网隔离开来，称为隔离变压器。

（2）电流变换原理

变压器在工作过程中，无论变换后的电压是升高还是降低，电能都不会增加，根据能量守恒定律，理想变压器的输出功率 P_2 应与变压器从电源中获得的功率 P_1 相等。当变压器只有一个二次绕组时，应有 $I_1 U_1 = I_2 U_2$，因而得到

$$\frac{I_1}{I_2} = \frac{U_2}{U_1} = \frac{N_2}{N_1} = \frac{1}{K}$$

上式表明，变压器工作时，一次绕组、二次绕组中的电流跟匝数成反比。

（3）阻抗变换原理

如图 1-1-4 所示，变压器一次绕组接在交流电源上，对电源来说变压器就相当于一个负载，其输入阻抗 $Z_1 = U_1 / I_1$。变压器二次侧输出端接上负载，$Z_2 = U_2 / I_2$。可以看出，经过变压器把 Z_2 接到电源上和不经过变压器直接把 Z_2 接到电源上，两者是完全不一样的。忽略变压器的损耗，根据能量守恒定律，应有

$$I_1^2 Z_1 = I_2^2 Z_2$$

$$\frac{I_1}{I_2} = \frac{U_2}{U_1} = \frac{N_2}{N_1}$$

因为

$$\frac{Z_1}{Z_2} = \frac{\dfrac{U_1}{I_1}}{\dfrac{U_2}{I_2}} = \frac{U_1}{I_1} \times \frac{I_2}{U_2} = \left(\frac{N_1}{N_2}\right)^2 = K^2$$

所以有

$$Z_1 = K^2 Z_2$$

上式表明，在变压器二次侧接上负载 Z_2，就相当于在电源上直接接上一个 $K^2 Z_2$ 的负载。

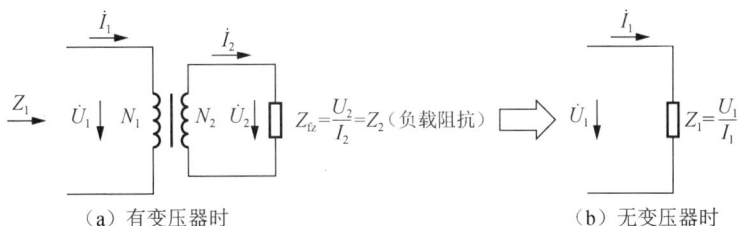

（a）有变压器时　　　　　　　　　　　　　　（b）无变压器时

图 1-1-4　变压器阻抗变换原理图

变压器的阻抗变换常用于电子电路中的阻抗匹配，使负载获得最大功率。例如，扩音设备中扬声器的阻抗很小（4～16Ω），若直接接到功放的输出端，则扬声器得到的功率很小，声音就很小。这就需要通过变压器连接负载，以获得放大器所要求的阻抗值，实现阻抗匹配，达到理想的播音效果。

3. 变压器的主要参数

为了正确使用变压器，必须先了解变压器额定值的意义。变压器的额定值是根据国家标准和使用时的技术要求，由制造厂对变压器正常工作所做的使用规定。主要有：

（1）额定电压

变压器的额定电压是变压器额定运行时，一次绕组所加的电压。

U_{1N} 是指根据绝缘等级和允许温升所规定的应加在一次绕组上的正常电压有效值。

U_{2N} 是指一次侧加额定电压时二次侧的开路电压，即空载电压。

在单相变压器中，U_{1N}、U_{2N} 分别指一次绕组和二次绕组中电压的有效值；在三相变压器中 U_{1N}、U_{2N} 分别指线电压的有效值。

（2）额定电流

变压器的额定电流是指在额定容量下，变压器在连续运行时绕组允许通过的最大电流有效值。

在单相变压器中，I_{1N}、I_{2N} 分别指一次绕组和二次绕组中电流的有效值；在三相变压器中 I_{1N}、I_{2N} 分别指线电流的有效值。

（3）额定容量

变压器的额定容量 S_N 是指变压器二次绕组额定电压和额定电流的乘积，即视在功率，表示变压器在额定条件下的最大输出功率。容量的单位是 $V \cdot A$ 或 $kV \cdot A$。

单相变压器的额定容量

$$S_N = U_{2N}I_{2N}$$

三相变压器的额定容量

$$S_N = \sqrt{3}U_{2N}I_{2N}$$

（4）额定频率

额定频率 f_N 是指变压器运行时规定的电源频率，我国采用 50Hz 的频率作为变压器的额定频率。

（5）温升

温升 T 是变压器在额定工作条件下，内部绕组允许的最高温度与环境温度的差，它取决于所用绝缘材料的等级。

此外，变压器在运行时，交变磁通在铁心中产生铁损 P_{Fe}，一次绕组电流 I_1 和二次绕组电流 I_2 流过绕组时还会产生铜损 $P_{Cu} = I_1^2 R_1 + I_2^2 R_2$，铁损与 U_1^2 成正比，不随负载变化，铜损则随负载变化。通常变压器的内部损耗相对于输入功率和输出功率都是比较小的，因此，变压器工作时效率很高。

变压器的效率为输出功率 P_2 与输入功率 P_1 之比，即

$$\eta = \frac{P_2}{P_1} \times 100\% = \frac{P_2}{P_2 + P_{Fe} + P_{Cu}} \times 100\%$$

4. 小型变压器的常见故障及检修

变压器在使用过程中，可能出现各种故障，为了确保设备安全运行、电路正常工作，使用者除做好日常维护外，还应在发现故障时迅速判断原因和性质，并及时进行修理。小型变压器常见故障现象、产生原因及检修方法见表 1-1-3。

表 1-1-3 小型变压器的常见故障现象、产生原因及检修方法一览表

故障现象	产生原因	检修方法
接通电源无电压输出	1）一次绕组开路或出线端脱焊。 2）二次绕组开路或出线端脱焊。 3）电源插头或馈线开路	1）拆换修理一次绕组或焊牢出线端。 2）拆换修理二次绕组或焊牢出线端。 3）检查并修理插头或馈线
温升过高甚至冒烟	1）匝间短路或一次绕组、二次绕组间短路。 2）铁心片间绝缘太差，产生较大涡流。 3）铁心叠厚不足。 4）负载过重或输出电路局部短路。 5）层间或匝间绝缘老化	1）拆换绕组或修理短路部分。 2）拆下铁心，重新对硅钢片浸绝缘漆。 3）条件许可时加厚铁心或重做骨架。 4）减轻负载或排除短路故障。 5）更换绝缘，严重的连同导线一起更换
空载电流偏大	1）一次绕组、二次绕组匝数不足。 2）铁心叠厚不足。 3）一次绕组、二次绕组局部匝间短路。 4）铁心质量太差	1）增加一次绕组、二次绕组匝数。 2）增加铁心，无法增时重做骨架，重绕线包。 3）拆开绕组，排除短路故障。 4）重换或加厚铁心
运行中有响声	1）铁心片未插紧。 2）电源电压过高。 3）负载过重或短路引起振动	1）插紧铁心片。 2）有条件时降低电源电压。 3）减轻负载或排除短路故障
铁心或底板带电	1）一次绕组、二次绕组对地短路或一次绕组、二次绕组间短路。 2）长期使用，绕组对地绝缘老化。 3）出线端碰触铁心或底板。 4）线包受潮或环境湿度过大，底板感应带电	1）加强对地绝缘或重换绕组。 2）更换绝缘或重换绕组。 3）排除出线端与铁心或底板的短路点。 4）烘烤线包或将变压器置于干燥环境中使用

任务实施

本任务进行单相变压器的故障检修。

【第1步】 选用实训器材

万用表、绝缘电阻表（又称兆欧表）、可调电源、小型变压器（好与坏都有）等，如图 1-1-5 所示。

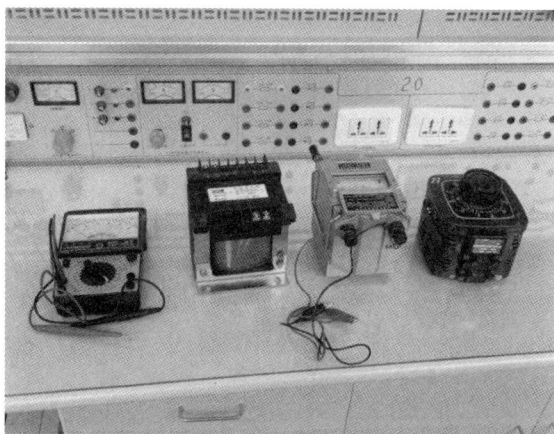

图 1-1-5 所用实训器材

【第2步】 变压器的绕组通断检测

01 将学生进行分组，每组选取一只变压器。用万用表测量变压器的绕组电阻，如图 1-1-6 所示。一次绕组和二次绕组的电阻分别为_____、_____。

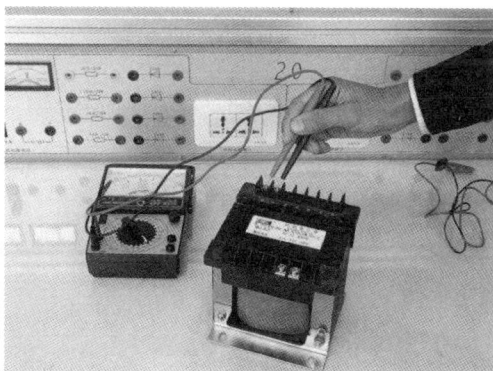

图 1-1-6 用万用表测量绕组电阻

02 分析数据，判断当前变压器是否存在故障。若存在，分析故障原因。

第 3 步　变压器的绝缘性测试

01 使用万用表测得变压器一次侧与二次侧之间的电阻为＿＿＿＿＿＿＿＿，一次侧与铁心之间的电阻为＿＿＿＿＿＿＿＿，二次侧与铁心之间的电阻为＿＿＿＿＿＿＿＿。

02 使用绝缘电阻表测得变压器一次侧与二次侧之间的电阻（图 1-1-7）为＿＿＿＿＿＿＿＿，一次侧与铁心之间的电阻为＿＿＿＿＿＿＿＿，二次侧与铁心之间的电阻为＿＿＿＿＿＿＿＿。此变压器的绝缘性＿＿＿＿＿＿＿＿（是□　否□）符合标准。

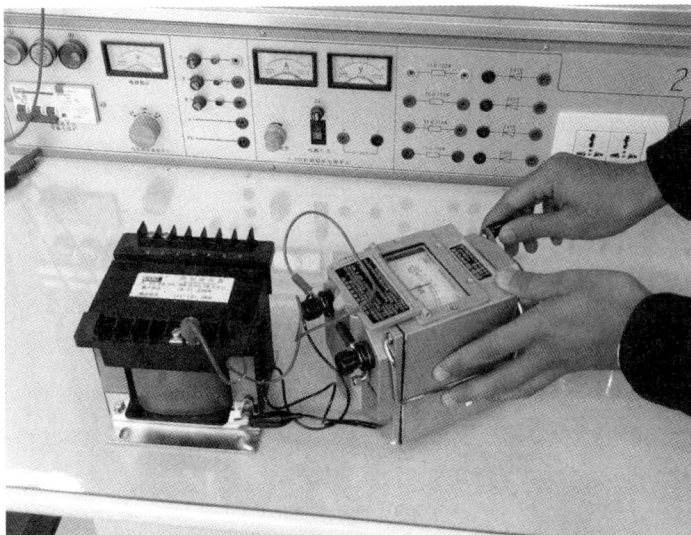

图 1-1-7　用绝缘电阻表测量绕组电阻

第 4 步　变压器故障检修

1）变压器接通电源后二次绕组无电压输出。

可能的故障原因：＿＿＿＿＿＿＿＿＿＿＿＿＿＿＿＿＿＿＿＿＿＿＿＿。

检修方法：＿＿＿＿＿＿＿＿＿＿＿＿＿＿＿＿＿＿＿＿＿＿＿＿。

2）变压器温升过高甚至冒烟。

可能的故障原因：＿＿＿＿＿＿＿＿＿＿＿＿＿＿＿＿＿＿＿＿＿＿＿＿。

检修方法：＿＿＿＿＿＿＿＿＿＿＿＿＿＿＿＿＿＿＿＿＿＿＿＿。

3）噪声过大。

可能的故障原因：＿＿＿＿＿＿＿＿＿＿＿＿＿＿＿＿＿＿＿＿＿＿＿＿。

检修方法：＿＿＿＿＿＿＿＿＿＿＿＿＿＿＿＿＿＿＿＿＿＿＿＿。

4）铁心带电。

可能的故障原因：＿＿＿＿＿＿＿＿＿＿＿＿＿＿＿＿＿＿＿＿＿＿＿＿。

检修方法：＿＿＿＿＿＿＿＿＿＿＿＿＿＿＿＿＿＿＿＿＿＿＿＿。

任务评价

单相变压器的故障检修评价见表 1-1-4。

表 1-1-4　单相变压器的故障检修评价表

项目内容	配分	评价标准	得分
主要器材的认识	10 分	不知道主要实训器材的规格、作用及使用注意事项，扣 5～10 分	
仪器、仪表的使用	10 分	不能正确使用万用表、绝缘电阻表、电源等，扣 5～10 分	
变压器的绕组通断检测	20 分	操作不规范，数据测量不正确，扣 10～20 分	
变压器的绝缘性测试	20 分	操作不规范，数据测量不正确，扣 10～20 分	
变压器故障处理	20 分	原因分析不正确，不能正确处理故障，扣 20 分	
实训报告	10 分	没有按要求完成报告或报告内容不正确，扣 10 分	
团队精神	10 分	小组成员分工不明确，不积极参与，扣 10 分	
安全文明生产		违反安全文明生产规程，扣 5～10 分	
定额时间：30min		每超时 1min 扣 1 分，不足 1min 按 1min 计	
备注	除定额时间外，各项目的最高扣分不应超过配分分数	成绩	
开始时间		结束时间	实际用时	

知识拓展

变压器的种类

变压器的种类很多，下面介绍几种常用的变压器。

1. 自耦变压器

自耦变压器和普通变压器相似，也是由铁心和绕组两部分组成的。所不同的是，自耦变压器的二次绕组不单独绕制，而是与一次绕组共用一个线圈，如图 1-1-8 所示。

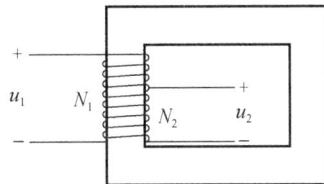

（a）实物　　　　　　　　　　　（b）原理图

图 1-1-8　自耦变压器

小容量自耦变压器多做成绕组中间抽头可滑动接触的形式，以便于连续调节输出电压，这种用于连续调节输出电压的自耦变压器又称为自耦调压器，广泛应用于工程技术和实验室中。为了方便连续调压，其铁心冲压成圆环形，将绕组均匀绕在上面，绕组上端面去除绝缘层，便于用电刷和转柄制成的调压组件在其上旋转而实现连续调压，其实物和原理图如图 1-1-9 所示。

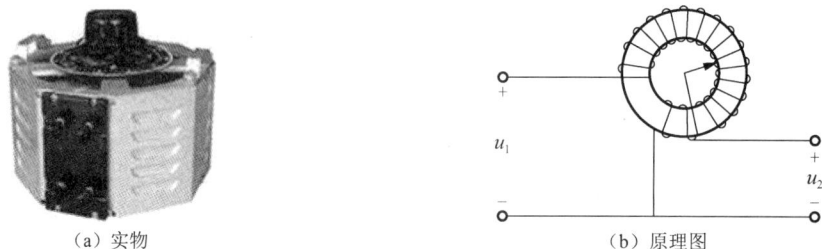

（a）实物　　　　　　　　　　　（b）原理图

图 1-1-9　自耦调压器

> **小贴士**
>
> 　　使用自耦变压器应注意：①不得作为隔离变压器；②不得作为安全变压器；③不得带电接线和拆线，人体不得随意接触一次绕组、二次绕组及相连电路的裸露部分。

2. 电焊变压器

电焊变压器是作为电焊电源用的变压器，按焊接方式可分为弧焊变压器和阻焊变压器两类。电焊变压器是交流弧焊机的主要组成部分，它实际是一台特殊的降压变压器，如图 1-1-10 所示。它的结构特点是铁心的气隙较大，一次绕组和二次绕组不是同心地套装在一个铁心柱上，而是分装在两个铁心柱上，再利用磁分路法或串联可变电抗器法来调节漏抗的大小，以获得不同的外特性。

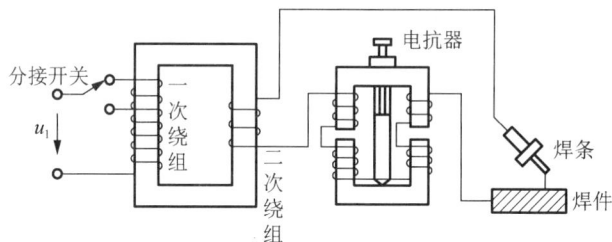

图 1-1-10　电焊变压器原理图

3. 仪用互感器

仪用互感器主要用于配合测量仪表、扩大仪表量程、测量电路参数，常用的有电压互感器与电流互感器。

（1）电压互感器

电压互感器如图 1-1-11 所示。从图中可以看出，它是一种降压变压器。使用中将高压电源 U_1 接于互感器的一次侧端，输出低电压 U_2，技术上通常制成额定值为 100V，并接于交流电压表以扩大该电压表量程，同时使仪表与高压电源处于电气隔离状态，以保护人身及设备安全。

电压互感器在设计与制作上要求较高，性能优良，接近于理想变压器，电压变换关系

满足 $\dfrac{U_1}{U_2} = \dfrac{N_1}{N_2}$。

（a）实物

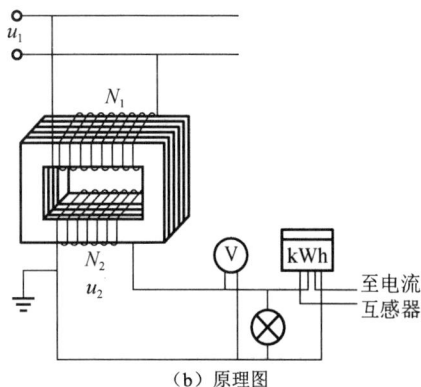

（b）原理图

图 1-1-11　电压互感器

> **小贴士**
>
> 使用电压互感器的注意事项：
> 1）互感器的二次绕组一端、铁心、外壳必须妥善接地，以保证使用的安全。
> 2）一次绕组、二次绕组两侧都应加熔断器，用以保护电路和设备。
> 3）互感器的负荷功率不得超出其本身额定容量，否则将造成测量误差增大，危险时还可能损坏器材。

（2）电流互感器

电流互感器也是一种扩大测量仪表量程的变压器，如图 1-1-12 所示。从图中可以看出，就电压而言它是一种升压变压器。它的一次绕组只有几匝，串联接入被测电路，工作于低压大电流状态；二次绕组匝数多，接电流表的电流线圈，工作于高压小电流状态。就电流而言，它扩大了电流表的量程，技术上电流互感器二次绕组输出电流通常设计成 5A。为了安全，一次绕组、二次绕组采用了电气隔离措施。

（a）实物

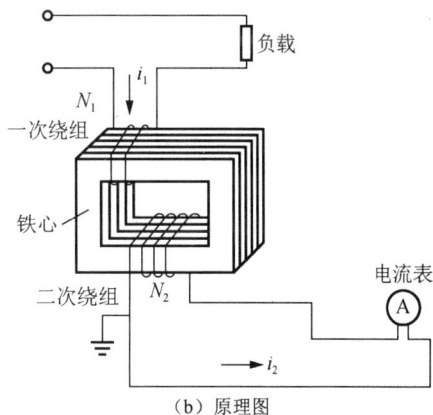

（b）原理图

图 1-1-12　电流互感器

类似电压互感器，电流互感器的性能也接近理想变压器，其电流变换关系满足

$$\frac{I_1}{I_2}=\frac{N_2}{N_1}。$$

小贴士

使用电流互感器的注意事项：

1）二次绕组的一端、铁心及外壳必须接地，以保证使用安全。

2）所用电流互感器一次绕组额定电流应大于被测电流，其额定电压亦应与被测电路电压一致。

3）工作中负荷功率不得超过其本身容量，以免增大测量误差甚至危及器材。

4）严禁将二次绕组开路。因为二次绕组一旦开路，二次绕组输出电流突然减小到零，根据电磁感应原理，二次绕组两端将感应出瞬间高压，将危及人身和设备安全。

4. 三相变压器

三相变压器实际就是 3 个不同的变压器的组合，在每个铁心柱上绕着同一相的一次绕组和二次绕组。三相变压器的三相主磁通通过各自的铁心闭合，即三相磁路是独立的，三相之间只有电路联系。三相变压器的一次绕组、二次绕组通常可以采用星形联结或三角形联结。但不论哪种联结方法，都必须遵守一定的规则，不可随意联结。

常用的三相变压器有三相干式变压器和三相油浸式变压器，如图 1-1-13 所示。

（a）三相干式变压器　　　　（b）三相油浸式变压器

图 1-1-13　三相变压器

思考与练习

1. 单相变压器基本的结构部件有哪些？
2. 变压器的工作原理是什么？
3. 变压器能否改变直流电压？变压器能否改变交流电的频率？
4. 小型变压器通电后二次侧无输出，试分析原因并提出修理方案。
5. 小型变压器运行时温度过高，可能是什么原因？怎样处理？
6. 小型变压器运行中有较大噪声，试分析原因并提出修理方案。

任务 1.2 三相异步电动机的认识

◎ 任务描述

三相异步电动机是将电能转化为机械能的设备，在工农业生产中应用广泛。本任务将带领大家一起来认识三相异步电动机，通过学习，大家应熟悉电动机结构，理解其工作原理，掌握其选用方法，为使用和维护三相异步电动机打下基础。

◎ 任务目标

1. 熟悉三相异步电动机的结构；
2. 掌握三相异步电动机的工作原理；
3. 熟悉三相异步电动机铭牌数据的意义。

相关知识

1. 三相异步电动机的结构

三相异步电动机的种类很多，但各类三相异步电动机的基本结构是相同的，它们都是由定子和转子两大基本部分组成的，在定子和转子之间有一定的气隙。此外，还有端盖、接线盒、吊环等其他附件，如图 1-2-1 所示。

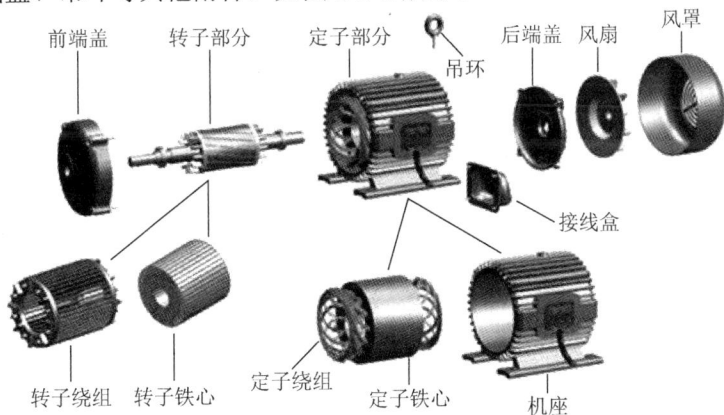

动画：三相异步电动机的结构

图 1-2-1 三相异步电动机的主要结构

（1）定子部分

定子是电动机的静止部分，主要包括机座、定子铁心和定子绕组，作用是产生旋转磁场。定子各部分的结构及作用见表 1-2-1。

表 1-2-1 定子各部分的结构及作用

名称	结构及材料	实物图片	作用
机座	铸铁或铸钢浇铸成形		保护和固定三相电动机的定子绕组，通过前后两个端盖支承转子轴
定子铁心	由 0.35～0.5mm 厚表面具有绝缘层的硅钢片冲制、叠压而成，在铁心的内圆冲有均匀分布的槽，用以嵌放定子绕组	 （a）定子铁心 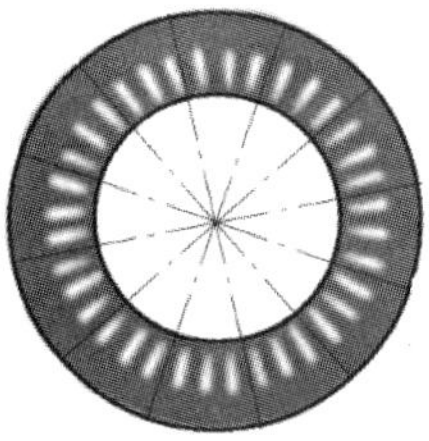 （b）定子冲片	是电动机磁路的一部分
定子绕组	三相绕组按照一定的空间角度依次嵌放在定子槽内，并与铁心绝缘		是电动机的电路部分，通入三相交流电，可产生旋转磁场

小贴士

定子绕组的接法

定子三相绕组的 6 个出线端都引出机壳外，接在机座的接线盒中。每相绕组的首端分别标为 U1、V1、W1，末端分别标为 U2、V2、W2。按照电动机铭牌上的说明，可将定子绕组联结成星形或三角形，如图 1-2-2 所示。

（a）星形联结　　　　　　　　（b）三角形联结

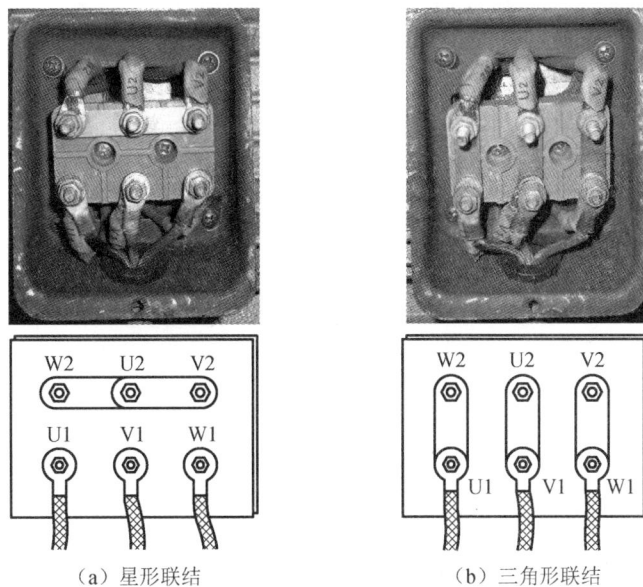

图 1-2-2　定子绕组的联结方式

（2）转子部分

转子是电动机的旋转部分，包括转轴、转子铁心和转子绕组。其作用是产生电磁转矩。转子各部分的结构及作用见表 1-2-2。

表 1-2-2　转子各部分的结构及作用

名称	结构及材料	实物图片	作用
转子铁心	由 0.5mm 厚的硅钢片冲制、叠压而成，套在转轴上，硅钢片外圆冲有均匀分布的孔，用来放置转子绕组	（a）转子铁心 （b）转子冲片	一方面作为电动机磁路的一部分；另一方面在铁心槽内放置转子绕组

名称	结构及材料	实物图片	作用
转子绕组	笼形绕组	转子绕组由插入转子槽中的多根导条和两个环形的端环组成。若去掉转子铁心，整个绕组的外形像一个鼠笼，故称为笼形绕组。小型笼形电动机采用铸铝转子绕组，对于100kW以上的电动机采用铜条和铜端环焊接而成	（a）铸铝转子 （b）铜条转子	产生电磁转矩
	绕线式绕组	一个对称的三相绕组，一般联结成星形，3个首端联结到转轴的3个集电环上，再通过电刷与外电路连接		1）产生电磁转矩；2）在转子电路中串接电阻或电动势，以改善电动机的运行性能

（3）其他附件

1）端盖：支承作用。

2）轴承：连接转动部分与不动部分。

3）轴承端盖：保护轴承。

4）风扇：冷却电动机。

5）轴承盖：也是铸铁或铸钢浇铸成形的，它的作用是固定转子，使转子不能轴向移动，另外起存放润滑油和保护轴承的作用。

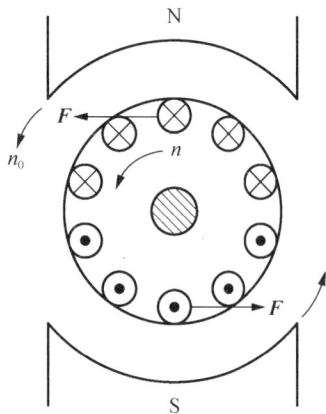

6）接线盒：一般用铸铁浇铸，其作用是保护和固定绕组的出线端。

7）吊环：一般用铸钢制造，安装在机座的上端，用来起吊、搬抬三相电动机。

2. 三相异步电动机的工作原理

三相异步电动机接通电源后，为什么会转动呢？图1-2-3是异步电动机转子转动原理图。如果磁极以同步转速 n_0 沿逆时针方向旋转，则磁极的磁力线会切割转子导条，导条中产生感应电动势，在感应电动势的作用下，闭合导条中就会产生感应电流，旋转磁极的磁场对该电流作用，会产生电磁力 F。大小相等、方向相反的电磁力会在转子上产生电磁转矩，使转子顺着旋转磁极的旋转方向转动起来。

图1-2-3 异步电动机转子转动原理图

从上面的分析可以了解到，要使三相异步电动机转动，其首要条件是要有一个旋转磁场。三相异步电动机的旋转磁场是怎样产生的呢？电动机各量间又符合怎样的关系？下面分别加以介绍。

（1）旋转磁场的产生

如图 1-2-4 所示，3 个对称绕组 U1 与 U2、V1 与 V2、W1 与 W2 互成 120°嵌入铁心槽中，并做星形联结。三相绕组中通入三相交流电，则 3 个绕组中都会产生同样按正弦规律变化的磁场，下面讨论在几个不同的瞬间这 3 个磁场的合成磁场。

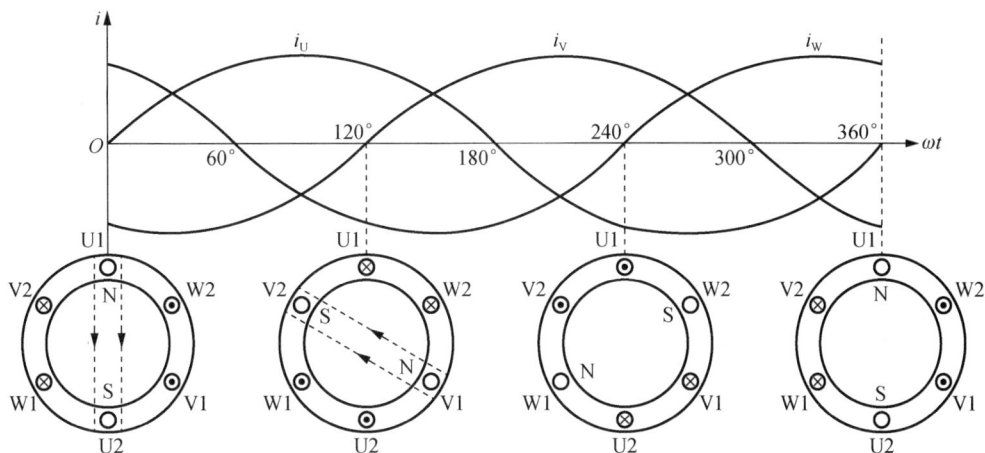

图 1-2-4　旋转磁场的形成过程

为了分析方便，我们规定，三相交流电为正半周时，电流从绕组的首端（U1、V1、W1）流入，从绕组的末端（U2、V2、W2）流出；三相交流电为负半周时，电流从绕组的末端流入，从首端流出。规定"⊗"表示向纸面流入，"⊙"表示从纸面流出。对照图 1-2-4 可以看出：

1）当 $\omega t = 0$ 时，$i_U = 0$，i_W 为正，说明电流方向是从 W1 流入，W2 流出。i_V 为负，说明电流方向是从 V2 流入，V1 流出。用"右手螺旋定则"可以判断出 V、W 两相合成磁场的方向如图 1-2-4 所示。磁场方向垂直向下，即"上 N 极下 S 极"。

2）当 $\omega t = 120°$ 时，$i_V = 0$，i_U 为正，说明电流方向是从 U1 流入，U2 流出。i_W 为负，说明电流方向是从 W2 流入，W1 流出。则 U、W 两相合成磁场的方向如图 1-2-4 所示。可见合成磁场方向从 $\omega t = 0$ 时的位置沿顺时针方向转过了 120°。

用同样的方法可以得出 $\omega t = 240°$、$\omega t = 360°$ 两个瞬间的合成磁场。

可见，当定子绕组中的电流变化一个周期时，合成磁场也按电流的相序方向在空间旋转一周。随着定子绕组中的三相交流电流不断地做周期性变化，产生的合成磁场也不断地旋转，因此称为旋转磁场。

上面讨论的旋转磁场只有一对磁极（一个 N 极和一个 S 极），称为两极旋转磁场。

小贴士

旋转磁场的方向是由三相绕组中的电流相序决定的，若想改变旋转磁场的方向，只要改变通入定子绕组的电流相序，即将三根电源线中的任意两根对调即可。

（2）旋转磁场的转速

三相异步电动机旋转磁场的转速称为同步转速，用符号 n_0 表示。

同步转速是由三相电源的频率及定子绕组的磁极对数决定的。从图 1-2-4 中可以看出，若定子绕组按图示排列，定子电流产生的磁场具有一对磁极（ $p=1$ ），当电流变化一个周期时，旋转磁场旋转一周。如果交流电的频率为 f ，即每分钟变化 $60f$ 次，则旋转磁场转速 $n_0 = 60f$ 。这就是说，旋转磁场的转速与电源频率成正比关系。

当定子绕组连接形成的磁场具有两对磁极（ $p=2$ ）时，运用同样的方法可以分析出电流变化一个周期时，旋转磁场旋转半周，即转速减慢了一半。由此类推，当旋转磁场具有 p 对磁极时，交流电每变化一个周期，其旋转磁场就在空间转动 $1/p$ 转。这就是说，磁场的转速与磁极对数成反比关系。

综上所述，旋转磁场的同步转速 n_0 与交流电的频率 f 、磁极对数 p 的关系可以用下面的数学表达式表示：

$$n_0 = \frac{60f}{p}$$

我国交流电的频率 $f = 50\,\mathrm{Hz}$ ，不同磁极对数 p 与旋转磁场转速 n_0 的关系见表 1-2-3。

表 1-2-3　磁极对数 p 与旋转磁场转速 n_0 的对应关系

p	1	2	3	4	5	6
n_0 /（r/min）	3000	1500	1000	750	600	500

（3）三相异步电动机的转动特点及转差率

1）三相异步电动机的转动特点：

① 三相异步电动机的转速 n 小于同步转速 n_0 ，并且二者相差不大，这是异步电动机工作的必要条件，异步电动机的名称由此而来。

② 建立三相异步电动机电磁转矩的转子电流由电磁感应产生，因此异步电动机又称为感应电动机。旋转磁场与电动机转子之间没有转速差就没有感应电流。

③ 旋转磁场的方向即电动机的转动方向，它是由三相绕组中的电流相序决定的，只要对调电动机任意两相绕组所接的电源线，旋转磁场就会改变方向，电动机也随之反转。

2）转差率。

旋转磁场同步转速 n_0 与转子转速 n 之差和同步转速 n_0 之比称为转差率 s ，即

$$s = \frac{n_0 - n}{n_0} = \frac{\Delta n}{n_0}$$

转差率是异步电动机的一个重要的物理量。

---- 小贴士 ----

　　$n=0$ 时， $s=1$ ； $n=n_0$ 时， $s=0$ ，可见，转差率为 0～1。

3．三相异步电动机的调速

为了适应生产的需要，在同一负载下改变电动机的转速以满足机械生产要求的过程，称为电动机的调速。由异步电动机的转速公式

$$n = (1-s)n_0 = (1-s)\frac{60f}{p}$$

可以看出，异步电动机的调速有 3 种方法：改变电源频率 f、改变定子绕组的磁极对数 p 及改变转差率 s。

（1）变频调速

变频调速是改变电动机定子电源的频率，从而改变其同步转速的调速方法。

变频器是解决交流电动机调速的控制设备。近年来变频调速技术发展很快，目前主要采用图 1-2-5 所示的变频调速装置。它主要由整流器和逆变器两大部分组成。整流器先将频率为 50Hz 的三相交流电转换为直流电，再由逆变器将其变换为频率 f_1 可调、电压有效值 U_1 也可调的三相交流电，供给三相笼形异步电动机，由此可得到电动机的无级调速。

变频调速的特点是效率高，调速过程中没有附加损耗；应用范围广，可用于笼形异步电动机；调速范围大，机械特性硬，精度高；技术复杂，造价高，维护检修困难。

变频调速适用于要求精度高、调速性能较好的场合。

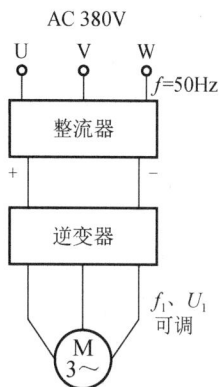

图 1-2-5 变频调速装置主电路

（2）变极调速

变极调速是用改变定子绕组的联结方式来改变笼形电动机定子极对数以达到调速目的的。双速电动机定子绕组联结方式如图 1-2-6 所示。

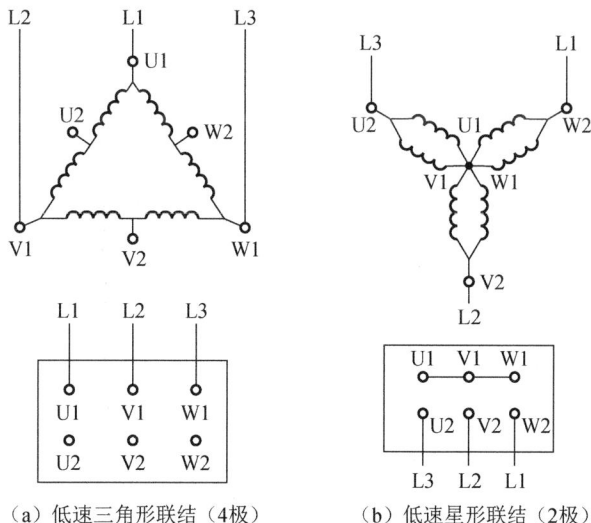

（a）低速三角形联结（4极）　　　　（b）低速星形联结（2极）

图 1-2-6 双速电动机定子绕组联结方式

这种调速方法具有较硬的机械特性，稳定性良好；无转差损耗，效率高；接线简单、控制方便、价格低。其缺点是电动机绕组出线端多，有级调速，级差较大，级数少，不能获得平滑调速，往往与机械调速配套使用，以达到相互补充，扩大调速范围的目的。

采用变极调速方法的电动机称为多速电动机，由于调速时其转速呈跳跃性变化，因而只用在对调速性能要求不高的场合，如铣床、镗床、磨床等机床上。图 1-2-7 为三速电动机定子绕组联结方式。

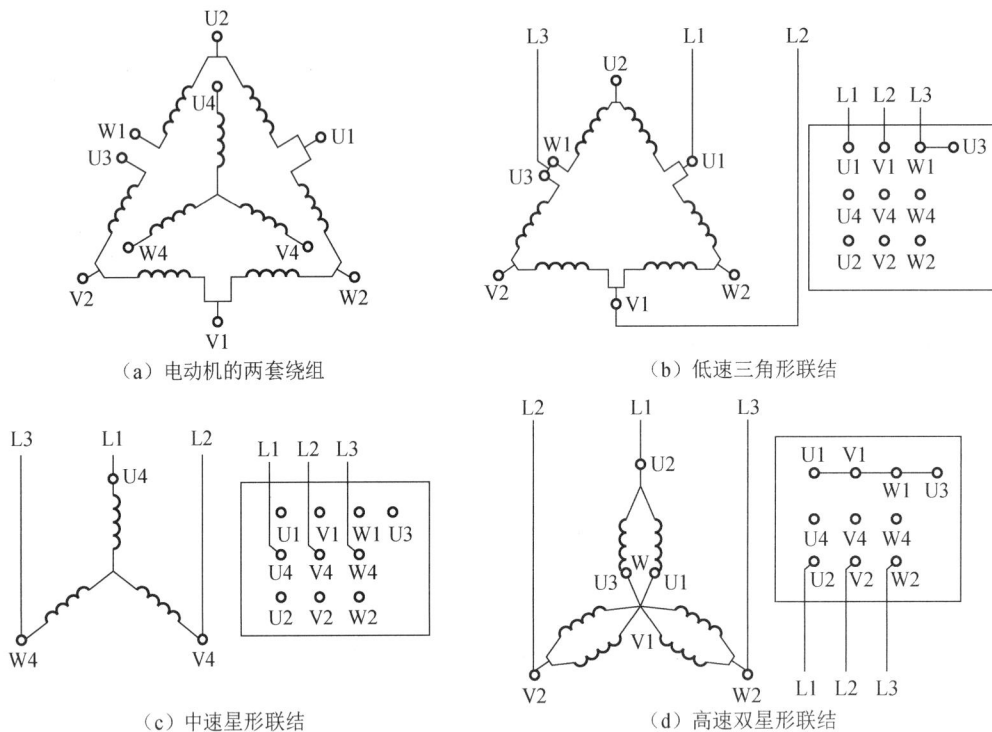

（a）电动机的两套绕组　　（b）低速三角形联结

（c）中速星形联结　　（d）高速双星形联结

图 1-2-7　三速电动机定子绕组联结方式

小贴士

多速电动机启动时宜先接成低速，然后转换成高速，这样可获得较大的转矩。

（3）变转差率调速

1）定子调压调速。

通过改变电动机的定子电压获得不同转速的方法称为调压调速。

调压调速的主要装置是一个能提供电压变化的电源。目前常用的调压方式有串联饱和电抗器、自耦变压器及晶闸管调压等几种。晶闸管调压方式为最佳。

调压调速的特点：调压调速电路简单，易实现自动控制；调压过程中转差功率以发热形式消耗在转子电阻中，效率较低。

调压调速一般适用于 100kW 以下的生产机械。

2）转子串电阻调速。

绕线转子异步电动机转子串入附加电阻，使电动机的转差率加大，电动机在较低的转速下运行，如图 1-2-8 所示。串入的电阻越大，电动机的转速越低。此方法设备简单，控制方便，但转子电路上串接的电阻要消耗功率，导致电动机效率较低，属有级调速，机械特性会变软。

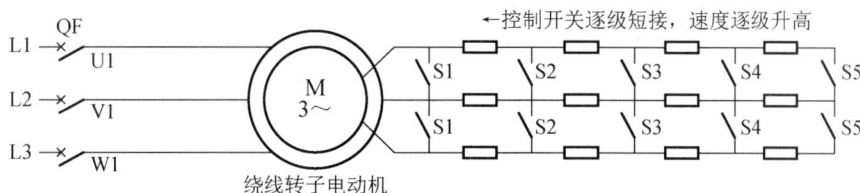

图 1-2-8　电动机转子串电阻调速接线方法

注意：本方法只适用于绕线转子异步电动机，主要应用于起重运输机械的调速。

4. 三相异步电动机的选用与维护

（1）三相异步电动机的铭牌识读

在三相异步电动机的机座上都装有一块铭牌，铭牌上标注了这台电动机的主要技术数据，是选择、安装、使用和修理电动机的重要依据，如图 1-2-9 所示。

图 1-2-9　电动机铭牌

1）型号 Y-112M-4：Y 系列电动机的型号由 3 部分组成，即产品代号、规格代号及特殊环境代号。Y-112M-4 表示的意义如图 1-2-10 所示。

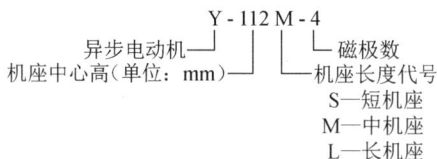

图 1-2-10　型号含义说明

2）4.0kW（额定功率）：电动机在额定工作状态下运行时三相电动机轴上输出的机械功率为 4.0kW。

3）380V（额定电压）：电动机定子绕组规定使用的线电压为 380V。

4）8.8A（额定电流）：电动机在输出额定功率时，定子绕组所允许通过的线电流为8.8A。

5）1440r/min（额定转速）：电动机在额定工作状态下运行时每分钟的转速。

6）接法△：电动机在额定电压下定子三相绕组的联结方式，有星形（丫）联结和三角形（△）联结两种。

7）B级绝缘：电动机所采用的绝缘材料的耐热能力，它表明电动机允许的最高工作温度。按绝缘材料允许最高温度划分，目前主要有以下6个等级，见表1-2-4。

表 1-2-4 绝缘等级与极限工作温度

绝缘等级	A	E	B	F	H	C
极限工作温度/℃	105	120	130	155	180	180 以上
电动机允许温升/℃	60	75	80	100	125	125 以上

注：Y 系列电动机采用 B 级绝缘，新型 Y2 系列电动机采用 F 级绝缘。

8）防护等级 IP44：三相电动机外壳的防护等级。其中，IP 表示为封闭型；IP 后的两位数字，第一位表示防固体异物的等级，第二位表示防水等级。例如，IP44 表示电动机能防止直径或厚度大于 1mm 的固体进入电动机机壳内，且能承受任何方向的溅水。

9）工作制 S1：电动机的运转状态，即允许连续使用时间，分为连续、短时、周期断续 3 种。S1 表示连续工作制，即在额定状态下可连续工作。S2 表示短时运行工作制，即在额定状态下持续运行时间不允许超过规定的时限。S3 表示断续运行工作制，即电动机工作与停歇交替进行，时间都很短。

10）LW82dB（噪声等级）：表示噪声等级为 82dB。

（2）三相异步电动机的选用

三相异步电动机的选择是否合理，对于设备能否安全运行，能否具有良好的经济、技术指标有很大的影响。选用原则有以下几点：

1）选择功率。根据负载设备所要求的工作制、工作条件、启动特性合理选择电动机的功率。对于连续运行的电动机，使所选电动机的额定功率等于或稍大于生产机械功率即可。

2）选择转速。根据负载设备的最高机械转速和传动机构的变速比选择电动机的转速。负载设备额定功率一定时，转速高的电动机需要变速比大的减速机构相配合，但会造成传动系统较为复杂，在选用时需加注意。

3）选择电动机类型。根据负载设备的特性、生产工艺、安装方式、使用环境、维护及价格等方面综合考虑电动机类型。

① 笼形异步电动机在结构、价格、可靠性及维护等方面优于绕线转子异步电动机。

② 启动、制动频繁，具有较大启动转矩、制动转矩和小范围调速要求的设备，宜选用绕线转子异步电动机。

③ 根据电动机使用环境，选择合适的防护等级。

④ 根据应用场合选择电动机的结构形式。

4）更换电动机。更换新型号电动机时，可用额定电压、额定功率接近的新型电动机替换旧型电动机，但对特殊情况下使用的电动机，不可降低防护等级。

（3）三相异步电动机的维护

1）电动机启动前的检查：

① 检查电动机铭牌所标电压、频率是否与使用的电源电压、频率相等，接法与铭牌所标是否相符。

② 新电动机或长期不用的电动机，使用前应检查各相绕组间及绕组对地的绝缘电阻（正常值都应为无穷大），如图 1-2-11 所示。

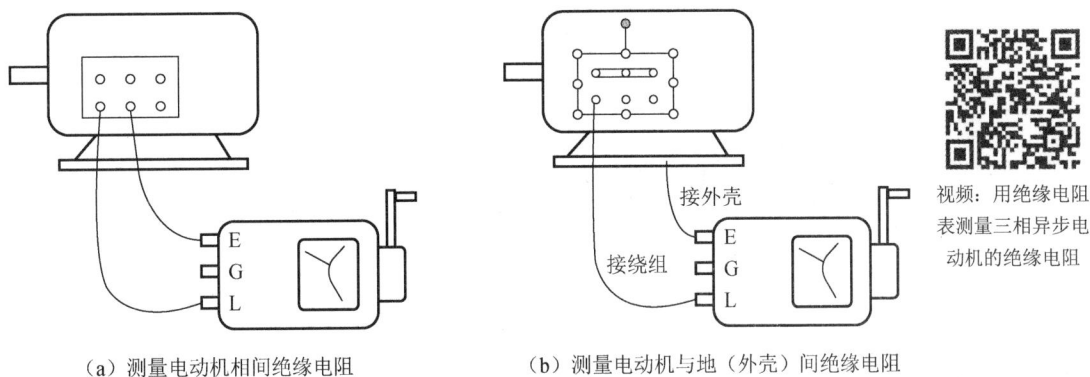

（a）测量电动机相间绝缘电阻　　　　（b）测量电动机与地（外壳）间绝缘电阻

视频：用绝缘电阻表测量三相异步电动机的绝缘电阻

图 1-2-11　用绝缘电阻表检测电动机绝缘电阻

2）电动机运行中的巡查：

① 电压监视。电源电压与额定电压的偏差不应超过±5%，三相电压不平衡度不应超过1.5%。

② 电流监视。用钳形电流表测量电动机的电流，对较大的电动机还要经常观察运行中电流是否三相平衡或超过允许值。如果三相严重不平衡或超过电动机的额定电流，应立即停机检查，如图 1-2-12 所示。

图 1-2-12　用钳形电流表检测电流

③ 机组转动监视。检查传送带连接处是否良好，传送带松紧是否合适，机组转动是否灵活，有无卡位、窜动及不正常的现象。

④ 温度监视。用手触及外壳，看电动机是否过热烫手，如发现过热，应立即停止运行，如图 1-2-13（a）所示。

⑤ 响声、气味监视。检查响声是否正常，电动机是否有焦臭气味。若有异常则应停机

检修，如图 1-2-13（b）所示。

（a）感测电动机温度   （b）检查电动机响声

图 1-2-13 电动机运行中的巡查监视图

任务实施

本任务进行三相异步电动机定子绕组首尾端的判别。

第 1 步 选用实训器材

电动机一台、万用表一块、螺钉旋具一把、电池一节、编号标签 6 个。

第 2 步 校表、验表

01 机械调零。

02 欧姆调零。

第 3 步 判别电动机定子每相绕组的两个出线端

选择万用表欧姆挡，用两表笔分别测量电动机的 6 个出线端，电阻值趋近于零的两个出线端为同相绕组的两个出线端。用同样的方法找出其他各相绕组的两个出线端。

第 4 步 给三相绕组的 6 个出线端做假设编号

给三相绕组的 6 个出线端做假设编号 U1、U2、V1、V2、W1、W2。同相绕组的两个出线端为一对。

第 5 步 选择万用表量程并接线

选择万用表直流毫安挡的最小量程，按图 1-2-14 的方法接线。

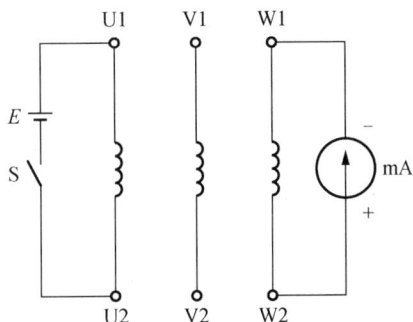

图 1-2-14　接线图

第 6 步　电池电路接通瞬间，注意观察万用表（微安挡）指针摆动的方向

合上开关瞬间，若指针向右摆动（右摆），则接电池正极的出线端与万用表负极所接的出线端同为首端或尾端；若指针向左摆动（左摆），则接电池正极的出线端与万用表的正极所接的出线端同为首端或尾端。

小贴士

在开关闭合的瞬间观察万用表指针摆动的方向，而不是在开关断开的瞬间，总结为"右正负"和"左正正"。

第 7 步　判别各相的首尾端

万用表连接的这一相（W 相）绕组不变，电池和开关换接另一相绕组的两个，进行测试，即可正确判别各相的首尾端。

第 8 步　校验

万用表选择直流毫安挡的最小量程。将判别出的 3 个首端和 3 个尾端分别连接在一起，分别与万用表的两表笔相连。快速转动电动机转轴，若指针基本不动，则判别结果正确；若指针明显左右摆动，则判别结果错误，需重新判别。

第 9 步　整理工作场地

01 将万用表转换开关旋至"OFF"挡或交流电压的最高量程挡上。

02 将电动机上所做的标记全部拆除，恢复原状。

03 将电动机、万用表及电池放置在安全位置，并摆放整齐。

任务评价

三相异步电动机定子绕组首尾端的判别评价见表 1-2-5。

表 1-2-5　三相异步电动机首尾端判别评价表

项目内容	配分	评价标准	得分
万用表的使用	45 分	1）欧姆挡选择不正确，每次扣 3 分。 2）量程选择不当，每次扣 3 分。 3）不校表或校表不正确，每次扣 2 分。 4）表笔使用不正确，每次扣 3 分。 5）测量完成后转换开关没有旋转到正确位置，扣 5 分	
首尾端判别	55 分	1）不按要求接线，接线不牢固造成接触不良，每次扣 2 分。 2）同相绕组的两个出线端判别不正确，每次扣 5 分。 3）首尾端一次判别结果不正确，扣 10 分。 4）首尾端两次判别结果不正确，扣 20 分。 5）测量完成后不恢复原状，扣 5 分	
安全文明生产		违反安全文明生产规程，扣 5～10 分	
定额时间：30min		每超时 1min 扣 1 分，不足 1min 按 1min 计	
备注		除定额时间外，各项目的最高扣分不应超过配分分数	成绩
开始时间		结束时间	实际用时

● 思考与练习 ●

1．三相异步电动机主要由哪些部分组成？各部分的作用是什么？

2．简述三相异步电动机的工作原理。

3．电动机的型号为 YD200L-8/6/4，试说明其含义。

4．三相笼形异步电动机有哪几种调速方法？比较其优缺点。

5．有一台三相异步电动机，其额定转速 n=975r/min，电源频率 f=50Hz，求电动机的极数和额定负载时的转差率 s。

任务 1.3　三相异步电动机的拆装

◎ 任务描述

在对电动机进行故障检修或日常维护保养时，可能需要对其进行拆装。如果拆装方法不正确，则可能会损坏电动机的零部件，这不仅难以保证维修质量，而且会为今后电动机正常运行留下"后遗症"。因此，具有对三相异步电动机进行维护保养的能力，掌握三相异步电动机的拆卸和装配技术是非常必要的。

◎ **任务目标**

1. 熟悉电动机的拆装方法和步骤;
2. 能按照拆装步骤正确拆装电动机主要部件;
3. 通过拆卸操作进一步熟悉三相异步电动机的结构及组合方式。

相关知识

三相异步电动机拆装常用工具及仪表见表 1-3-1。

表 1-3-1　三相异步电动机拆装常用工具及仪表

序号	工具及仪表名称	图例	作用
1	拉具	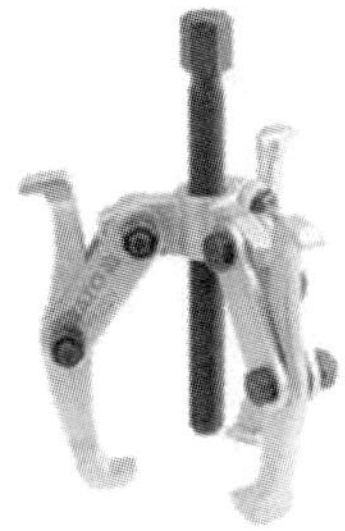	拆卸带轮和轴承
2	活扳手		紧固和起松螺母
3	呆扳手		紧固和起松螺母及无法使用活扳手的地方
4	木槌		传递力量,可以避免因直接敲击而造成的轴和轴承等金属表面的损伤

续表

序号	工具及仪表名称	图例	作用
5	纯铜棒		传递力量,可以避免因直接敲击而造成的轴和轴承等金属表面的损伤
6	螺钉旋具		用来紧固和拆卸带电螺钉
7	刷子		清扫灰尘和油污
8	绝缘电阻表		测量被测设备的绝缘电阻
9	钳形电流表		不需断开电路即可测量电流
10	万用表		测量电压、电流和电阻

任务实施

第1步 拆卸前的准备工作

01 检查拆卸工具是否齐全,特别是拉具、木槌等专用工具。

02 选择和清理拆卸现场。

03 熟悉待拆电动机结构及故障情况。

04 断开电源,拆除电动机与外部电源的连接线,并做好电源线在接线盒中的相序标

视频:三相异步电动机
拆装(一)

记，以免安装电动机时搞错相序。

05 做好相应的标记和记录。在带轮或联轴器的轴端做好定位标记，测量并记录联轴器或带轮与轴台间的距离，在电动机机座与端盖的接缝处做好标记，在电动机的输出轴方向及出线端在机座上的出口方向做好标记，如图 1-3-1 所示。

图 1-3-1　给电动机做标记

视频：三相异步电动机
拆装（二）

第 2 步　三相异步电动机的拆卸

01 拆卸带轮或联轴器。拆卸过程如图 1-3-2 所示。

（1）在带轮（或联轴器）的轴伸端上做好再安装时的复原标记。

带轮

（3）将固定带轮（或联轴器）的销子拆下。

（2）将拉具的丝杆尖端对准电动机轴端的中心，挂住带轮（或联轴器），使其受力均匀，把带轮（或联轴器）慢慢拉出。

图 1-3-2　拆卸带轮或联轴器的过程

02 拆卸风罩。用螺钉旋具将风罩四周的 3 颗螺钉拧下，用力将风罩往外拔，风罩便可脱离机壳。拆卸过程如图 1-3-3 所示。

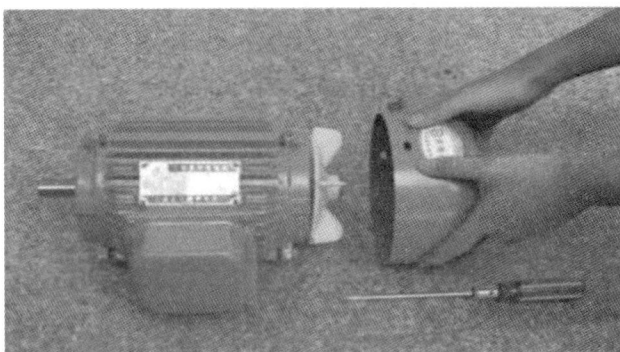

图 1-3-3　拆卸风罩的过程

03 拆卸风扇。取下转子轴端风扇上的定位销或螺钉，用木槌均匀轻敲风扇四周，取下风扇。拆卸过程如图 1-3-4 所示。

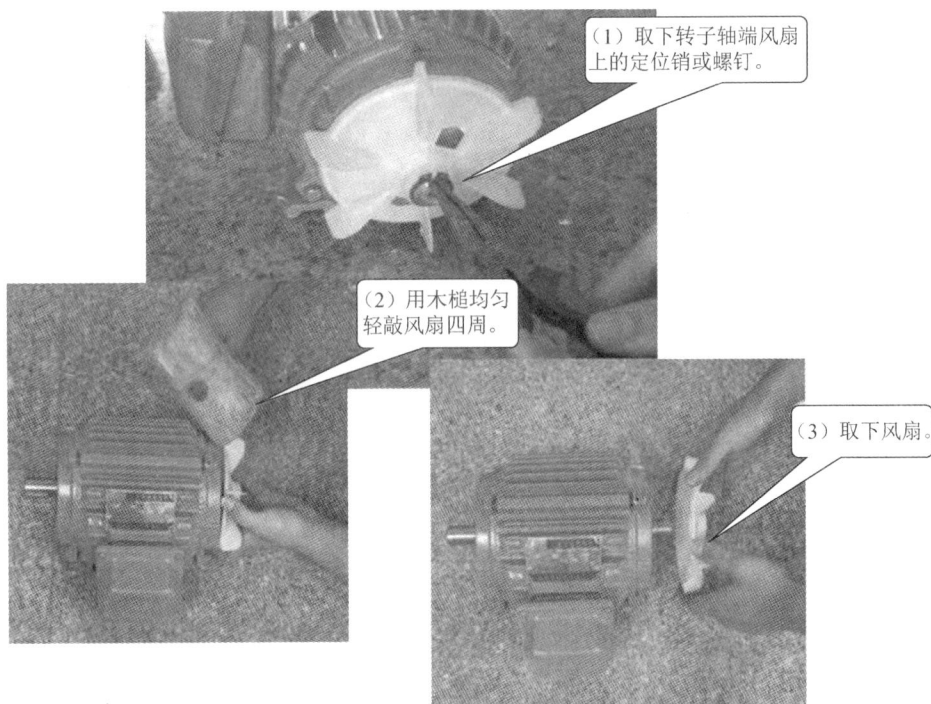

（1）取下转子轴端风扇上的定位销或螺钉。

（2）用木槌均匀轻敲风扇四周。

（3）取下风扇。

图 1-3-4　拆卸风扇的过程

04 拆卸前端盖和后端盖螺钉。拆卸后端盖 3 颗螺钉和前端盖 3 颗螺钉。拆卸过程如图 1-3-5 所示。

（1）拆卸后端盖3颗螺钉。

后端盖

（2）拆卸前端盖3颗螺钉。

前端盖

图 1-3-5 拆卸前后端盖螺钉的过程

05 拆卸后端盖。拆卸过程如图 1-3-6 所示。

（1）用木槌敲打轴伸端，使后端盖脱离机座。

（2）当后端盖稍与机座脱开，即可把后端盖连同转子一起抬出机座。

图 1-3-6 拆卸后端盖的过程

06 拆卸前端盖。拆卸过程如图 1-3-7 所示。

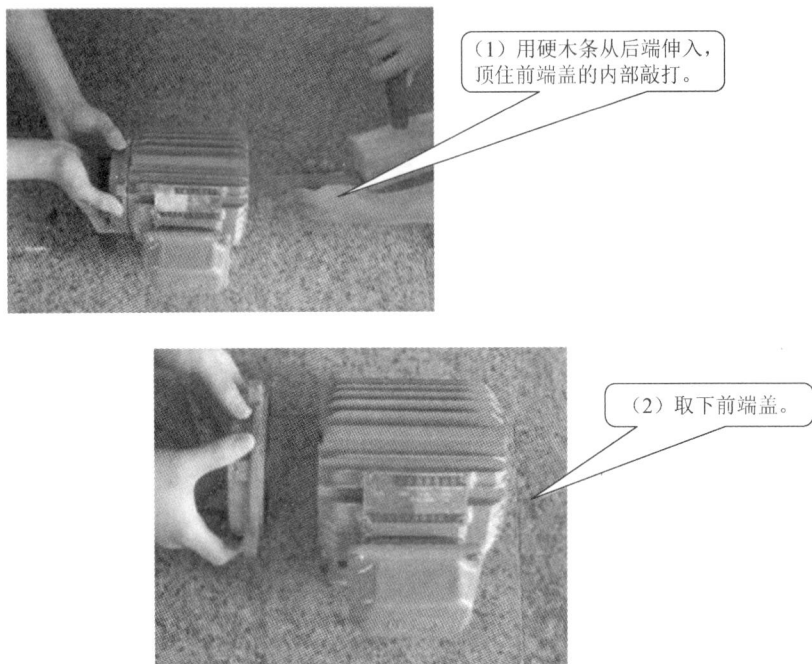

（1）用硬木条从后端伸入，顶住前端盖的内部敲打。

（2）取下前端盖。

图 1-3-7　拆卸前端盖的过程

07 取下后端盖。用木槌均匀敲打后端盖四周，即可取下。拆卸过程如图 1-3-8 所示。

图 1-3-8　取后端盖的过程

08 拆卸电动机轴承。选择适当的拉具，使拉具的脚爪紧扣在轴承内圈上，拉具的丝杆顶点对准转子轴的中心，缓慢均匀地扳动丝杆，轴承就会逐渐脱离转轴被拆卸下来。拆卸过程如图 1-3-9 所示。

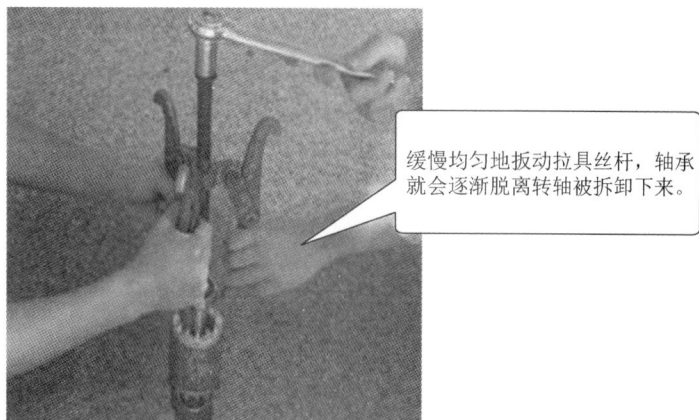

缓慢均匀地扳动拉具丝杆，轴承就会逐渐脱离转轴被拆卸下来。

图 1-3-9　拆卸电动机轴承的过程

第3步　三相异步电动机的装配步骤

三相异步电动机修理后的装配顺序与拆卸时相反。装配时要注意拆卸时的一些标记，尽量按原记号复位。装配前应先检查轴承滚动件是否转动灵活而又不松动，再检查轴承内圈与轴颈、外圈与端盖、轴承座孔之间的配合情况和粗糙度是否符合要求。

01　安装轴承和后端盖。具体安装过程如图 1-3-10 所示。

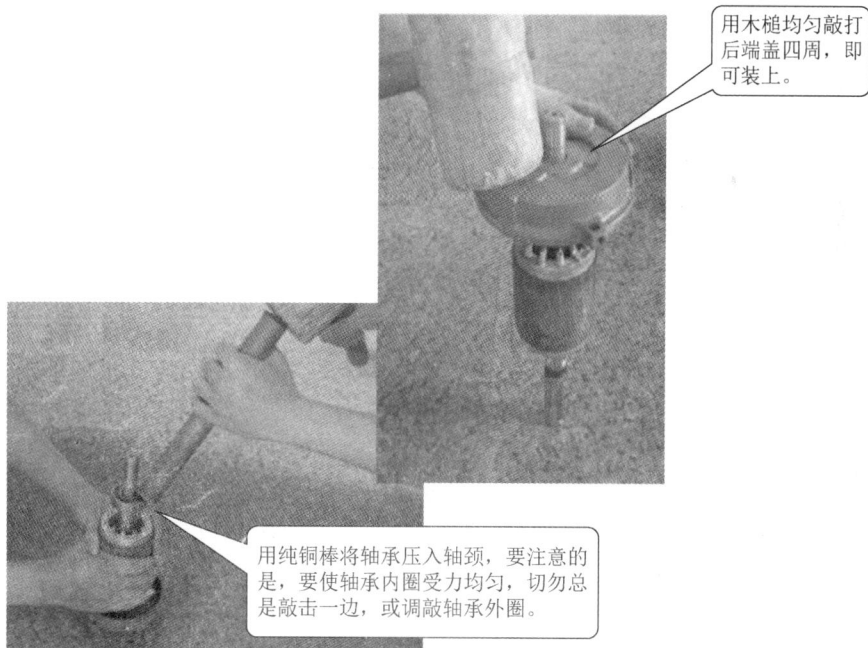

用木槌均匀敲打后端盖四周，即可装上。

用纯铜棒将轴承压入轴颈，要注意的是，要使轴承内圈受力均匀，切勿总是敲击一边，或调敲轴承外圈。

图 1-3-10　安装轴承、后端盖的过程

02　安装转子。安装过程如图 1-3-11 所示。

（1）用手托住转子慢慢移入，以免损伤转子表面。

（2）推入。

图 1-3-11　安装转子的过程

03　安装后端盖。安装过程如图 1-3-12 所示。

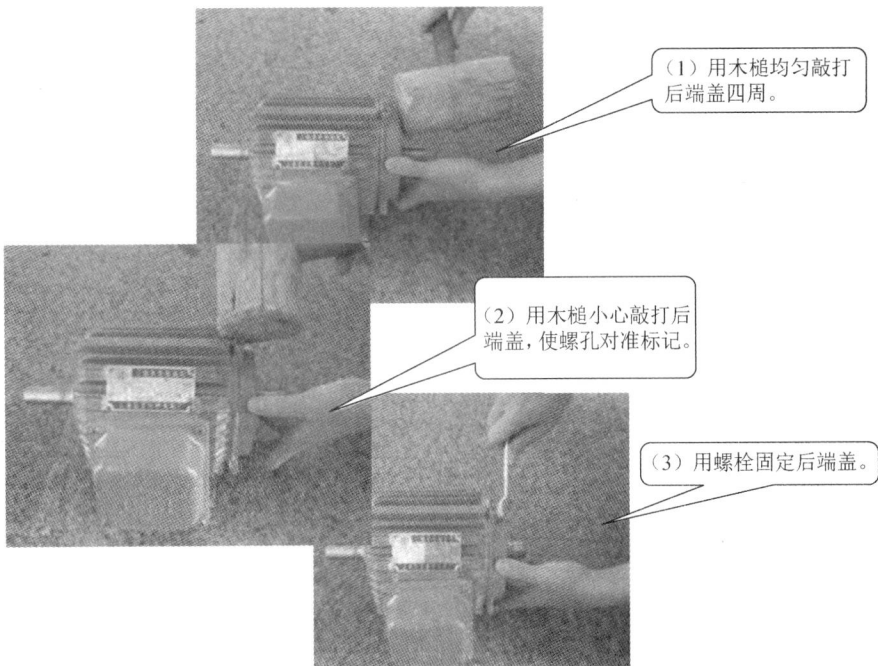

（1）用木槌均匀敲打后端盖四周。

（2）用木槌小心敲打后端盖，使螺孔对准标记。

（3）用螺栓固定后端盖。

图 1-3-12　安装后端盖的过程

04 安装前端盖。安装方法同后端盖的安装。安装过程如图 1-3-13 所示。

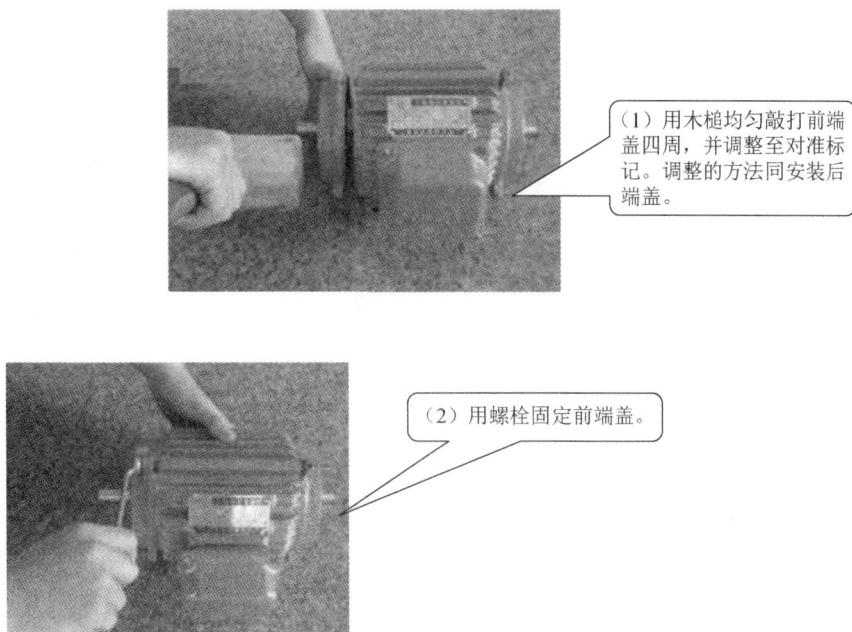

（1）用木槌均匀敲打前端盖四周，并调整至对准标记。调整的方法同安装后端盖。

（2）用螺栓固定前端盖。

图 1-3-13　安装前端盖的过程

05 安装风罩。安装过程如图 1-3-14 所示。

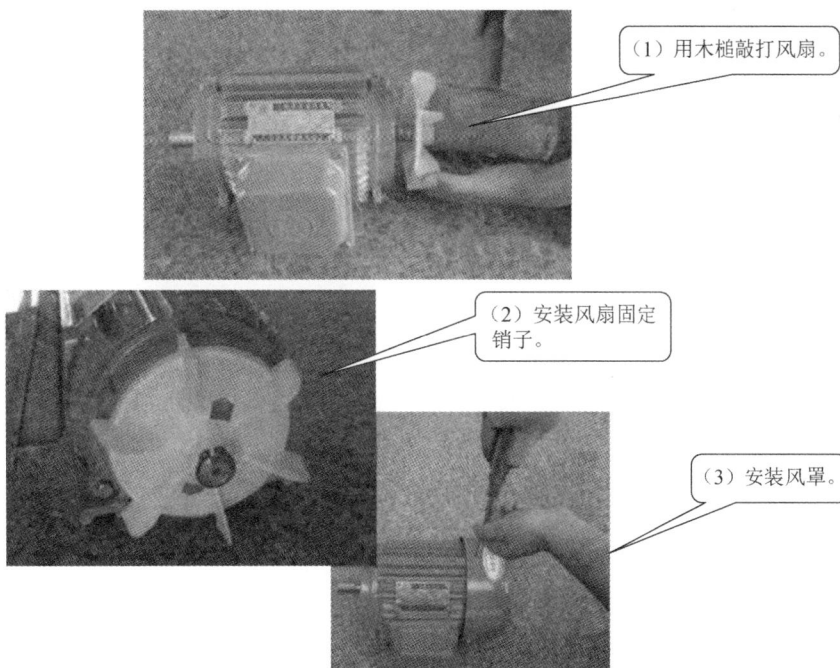

（1）用木槌敲打风扇。

（2）安装风扇固定销子。

（3）安装风罩。

图 1-3-14　安装风扇和风罩的过程

06 安装带轮或联轴器。安装过程如图 1-3-15 所示。

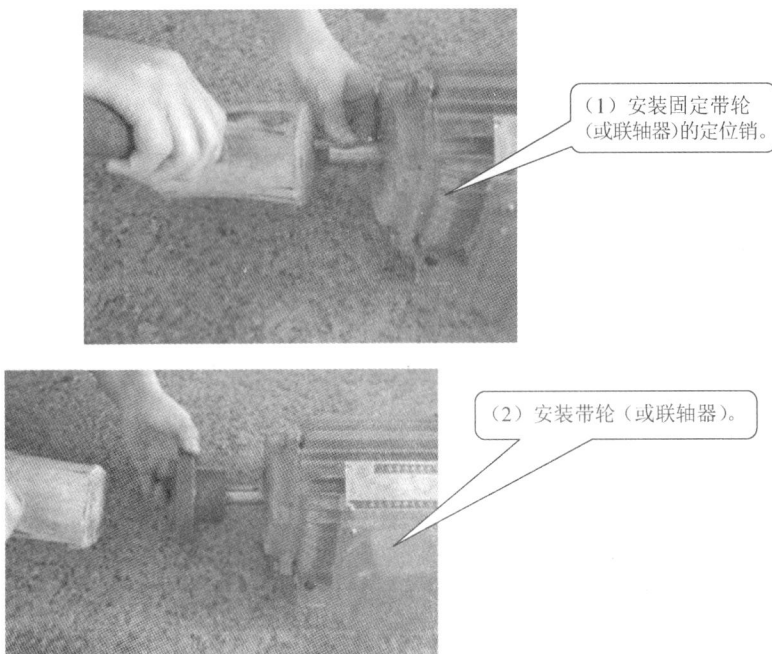

（1）安装固定带轮（或联轴器）的定位销。

（2）安装带轮（或联轴器）。

图 1-3-15　安装带轮或联轴器的过程

小贴士

　　拆卸带轮和轴承时，要正确使用拉具；电动机解体前，要做好标记，以便装配；端盖螺钉的松动与紧固必须按对角线上、下、左、右依次旋动；不能用木槌直接敲打电动机的任何部位，只能用纯铜棒在垫好木块后再敲击或直接用木槌敲打；抽出转子或安装转子时动作要小心，一边送一边接，不可擦伤定子绕组；电动机装配完毕，要检查转子转动是否灵活，有无卡阻现象。

第 4 步　装配后的检验

　　01 检查电动机的转子转动是否轻便灵活，如转子转动比较沉重，可用纯铜棒敲打端盖，同时调整端盖紧固螺栓的松紧程度，使之转动灵活。检查绕线转子电动机的刷握位置是否正确、电刷与集电环接触是否良好、电刷在刷握内是否卡死、弹簧压力是否均匀等。

　　02 检查电动机的绝缘电阻，用绝缘电阻表摇测电动机定子绕组中相与相之间、各相对地之间的绝缘电阻。对于绕线转子异步电动机，还应检查各相转子绕组间及对地间的绝缘电阻。

　　03 根据电动机的铭牌信息，与电源电压正确接线，并在电动机外壳上安装好接地线，用钳型电流表分别检测三相电流是否平衡。

　　04 用转速表测量电动机的转速。

　　05 让电动机空转运行 0.5h 后，检测机壳和轴承处的温度，观察振动和噪声。对于绕线转子异步电动机，在空载时，还应检查电刷有无火花及过热现象。

任务评价

三相异步电动机的拆装评价见表 1-3-2。

表 1-3-2　三相异步电动机的拆装评价表

项目内容	配分	评价标准	得分
电动机拆卸	20 分	1）拆卸步骤不正确，每次扣 5 分。 2）拆卸方法不正确，每次扣 5 分。 3）工具使用不正确，每处扣 5 分	
电动机装配	20 分	1）装配步骤不正确，每次扣 5 分。 2）装配方法不正确，每处扣 5 分。 3）一次装配后不符合要求，重装扣 20 分	
清洗与检查	20 分	1）轴承清洗不干净，扣 5 分。 2）润滑脂油量过多或过少，扣 5 分。 3）定子内腔和端盖处未做除尘处理或清洗，扣 10 分	
通电试转	20 分	1）未做装配后的检验，扣 10 分。 2）一次试转不成功，扣 10 分。 3）两次通电不成功，扣 20 分	
实训报告	10 分	没有按照报告要求完成或内容不正确，扣 5 分	
团队精神	10 分	小组成员分工协助不明确，不积极参与，扣 5 分	
安全文明生产		材料摆放零乱，违反安全文明生产规程，扣 5～10 分	
定额时间：3h		每超时 5min 扣 5 分，不足 5min 按 5min 计	
备注	除额定时间外，各项目的最高扣分不应超过配分分数	成绩	
开始时间		结束时间	实际用时	

知识拓展

单相异步电动机的使用与维护

1. 单相异步电动机的应用

由单相电源供电的异步电动机称为单相异步电动机。单相异步电动机具有结构简单、噪声小、运行可靠等优点，被广泛应用于家用电器、医疗设备、小型电动工具等，如图 1-3-16 所示。

（a）手钻　　　　（b）电风扇　　　　（c）吸尘器　　　　（d）冰箱压缩机

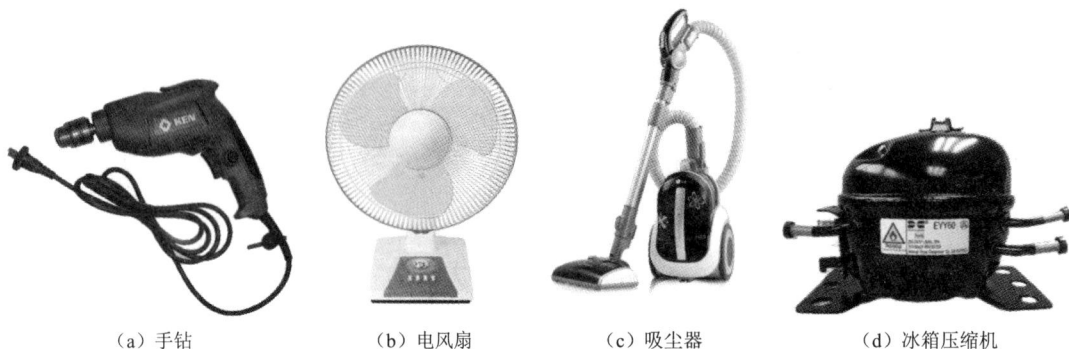

图 1-3-16　单相异步电动机的应用

2. 单相异步电动机的结构及分类

拆开一台单相异步电动机，可以看到，其结构和三相笼形异步电动机相似，也有定子和转子，如图 1-3-17 所示。

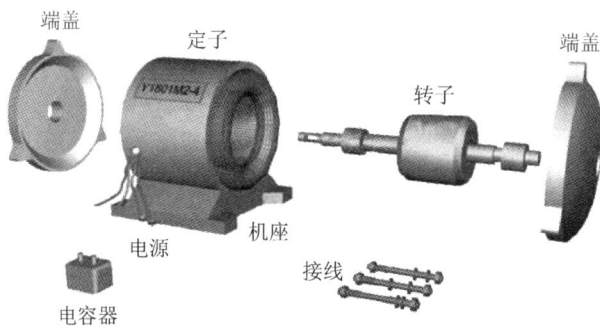

图 1-3-17　单相异步电动机的结构

常用的单相异步电动机有电容分相式和电阻分相式两种。实用的单相异步电动机效率都较低，一般在 0.75kW 以下，且大多数使用电容分相式，而电冰箱压缩机使用的电动机采用电阻分相式。单相异步电动机的分类及电路结构特点见表 1-3-3。

表 1-3-3　单相异步电动机的分类及电路结构特点

类别	电路图		电路结构特点
电容分相式	 电容启动式	 电容运转式	在电动机的定子铁心槽中嵌放两个绕组，一个是工作绕组（也称为主绕组），长期接通电源工作；另一个是启动绕组（也称为副绕组），两者在空间互成 90°，在启动绕组中还串接有一只电容器

续表

类别	电路图	电路结构特点
电阻分相式	AC 220V　A1 A2 M 1~ B1 B2　R	一个绕组串接电阻，与另一个感性绕组中的电流相位近似相差90°，也能产生旋转磁场

3. 单相异步电动机的维护

单相异步电动机的维护与三相电动机类似，即通过听、看、闻、摸等手段随时观察电动机的运行状态。根据故障症状推断故障可能部位，通过一定的检查方法找出故障点并排除故障。单相异步电动机常见故障现象及故障原因分析见表1-3-4。

表 1-3-4　单相异步电动机常见故障现象及故障原因分析

故障现象	故障原因分析
电动机无法启动	通电后熔丝熔断，电动机可能短路
	电源电压过低，造成启动转矩太小
	电动机定子绕组断路，正常绕组直流电阻一般为几欧或几十欧
	电容器损坏或断开
	离心开关合不上
	转子卡住或过载
启动转矩很小或启动迟缓且转向不定	离心开关触点接触不良
	电容器容量减小
电动机转速低于正常转速	电源电压偏低
	绕组个别匝间短路，造成电动机气隙磁场减弱，转差率增大
	离心开关触点无法断开，启动绕组未切断
	运行电容器容量变化
	电动机负载过重
电动机过热	电容运转式电动机的工作绕组或启动绕组个别匝间短路或接地
	电容运转式电动机的工作绕组和启动绕组接错，两者电流密度相差很大
	电容运转式电动机离心开关触点无法断开，使启动绕组长期运行过热
	轴承发热，润滑油中的基础油脂挥发，润滑油干涸，润滑性能降低
电动机转动时噪声大或振动大	绕组短路或接地
	轴承损坏或缺少润滑油
	定子与转子空隙中有杂物
	电动机风扇的风叶变形或不平衡
	电动机固定不良或负载不平衡

● 思考与练习 ●

1. 简述三相异步电动机的拆卸方法和步骤。

2. 拆装三相异步电动机时要注意哪些问题？

3. 简述单相异步电动机的特点。

4. 某台新吊扇安装之后通电运转，发现转速很慢，可能是什么故障？应如何排除故障？

5. 一台电容运转式台式风扇，通电时只有轻微振动，但不转动。若用手拨动风扇的风叶，则可以转动，但速度很慢，这是什么故障？应如何排除故障？

2 项目

三相异步电动机基本控制电路的安装与检修

>>>>

◎ **项目导读**

　　电动机是一种将电能转换为机械能的动力设备，主要用于生产机械设备的拖动。在实际生产中，三相异步电动机因结构简单、运行稳定可靠、操作方便、维修简便、适用范围广等优点得到大量应用。其按结构不同可分为笼形异步电动机和绕线式异步电动机两种，其中笼形异步电动机的基本控制电路有单向点动、连续运转控制电路，正、反转控制电路，自动往返控制电路，顺序控制电路，降压启动控制电路，制动控制电路等。通过本项目的学习，应能够安装、调试和检修笼形异步电动机的常用控制电路。

◎ **项目目标**

　　通过本项目的学习，要求达到的学习目标如下：

目标	内容
知识目标	1. 掌握三相异步电动机基本控制电路中各元件的规格和作用； 2. 熟悉三相异步电动机基本控制电路的工作原理
能力目标	1. 能根据要求完成三相异步电动机基本控制电路的安装与检修； 2. 能运用所学知识完成复杂电路的安装与检修
情感目标	1. 培养学习兴趣，体验发现问题、解决问题的成就感； 2. 培养互助友爱与团结合作的精神

任务 2.1 三相异步电动机点动控制电路的安装与检修

◎ 任务描述

图 2-1-1 所示为某车间的一台 CA6140 型车床，操作人员在快速移动车床刀架时，只要按下按钮，刀架就快速移动；松开按钮，刀架立即停止移动。请根据控制要求，合理选用元件及导线完成此控制电路的安装，并能对电路进行简单的调试和自检。

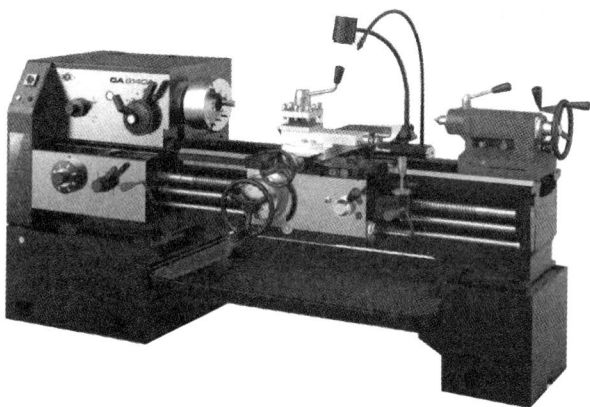

视频：点动控制
实际操作

图 2-1-1 CA6140 型车床

◎ 任务目标

1. 能正确识别、选择、使用常用低压电器（刀开关、组合开关、断路器、按钮、熔断器），熟记它们的功能结构、工作原理及图形文字符号；

2. 会正确识读电动机点动控制电路电气原理图，熟练分析其工作原理；

3. 能正确选用型号规格合适的元件和导线进行电路的安装；

4. 能对安装好的电路进行调试和自检。

相关知识

1. 低压电器的相关知识

电器在实际电路中的工作电压有高低之分，工作于不同电压下的电器可分为高压电器和低压电器两大类。低压电器是指在交流电压小于 1200V 或直流电压小于 1500V 的电路中起通断、保护、控制或调节作用的电器。常用的低压电器有刀开关、熔断器、断路器、按钮、接触器、热继电器、中间继电器、时间继电器、速度继电器等。低压电器常见的分类方法见表 2-1-1。

表 2-1-1　低压电器的常见分类

分类方法	类别	说明及用途
按低压电器的用途和所控制的对象	低压配电电器	包括低压开关、低压熔断器等，主要用于低压配电系统及动力设备中
	低压控制电器	包括接触器、继电器、电磁铁等，主要用于电力拖动与自动控制系统中
按低压电器的动作方式	自动切换电器	依靠电器本身参数的变化或外来信号的作用，自动完成接通或分断等动作，如接触器、继电器等
	非自动切换电器	主要依靠外力（如手控）直接操作来进行切换，如按钮、低压开关等
按低压电器的执行机构	有触点电器	具有可分离的动触点和静触点，主要利用触点的接触和分离来实现电路的接通和断开控制，如接触器、继电器等
	无触点电器	没有可分离的触点，主要利用半导体元件的开关效应来实现电路的通断控制，如接近开关、固态继电器等

2. 低压熔断器

低压熔断器是低压配电网络和电力拖动系统中主要用于短路保护的电器，通常简称为熔断器。熔断器主要由熔丝、安装熔丝的熔管和熔座 3 部分组成。使用时，熔断器应串联在被保护的电路中。正常情况下，熔断器的熔丝相当于一段导线，而当电路发生短路故障时，熔丝能迅速熔断分断电路，起到保护电路和电气设备的作用。熔断器用 FU 表示，一般可分为瓷插式熔断器、螺旋式熔断器、无填料封闭管式熔断器、有填料封闭管式熔断器、快速熔断器和自复式熔断器等。其外形和图形符号如图 2-1-2 所示。

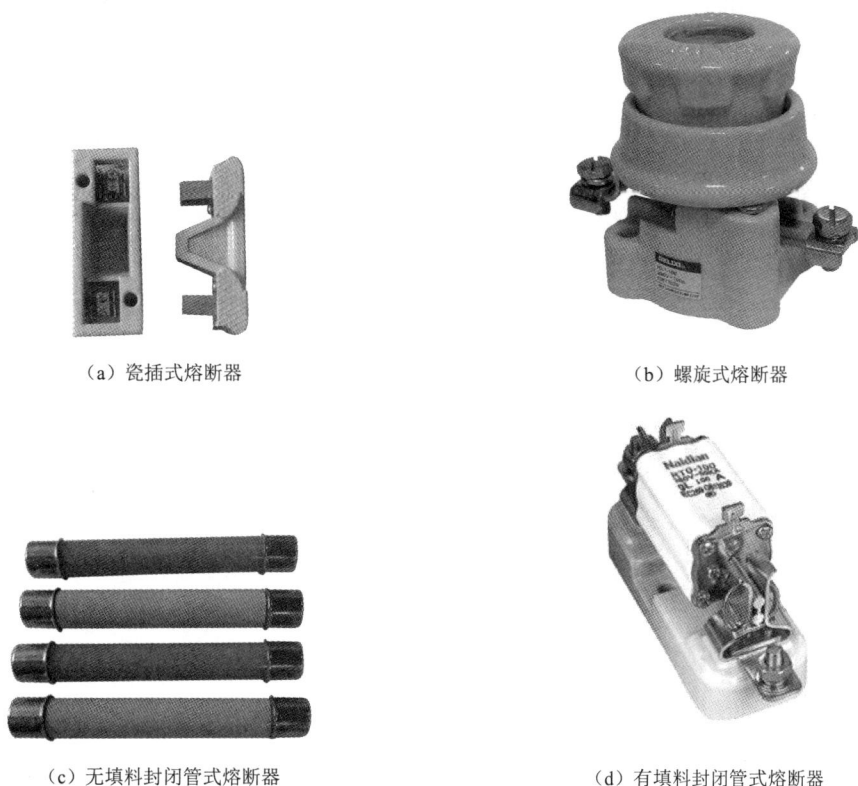

（a）瓷插式熔断器　　（b）螺旋式熔断器　　（c）无填料封闭管式熔断器　　（d）有填料封闭管式熔断器

图 2-1-2　熔断器的外形和符号

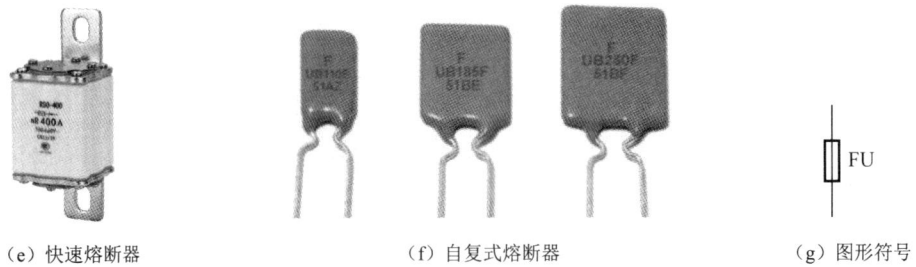

（e）快速熔断器　　　　　　（f）自复式熔断器　　　　　　（g）图形符号

图 2-1-2（续）

（1）低压熔断器的选择与使用

根据使用环境、负载性质和短路电流的大小选用适当类型的熔断器。熔断器的额定电压必须等于或大于电路的额定电压，额定电流必须等于或大于所装熔丝的额定电流。

1）对照明和电热等负载的短路保护，熔丝的额定电流应等于或稍大于负载的额定电流。

2）对一台不经常启动且启动时间不长的电动机的短路保护，应有

$$I_{RN} \geqslant (1.5\sim2.5)I_N$$

式中，I_{RN}——熔丝的额定电流；

I_N——电动机的额定电流。

3）对多台电动机的短路保护，应有

$$I_{RN} \geqslant (1.5\sim2.5)I_{Nmax} + \sum I_N$$

式中，I_{Nmax}——最大容量电动机的额定电流；

$\sum I_N$——其余电动机额定电流的总和。

对不同性质的负载，如照明电路、电动机电路的主电路和控制电路等，应分别保护，装设单独的熔断器。安装螺旋式熔断器时，必须注意将电源线接到瓷底座的下接线端（电源低进高出），以保证用电安全。更换熔丝或熔管时，必须切断电源并换上额定电流相同的熔丝。

（2）低压熔断器的型号含义

低压熔断器的型号含义如图 2-1-3 所示。

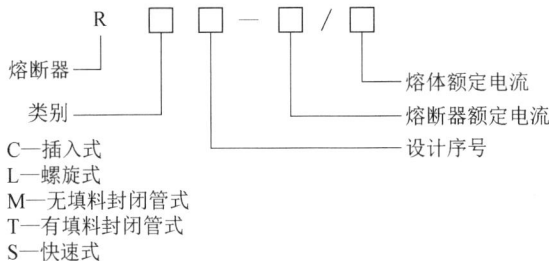

图 2-1-3　低压熔断器的型号含义

3. 低压开关

低压开关一般为非自动切换电器,主要作为隔离、转换、接通和分断电路用,主要包括低压断路器、负荷开关及组合开关。

(1) 低压断路器

低压断路器简称断路器,用 QF 表示。它集控制和多种保护功能于一体,当电路中发生短路、过载和失电压等故障时,它能自动切断故障电路。低压断路器按极数可分为单极、二极、三极、四极式。其外形、结构和图形符号如图 2-1-4 所示。

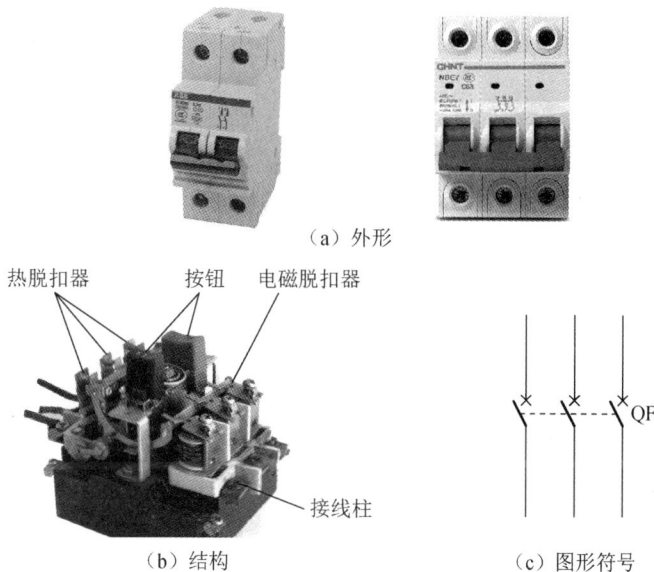

(a) 外形

(b) 结构

(c) 图形符号

图 2-1-4　低压断路器的外形、结构和图形符号

1) 低压断路器的选择和使用:

① 低压断路器的额定电压应不小于电路、设备的正常工作电压,额定电流应不小于电路、设备的正常工作电流。

② 热脱扣器的整定电流应等于所控制负载的额定电流。

③ 低压断路器应垂直安装,电源线应接在上端,负载接在下端。

④ 低压断路器用作电源总开关或电动机的控制开关时,在电源进线侧必须加装刀开关或熔断器等,以形成明显的断开点。

⑤ 低压断路器使用前应将脱扣器工作面上的防锈油脂擦净,以免影响其正常工作。同时应定期检修,清除断路器上的积尘,给操作机构添加润滑剂。

⑥ 各脱扣器的动作值调整好后,不允许随意变动,并应定期检查各脱扣器的动作值是否满足要求。

⑦ 低压断路器使用一定次数或分断短路电流后,应及时检查触点系统,如果触点表面有毛刺、颗粒等,应及时维修或更换。

2）低压断路器的型号含义。低压断路器的型号含义如图 2-1-5 所示。

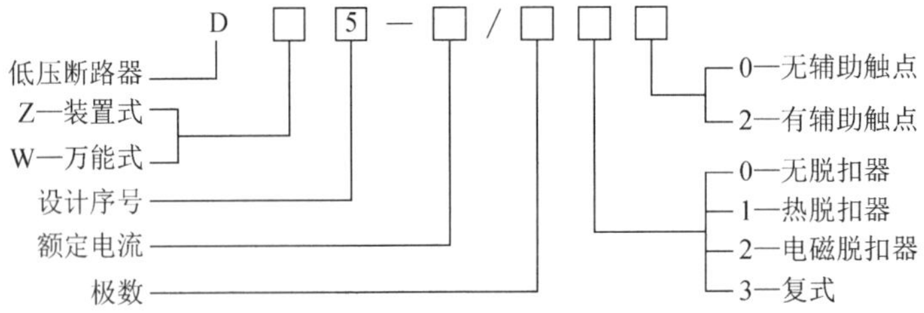

图 2-1-5 低压断路器的型号含义

（2）负荷开关

日常生活中所说的闸刀就是刀开关，也称为负荷开关。它属于手动控制电器，是一种结构最简单且应用最广泛的低压电器。它不仅可以作为电源的引入开关，也可用于小功率三相异步电动机不频繁的启动或停止控制。负荷开关用 QS 表示，分为开启式负荷开关和封闭式负荷开关两种。以开启式负荷开关为例，它的外形、结构和图形符号如图 2-1-6 所示。

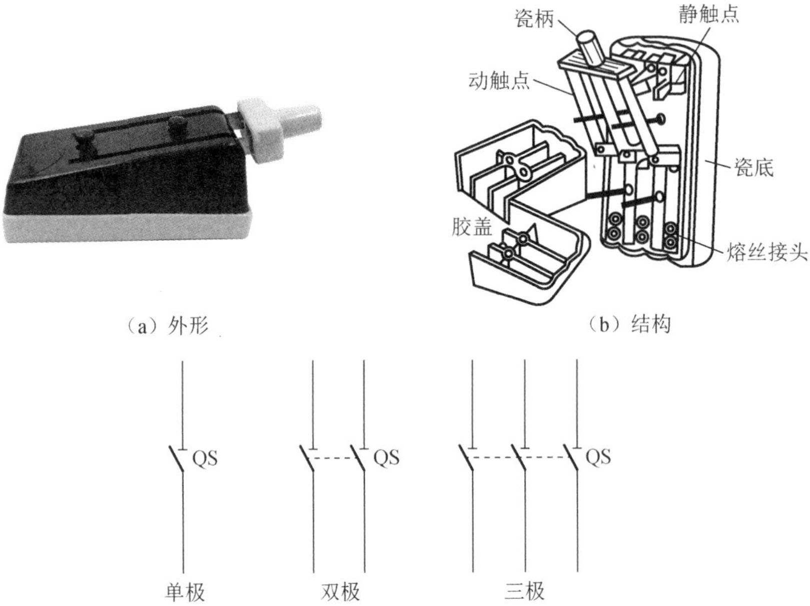

（a）外形　　　　　　　　　（b）结构

单极　　　　　双极　　　　　三极

（c）图形符号

图 2-1-6 开启式负荷开关的外形、结构和图形符号

1）负荷开关的选择和使用：

① 开启式负荷开关用于一般的照明电路和功率小于 5.5kW 的电动机控制电路中，用于照明和电热负载或用于控制电动机的直接启动和停止。

② 开启式负荷开关必须垂直安装在控制屏或开关板上，且合闸状态时手柄应朝上，不允许倒装或平装。

③ 开启式负荷开关控制照明和电热负载使用时，要装接熔断器做短路保护和过载保护。

④ 开启式负荷开关用作电动机的控制开关时，在分闸和合闸操作时，应动作迅速，使电弧尽快熄灭。

2）负荷开关的型号含义。负荷开关的型号含义如图 2-1-7 所示。

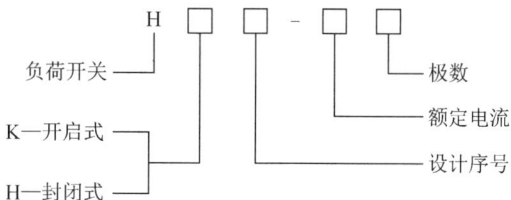

图 2-1-7　负荷开关的型号含义

4. 按钮

按钮是一种用人体某一部分所施加力而操作，并具有弹簧储能复位的控制开关。图 2-1-8 所示为几种常用按钮的外形。根据触点结构的不同，按钮可分为常开按钮、常闭按钮，以及将常开和常闭封装在一起的复合按钮等几种。按钮的结构示意图与符号见表 2-1-2。常闭按钮平时触点闭合，手指按下时触点分开，松开手指后触点闭合，常用作停止按钮；常开按钮平时触点分开，手指按下时触点闭合，松开手指后触点分开，常用作启动按钮；复合按钮中一组为常开触点，一组为常闭触点，手指按下时，常闭触点先断开，继而常开触点闭合，松开手指后，常开触点先断开，继而常闭触点闭合。

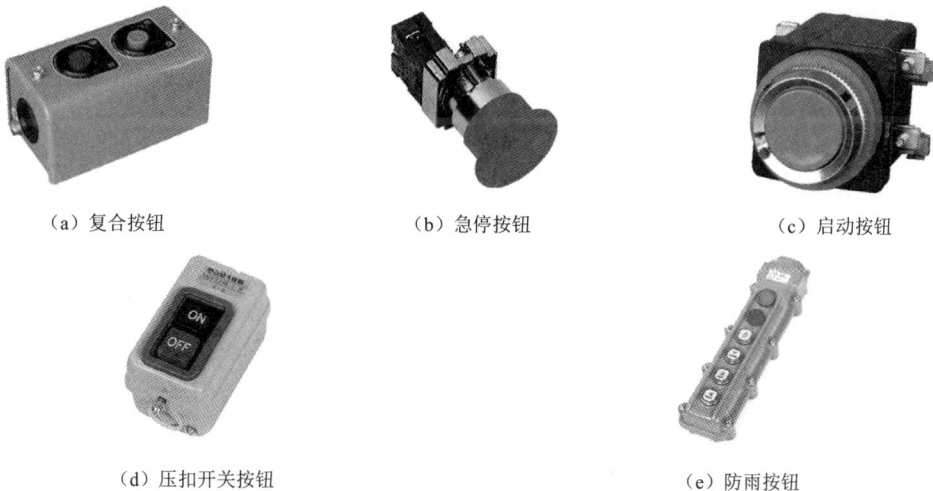

（a）复合按钮　　　　　　（b）急停按钮　　　　　　（c）启动按钮

（d）压扣开关按钮　　　　　　　　　（e）防雨按钮

图 2-1-8　常用按钮的外形

表 2-1-2　按钮的结构示意图与符号

名称	符号	结构
停止按钮 （常闭按钮）	E-7SB	

续表

名称	符号	结构
启动按钮 （常开按钮）	E-\SB	
复合按钮	E-\7SB	1 2 3 4 5 6 7

注：1 为按钮帽；2 为复位弹簧；3 为支柱连杆；4 为常闭静触点；5 为桥式动触点；6 为常开静触点；7 为外壳。

（1）按钮的选择和使用

1）根据使用场合和具体用途选择按钮的种类。例如，嵌装在操作面板上的按钮可选用开启式；需显示工作状态的选用光标式；需要防止无关人员误操作的重要场合宜选用钥匙式；在有腐蚀性气体环境下要用防腐式。

2）根据工作状态指示和工作情况要求选择按钮的颜色。例如，启动按钮可选用白、灰或黑色，优先选用白色，也可选用绿色；急停按钮应选用红色；停止按钮可选用黑、灰或白色，优先选用黑色，也可选用红色。

3）根据控制回路的需要选择按钮的数量，按钮安装在面板上时，应布置整齐，排列合理。

4）同一机床运动部件有几种不同的工作状态时，应使每一对相反状态的按钮安装在一组。

5）按钮的安装应牢固，安装按钮的金属板或金属按钮盒必须可靠接地，由于按钮的触点间距较小，应注意保持触点间的清洁。

（2）按钮的型号含义

按钮的型号含义（以 LAY1 系列为例）如图 2-1-9 所示。

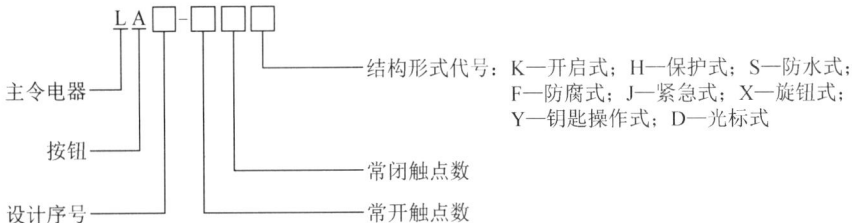

LA□-□□□

主令电器
按钮
设计序号
结构形式代号：K—开启式；H—保护式；S—防水式；F—防腐式；J—紧急式；X—旋钮式；Y—钥匙操作式；D—光标式
常闭触点数
常开触点数

图 2-1-9　按钮的型号含义

5．三相异步电动机点动控制电路的工作原理

图 2-1-10 为三相异步电动机点动控制电路电气原理图。

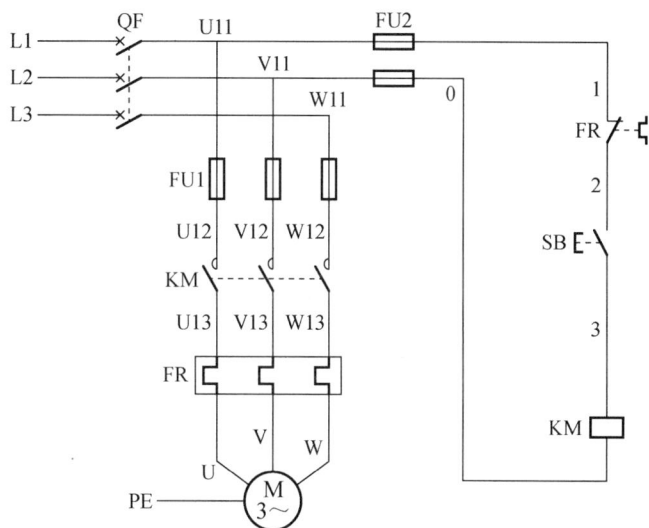

图 2-1-10　三相异步电动机点动控制电路电气原理图

以下是电动机点动运行控制的操作及动作过程。

首先合上断路器 QF。

（1）点动

按住 SB ——→ KM 线圈得电 ——→ KM 主触点闭合 ——→ 电动机 M 启动连续运转。

（2）停止

松开 SB ——→ KM 线圈失电 ——→ KM 主触点分断 ——→ 电动机 M 失电停转。

任务实施

第 1 步　选用工具、仪表、元件及耗材

根据三相异步电动机点动控制电路电气原理图（图 2-1-10），列出所需的工具、仪表、元件及耗材清单，详见表 2-1-3 和表 2-1-4。

表 2-1-3　工具与仪表

工具	螺钉旋具、尖嘴钳、斜嘴钳、剥线钳等
仪表	万用表

表 2-1-4　电气元件及部分电工器材明细表

名称	符号	型号	规格	数量
三相异步电动机	M	YS-W6314	0.18kW，380V，0.63A，1400r/min	1 台
断路器	QF	DZ47-63	380V，25A，整定电流 20A	1 只
主电路熔断器	FU1	RL1-15	380V，15A，配熔丝 10 A	3 只
控制电路熔断器	FU2	RL1-15	380V，15A，配熔丝 2A	2 只
交流接触器	KM	CJT1-10	10A，线圈电压 380V	1 只
热继电器	FR	NR4-63	额定电流 20A，整定电流范围 12.5～20A	1 只
按钮	SB	LA4-3H	保护式，380V，5A，按钮数 1	1 只
端子板	XT	DT15-20	380 V，10A，20 节	1 条
控制板	—	—	450mm×600mm×40 mm	1 块
主电路导线	—	BV-1.0	$1.0mm^2$ 红色硬铜线	若干
控制电路导线	—	BV-1.0	$1.0mm^2$ 黄色硬铜线	若干
按钮连接线	—	BVR-0.75	$0.75mm^2$ 蓝色软铜线	若干
保护接地线	—	BVR-1.5	$1.5mm^2$ 黄绿双色软铜线	若干
编码套管	—	—	$1.5mm^2$ 白色套管	若干
螺钉	—	—	3.5mm×25mm	若干

第 2 步　绘制元件安装位置图和接线图

01　绘制点动控制电路元件安装位置图，如图 2-1-11 所示。

位置图就是根据电气元件在控制板上的实际安装位置，采用简化的外形符号（如正方形、矩形、圆形等）而绘制的一种简图。图中各电气元件的文字符号必须与电气原理图和接线图的标注一致。

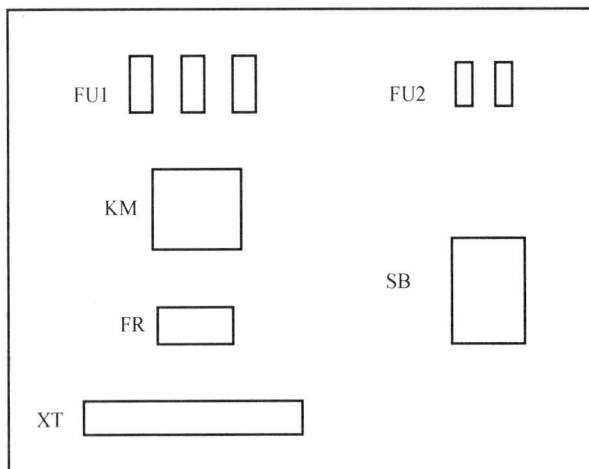

图 2-1-11　点动控制电路元件安装参考位置图

02 根据元件位置图，形象地描绘出各元件的各部分（形象地用外形符号表示出元件实物），按照原理图进行合理布线，认真细致地绘制电路的安装接线图，如图 2-1-12 所示。

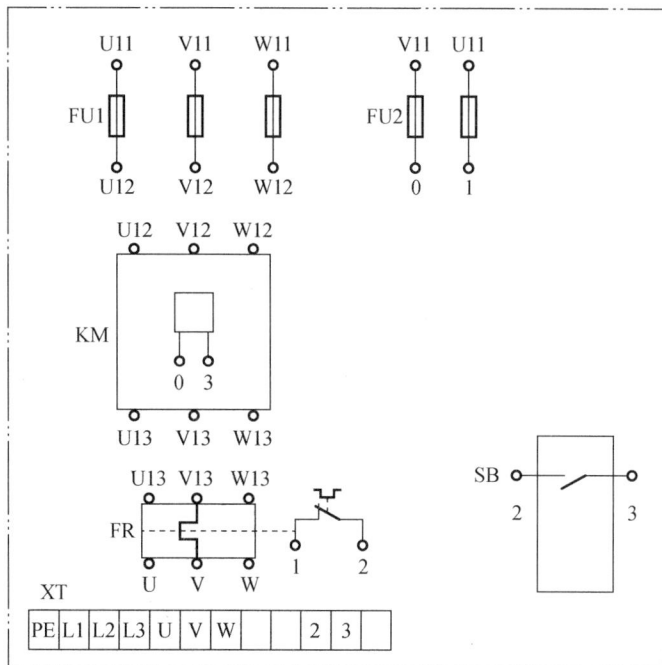

图 2-1-12　点动控制电路安装接线图

第 3 步　安装元件并合理接线

对照点动控制电路原理图，根据绘制的接线图，合理地接线。接线的一般步骤：先接控制电路，再接主电路，然后接电动机，最后接电源。点动控制电路接线过程图解说明见表 2-1-5。

表 2-1-5　点动控制电路接线过程图解说明

线号	操作内容说明		实际接线示意图
1号线	接线要领说明	1号线有两个同电位点。将 FU2（右边）的下接线柱接到 FR（下边）的接线柱上	
	原理图解说明		

线号	操作内容说明		实际接线示意图
2 号线	接线要领说明	2 号线有两个同电位点。将 FR（上边）接线柱接到端子板过渡，再接到 SB（绿色）常开触点的其中一端	
	原理图解说明		
3 号线	接线要领说明	3 号线有两个同电位点。将 KM 线圈的下接线柱接到端子板过渡，再接到 SB（绿色）常开触点的另外一端	
	原理图解说明		
0 号线	接线要领说明	0 号线有两个同电位点。将 KM 线圈的上接线柱接到 FU2（左边）的下接线柱，控制电路接线即可完成	
	原理图解说明		

控制电路接线完成后，要进行电动机的安装，电动机的金属外壳必须可靠接地。接至电动机的导线，必须穿在导线套管内加以保护，或采用坚韧的四芯橡胶线或塑料护套线进行临时通电校验，如图 2-1-13 所示。

图 2-1-13　电动机的接线图

第 4 步　通电前自检

对于安装完成的控制电路，通电前自检是安全通电试车的重要保证。

01 目测，主要按电路原理图或绘制的接线图，逐段核对接线及接线端子处线号是否正确，有无漏接、错接。检查导线接点是否符合要求，有无反圈、露铜过长、压绝缘等故障，接点接触是否良好等。

02 应用数字万用表进行检测，主要检测熔断器的通断、控制电路的通断及部分触点的通断情况。

第 5 步　通电试车

点动控制电路的通电试车操作步骤如下：

01 通电时，先合上断路器，按下点动控制按钮 SB，电动机点动运转。

02 试车完毕，及时断电。

任务评价

三相异步电动机点动控制电路的安装与检修评价表见表 2-1-6。

表 2-1-6　三相异步电动机点动控制电路安装与检修评价表

项目内容	配分	评价标准	得分
选用工具、仪表及器材	15 分	1）工具、仪表少选或错选，每个扣 2 分。 2）元件选错型号和规格，每个扣 4 分。 3）选错元件数量或型号规格没有写全，每个扣 2 分	
安装前检查	5 分	电气元件漏检或错检，每处扣 1 分	
安装布线	40 分	1）电器布置不合理，扣 5 分。 2）元件安装不牢固，每只扣 4 分。 3）元件安装不整齐、不匀称、不合理，每只扣 3 分。 4）损坏元件，每只扣 15 分。 5）不按电路图接线，扣 15 分。 6）布线不符合要求，每根扣 3 分。 7）接点松动、露铜过长、反圈等，每个扣 1 分。 8）损伤导线绝缘层或线芯，每根扣 5 分。 9）漏装或套错编码套管，每处扣 1 分。 10）漏接接地线，扣 10 分	
通电试车	40 分	1）热继电器未整定或整定错误，扣 10 分。 2）熔丝规格选用不当，扣 5 分。 3）一次试车不成功，扣 10 分。 4）两次试车不成功，扣 15 分。 5）三次试车不成功，扣 20 分	
安全文明生产	违反安全文明生产规程，扣 10～40 分		
定额时间：3h	每超时 5min 扣 5 分，不足 5min 按 5min 计		
备注	除定额时间外，各项目的最高扣分不应超过配分分数	成绩	
开始时间		结束时间	实际时间	

知识拓展

电气控制电路图的绘制、识读原则

生产机械电气控制电路常用电气原理图、位置图和接线图来表示。

1. 电气原理图

电气原理图是根据生产机械运动形式对电气控制系统的要求，采用国家统一规定的电气图形符号和文字符号，按照电气设备的工作顺序，详细表示电路、设备或成套装置的全部基本组成和连接关系，而不考虑其实际位置的一种简图。

电气原理图能充分表达电气设备的用途、作用和工作原理，是电气电路安装、调试和维修的理论依据。电气原理图一般分电源电路、主电路和辅助电路 3 部分绘制，绘制、识读电气原理图的原则如下：

1）电源电路画成水平线，三相交流电源相序 L1、L2、L3 自上而下依次画出，中线 N 和保护接地 PE 依次画在相线之下；直流电源的"+"端在上边画出，"-"端在下边画出，电源开关要水平画出。

2）主电路由主熔断器、接触器的触点、热继电器的热元件及电动机等组成，通过的电流是电动机的工作电流，其电流较大，主电路要画在电气原理图的左侧并垂直电源电路。

3）辅助电路由主令电器的触点、接触器线圈及辅助触点、继电器线圈及触点、指示灯和照明灯等组成。辅助电路通过的电流较小，一般不超过 5A。

4）画辅助电路时要跨接在两相电源线之间，一般按照控制电路、指示电路和照明电路的顺序依次垂直画在主电路的右侧，且电路中与下边电源线相连的耗能元件（如接触器和继电器的线圈、指示灯和照明灯等）要画在电气原理图的下方，而电器的触点要画在耗能元件与上边电源线之间。为了读图方便，一般按照自左至右、自上而下的排列来表示操作顺序。

5）电气原理图中，各电器的触点位置都按电路未通电或电器未受外力作用时的常态位置画出。分析原理时，应从触点的常态位置出发。

6）电气原理图中，不画各元件实际的外形图，要采用国家统一规定的电气图形符号画出，同一电器的各元件不按它们的实际位置画在一起，而是按其在电路中所起的作用分别画在不同的电路中，但它们的动作却是相互关联的，因此，必须标明相同的文字符号。若图中相同的电器较多，必须要在电器文字符号后面加注不同的数字，以示区别，如 KM1、KM2 等。

7）画电气原理图时，应尽可能减少线条和避免线条交叉。对有直接电联系的交叉导线的连接点，要用小黑点表示，无直接电联系的交叉导线则不画小黑点。

8）电气原理图采用电路编号法，即对电路中的各个接点用字母或数字编号。

①　主电路在电源开关的出线端按相序依次编号为 U11、V11、W11。然后按从上至下、从左至右的顺序，每经过一个元件后，编号要递增，如 U12、V12、W12，U13、V13、W13，…。单台三相异步电动机（或设备）的 3 个出线端按相序依次编号为 U、V、W。对于多台电动机出线端的编号，可在字母前用不同的数字加以区别，如 1U、1V、1W，2U、2V、2W，…。

②　辅助电路的编号依据"等电位"的原则按从上至下、从左至右的顺序用数字依次编号，每经过一个电气元件后，编号要依次递增。控制电路编号的起始数字必须是 1，其他辅助电路编号的起始数字依次递增 100，如照明电路的编号从 101 开始，指示电路的编号从 201 开始，等等。

2. 位置图

位置图主要用于电气元件的布置和安装。图中各电器的文字符号必须与电气原理图和接线图的标注相一致。

3. 接线图

接线图是根据电气设备和电气元件的实际位置和安装情况绘制的，它只用来表示电气设备和电气元件的位置、配线方式和接线方式，而不明显表示电气动作原理。接线图主要用于安装接线、电路的检查维修和故障处理。绘制、识读接线图的原则如下：

1）接线图中一般表示出以下内容：电气设备和电气元件的相对位置、文字符号、端子号、导线号、导线类型、导线截面面积、屏蔽和导线绞合等。

2）所有的电气设备和电气元件都按其所在的实际位置绘制在图样上，且同一电器的各元件根据其实际结构，使用与电气原理图相同的图形符号画在一起，并用点画线框上，其文字符号及接线端子的编号应与电气原理图中的标注一致，以便对照检查接线。

3）接线图中导线凡走向相同的可以合并，用线束来表示，到达接线端子板或电气元件的接线点时再分别画出。导线及管子的型号、根数和规格应标注清楚。

注意： 在实际中，电气原理图、位置图和接线图要结合起来使用。

—————————● 思考与练习 ●—————————

1．简述低压电器的常见分类。

2．按钮由哪几部分组成？它接在主电路还是控制电路？画出启动按钮、停止按钮和复合按钮的图形符号。

任务 2.2 三相异步电动机连续正转控制电路的安装与检修

◎ 任务描述

在实际生产中，大部分加工过程需要电动机实现连续正转，图 2-2-1 是一个三相异步电动机连续正转控制电路接线效果图，按下启动按钮，电动机能实现连续运转；按下停止按钮，电动机停止运转。现要对此电路进行安装和检修，使其满足上述控制要求。

图 2-2-1　三相异步电动机连续正转控制电路接线效果图

◎ 任务目标

1. 熟悉三相异步电动机连续正转控制电路的工作原理;
2. 能识读三相异步电动机连续正转控制电路的原理图、接线图和位置图;
3. 掌握三相异步电动机连续正转控制电路的检测方法;
4. 会按照工艺要求正确安装三相异步电动机连续正转控制电路;
5. 能根据故障现象,检修三相异步电动机连续正转控制电路。

视频:连续正转
实际操作

相关知识

1. 热继电器

热继电器是用于防止电路或电气设备长时间过载的低压保护电器。它特别适用于电动机的过载保护,因为电动机在实际运行中,常会遇到过载情况。若过载不严重、时间短,绕组不超过允许温升,则这种过载是允许的;但若过载情况严重、时间长,则会加速电动机绝缘的老化,缩短电动机的使用年限,甚至烧毁电动机。因此,常用热继电器对电动机进行过载保护。

热继电器的形式有多种,主要有双金属片式和电子式。目前双金属片式热继电器应用最多,如图 2-2-2 所示。

图 2-2-2　常见双金属片式热继电器

（1）热继电器的结构与工作原理

热继电器主要由双金属片、热元件、动作机构、触点系统、整定调整装置等部分组成。如图 2-2-3（a）所示,热元件 2 通电发热后,双金属片 1 受热向左弯曲,使导板 3 向左推动执行机构发生一定的运动。电流越大,执行机构的运动幅度也越大。当电流大到一定程度时,执行机构发生跃变,即触点动作从而切断主电路。热继电器的图形符号和文字符号如图 2-2-3（b）、（c）所示。

（a）热继电器受热部分结构

（b）热元件 　　　　　　　　　　（c）触点

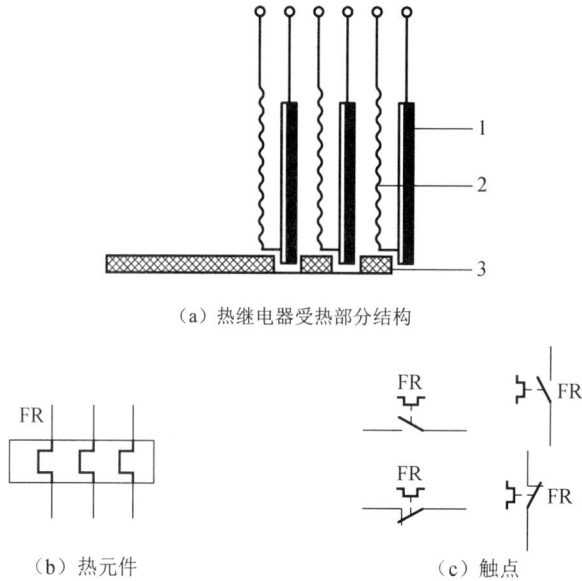

图 2-2-3　热继电器的结构及图形符号

1—双金属片；2—热元件；3—导板

　　热继电器中的关键零件是热元件 [图 2-2-3（b）]，热元件是由两种热膨胀系数不同的金属片铆接在一起制成的，又叫作双金属片（铁镍合金）。它受热后，两片金属皆要膨胀，但一片膨胀得快，另一片膨胀得慢，当双金属片受热时，会出现弯曲变形，形成一个弧线，外弧是膨胀得快的金属片，内弧则是膨胀得慢的金属片。

　　（2）热继电器的型号含义

　　我国目前生产的热继电器主要有 JR1、JR2、JR16、JR20 等系列，热继电器的型号含义如图 2-2-4 所示。

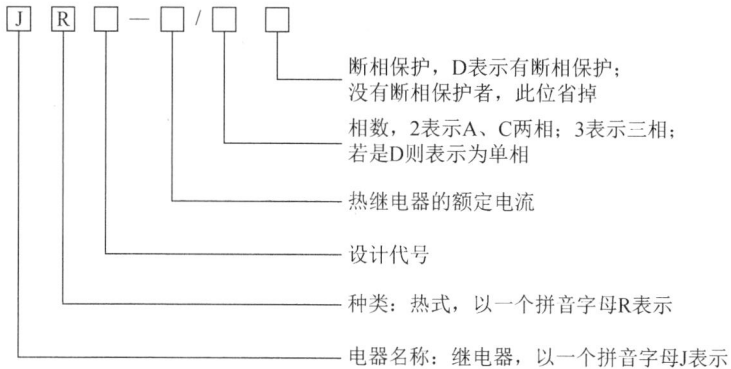

断相保护，D表示有断相保护；
没有断相保护者，此位省掉

相数，2表示A、C两相；3表示三相；
若是D则表示为单相

热继电器的额定电流

设计代号

种类：热式，以一个拼音字母R表示

电器名称：继电器，以一个拼音字母J表示

图 2-2-4　热继电器的型号含义

　　以 JR16-20/3D 型号热继电器为例，设计代号是 16，额定电流为 20A，三相，带断相保护。

　　（3）热继电器的检测方法

　　1）测量触点电阻。用万能表的欧姆挡，测量常闭触点与动点的电阻，其阻值应为 0；

而常开触点与动点的阻值应为无穷大。由此可以判断出哪个是常闭触点，哪个是常开触点。

2）测量线圈电阻。可用万能表 $R \times 10\Omega$ 挡测量继电器线圈的阻值，从而判断该线圈是否存在开路现象。

3）测量吸合电压和吸合电流。找来可调稳压电源和电流表，给继电器输入一组电压，且在供电回路中串接电流表进行监测。慢慢调高电源电压，听到继电器吸合声时，记下该吸合电压和吸合电流。为求准确，可以多测几次而求其平均值。

4）测量释放电压和释放电流。像上述那样连接测试，当继电器吸合后，再逐渐降低供电电压，当听到继电器再次发出释放声音时，记下此时的电压和电流，亦可多测几次取平均释放电压和释放电流。一般情况下，继电器的释放电压为吸合电压的 10%～50%，若释放电压太小（小于 1/10 的吸合电压），则可能不能正常工作，会对电路的稳定性造成威胁，使工作不可靠。

2. 交流接触器

交流接触器是一种自动的电磁式开关，适用于远距离频繁地接通或断开交直流主电路及大容量控制电路。它主要的控制对象是电动机或其他负载（如电热设备、电焊机及电容器组等）。其特点是，不仅能实现远距离自动操作和欠电压释放保护功能，且具有控制容量大、工作可靠、操作频率高、使用寿命长等优点。接触器按主触点通过的电流种类，可分为交流接触器和直流接触器两种。几款常用交流接触器的外形如图 2-2-5 所示。

（a）CJ10（CJT1）系列

（b）CJ20 系列   （c）CJ40 系列   （d）CJX1（3TB、3TF）系列

图 2-2-5   常用交流接触器的外形

（1）交流接触器的结构

交流接触器主要由电磁系统、触点系统、灭弧装置和辅助部件等组成。其外形和结构如图 2-2-6 所示。

（a）外形 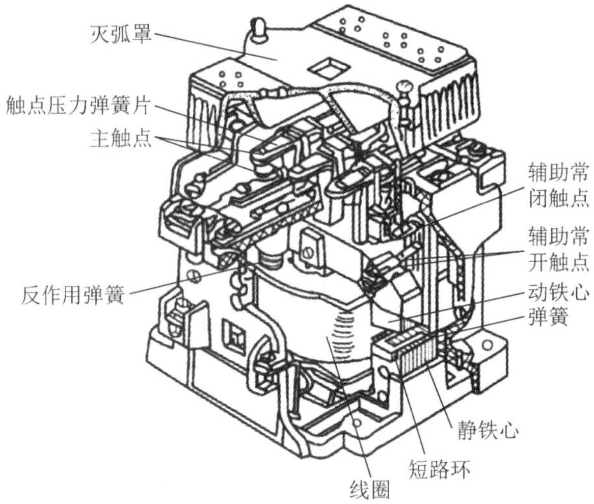　　　　　　　　　　　　　　　（b）结构

图 2-2-6　交流接触器的结构

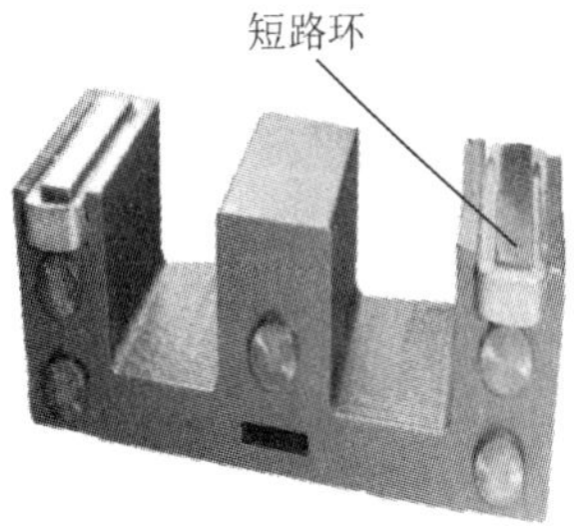

图 2-2-7　短路环

1）电磁系统。电磁系统主要由线圈、静铁心和动铁心（衔铁）3 部分组成。铁心的两个端面上嵌有短路环，用以消除电磁系统的振动和噪声，如图 2-2-7 所示。

2）触点系统。交流接触器的触点按接触情况可分为点接触式、线接触式和面接触式 3 种，如图 2-2-8 所示。

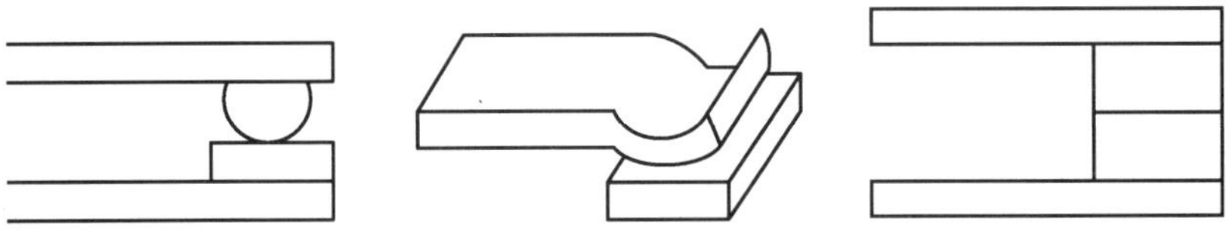

（a）点接触式　　　　　（b）线接触式　　　　　（c）面接触式

图 2-2-8　交流接触器触点的 3 种接触形式

小贴士

主触点：通断电流较大的主电路，一般由 3 对常开触点组成。

辅助触点：通断较小电流的控制电路，一般由 2 对常开触点和 2 对常闭触点组成。

常开触点和常闭触点：所谓"常开""常闭"是指电磁系统未通电动作前触点的状态。

当线圈通电时，常闭触点先断开，常开触点随后闭合，中间有一个很短的时间差。

当线圈断电后，常开触点先恢复断开，随后常闭触点恢复闭合，中间也存在一个很短的时间差。

3）灭弧装置。灭弧装置的作用是熄灭触点分断时产生的电弧，以减轻电弧对触点的灼伤，保证可靠的分断电路。常用的灭弧装置如图 2-2-9 所示。

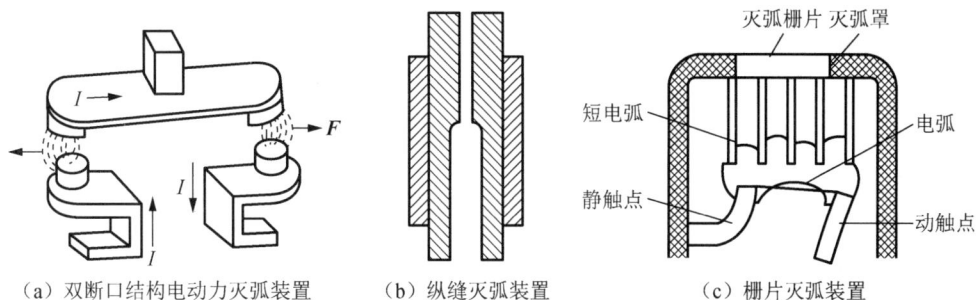

（a）双断口结构电动力灭弧装置　　　（b）纵缝灭弧装置　　　（c）栅片灭弧装置

图 2-2-9　常用灭弧装置

4）辅助部件。交流接触器的辅助部件有反作用弹簧、缓冲弹簧、触点压力弹簧、传动机构及底座、接线柱等。

（2）交流接触器的工作原理

当接触器的线圈通电后，线圈中流过的电流产生磁场，使铁心产生足够大的吸力，克服反作用弹簧的反作用力，将衔铁吸合，通过传动机构带动 3 对主触点和辅助常开触点闭合，辅助常闭触点断开。当接触器线圈断电或电压显著下降时，由于电磁吸力消失或过小，衔铁在反作用弹簧力的作用力复位，带动各触点恢复到原始状态。

常用的 CJ20、CJ40 等系列的交流接触器在 0.85～1.05 倍的额定电压下，能够保证可靠地吸合。如果电压过高，则线圈电流会显著增大。如果电压过低，则电磁吸力不足，衔铁吸合不上，会造成线圈电流达到额定电流的十几倍。因此，电压过高或过低都会造成线圈因过热而烧毁。

交流接触器的图形符号如图 2-2-10 所示。

（a）线圈　　　（b）主触点　　　（c）辅助常开触点　　　（d）辅助常闭触点

图 2-2-10　交流接触器的图形符号

（3）交流接触器的选择

1）选择接触器主触点的额定电压：应大于或等于控制电路的额定电压。

2）选择接触器主触点的额定电流。

① 接触器控制电阻性负载时，主触点的额定电流应等于负载的额定电流。

② 控制电动机时，主触点的额定电流应大于或略大于电动机的额定电流。

注意：接触器如果使用在频繁启动、制动及正反转的情况下，则应将接触器主触点的额定电流降低一个等级使用。

3）选择接触器吸引线圈电压。

① 若控制电路简单，使用电器较少时，可选用 380V 或 220V 的电压（其目的是节省变压器）。

② 若控制电路复杂，使用电器超过 5 个时，吸引线圈电压可选用 110V 或 36V 的电压（其目的是保障人身和设备的安全）。

4）选择接触器的触点数量及类型：接触器的触点数量、类型应满足控制电路的要求。

（4）交流接触器的安装与使用

1）安装前的检查：

① 检查电压、电流、操作频率是否符合实际使用要求。

② 检查接触器的外观，应无机械损伤；用手推动接触器的可动部分时应动作灵活，无卡阻现象；灭弧罩应完整无损，固定牢固。

③ 将铁心极面上的防锈油脂或粘在极面上的铁垢用煤油擦净，以免多次使用后衔铁被粘住，造成断电后不能释放。

④ 测量接触器的线圈电阻和绝缘电阻。

2）交流接触器的安装：

① 交流接触器一般应安装在垂直面上，倾斜度不得超过 5°，若有散热孔，应将有孔的一面放在垂直方向上，并按规定留有适当的飞弧空间。

② 安装和接线时，注意不要将零件失落或掉入接触器内部。固定螺钉，应装有平垫圈和弹簧垫圈。

③ 安装完毕，在检查接线正确无误后，在主触点不带电的情况下操作几次，然后测量其动作值，所测数值应符合规定要求。

3）日常维护：

① 对接触器应定期检查，如螺钉是否松动、可动部分是否灵活等。

② 触点要定期清扫，保持清洁，但绝不允许涂油。

③ 拆装时，不得损坏灭弧罩。

④ 带有灭弧罩的交流接触器绝不允许不带灭弧罩或带破损的灭弧罩运行，以免发生电弧短路故障。

（5）交流接触器的型号含义

交流接触器的型号含义如图 2-2-11 所示。

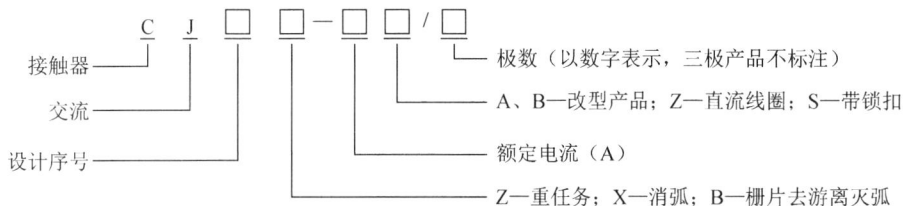

图 2-2-11 交流接触器的型号含义

（6）交流接触器的检测

将万用表拨到 $R\times100\Omega$ 挡，并进行调零。

1）交流接触器线圈的检测。将调零后的万用表两个表笔分别接触交流接触器的 A1 和 A2 线圈两端接线柱，测出交流接触器的线圈阻值，一般为几百欧姆，如图 2-2-12 所示。

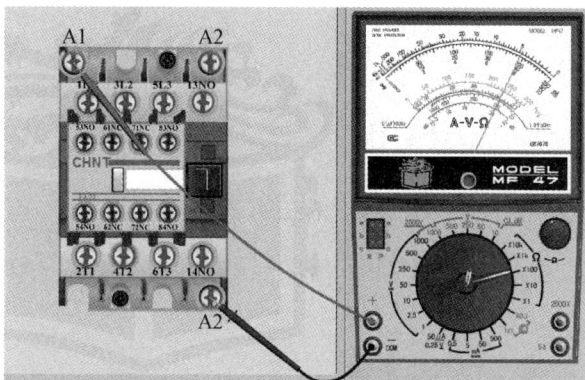

图 2-2-12　检测线圈示意图

2）交流接触器主触点的检测。主触点为三组常开触点，常态为断开状态，检测时用万用表两个表笔分别接到主触点的其中一组上、下接线柱上，表针不动作，如图 2-2-13 所示。按下吸合按钮，触点接通，万用表表针指向最右端，如图 2-2-14 所示。

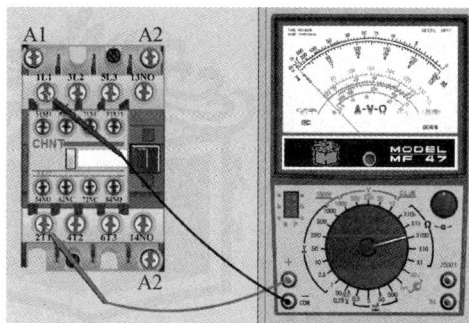

图 2-2-13　未按下吸合按钮时（主触点检测）

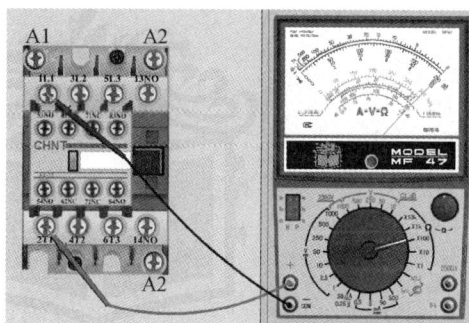

图 2-2-14　按下吸合按钮时（主触点检测）

3）交流接触器辅助触点的检测。辅助触点为两组常开触点、两组常闭触点，常开触点常态为断开状态，检测时用万用表两个表笔分别接到辅助常开触点的其中一组上、下接线柱上，表针不动作，如图 2-2-15 所示。按下吸合按钮，触点接通，万用表表针指向最右端，如图 2-2-16 所示。

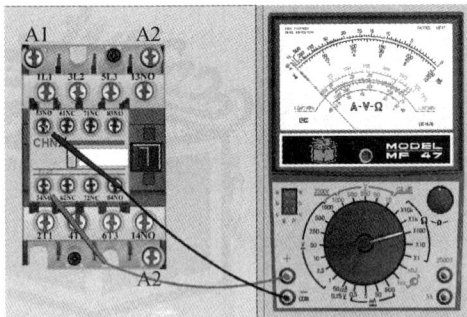

图 2-2-15　未按下吸合按钮时（辅助触点检测）

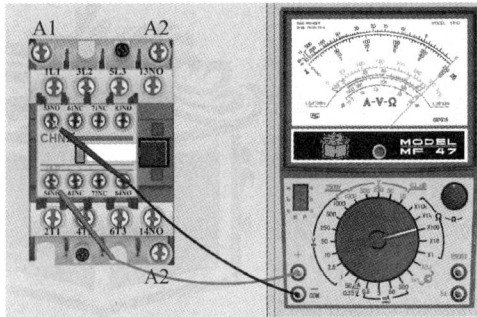

图 2-2-16　按下吸合按钮时（辅助触点检测）

3. 三相异步电动机连续正转控制电路的工作原理

各种机械上，电动机最常见的一种工作状态是单向连续运行。图 2-2-17 为三相异步电动机连续正转控制电路电气原理图。

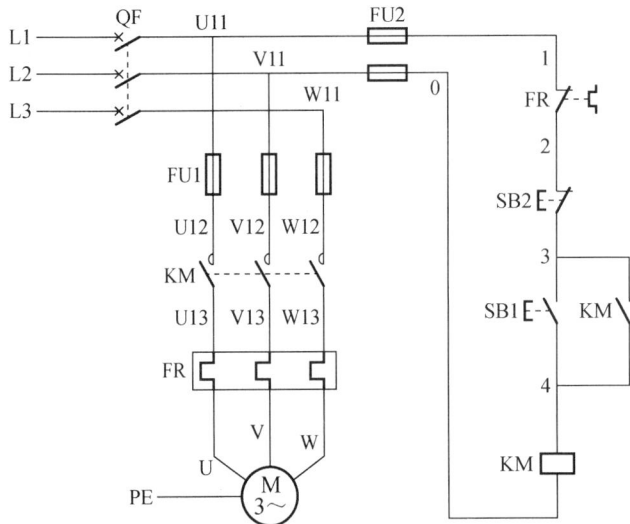

视频：连续正转模拟操作

图 2-2-17　三相异步电动机连续正转控制电路电气原理图

电动机连续正转运行控制的操作及动作过程如下：

首先合上电源开关。

（1）启动

当接触器 KM 常开辅助触点接通后，即使松开按钮 SB1 仍能保持接触器 KM 线圈通电，所以此常开辅助触点称为自锁触点。

（2）停止

按下SB2 —— KM线圈失电 ——┬—► KM主触点分断 ——► 电动机M失电停转。
　　　　　　　　　　　　　　└—► KM辅助常开触点
　　　　　　　　　　　　　　　　分断

任务实施

第1步 选用工具、仪表、元件及耗材

根据电动机连续正转控制电路电气原理图（图2-2-17），列出所需的工具、仪表、元件及耗材清单，详见表2-2-1和表2-2-2。

表2-2-1 工具与仪表

工具	螺钉旋具、尖嘴钳、斜嘴钳、剥线钳等
仪表	万用表

表2-2-2 电气元件及部分电工器材明细表

名称	符号	型号	规格	数量
三相异步电动机	M	YS-W6314	0.18kW，380V，0.63A，1400r/min	1台
断路器	QF	HZ10-10/3	三极，10A	1只
主电路熔断器	FU1	RL1-15	380V，15A，配熔丝10 A	3只
控制电路熔断器	FU2	RL1-15	380V，15A，配熔丝2A	2只
交流接触器	KM	CJT1-10	10A，线圈电压380V	1只
热继电器	FR	NR4-63	额定电流20A，整定电流范围12.5～20A	1只
按钮	SB	LA4-3H	保护式，380V，5A，按钮数2	1只
端子板	XT	DT15-20	380 V，10A，20节	1条
控制板	—	—	450mm×600mm×40mm	1块
主电路导线	—	BV-1.0	1.0mm² 红色硬铜线	若干
控制电路导线	—	BV-1.0	1.0mm² 黄色硬铜线	若干
按钮连接线	—	BVR-0.75	0.75mm² 蓝色软铜线	若干
保护接地线	—	BVR-1.5	1.5mm² 黄绿双色软铜线	若干
编码套管	—	—	1.5mm² 白色套管	若干
螺钉	—	—	3.5mm×25mm	若干

第 2 步　绘制元件安装位置图和接线图

01　绘制连续正转控制电路元件安装位置图，如图 2-2-18 所示。

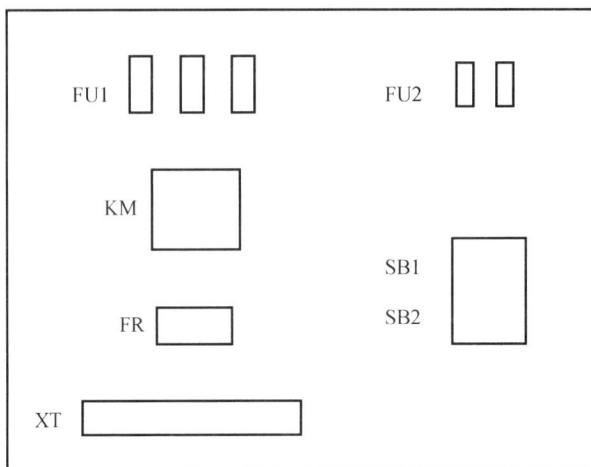

图 2-2-18　连续正转控制电路元件安装参考位置图

02　根据元件位置图，形象地描绘出各元件的各部分（形象地用符号表示出元件实物），按照原理图进行合理的布线，认真细致地绘制电路的安装接线图。

请根据以前学习的内容，观察图 2-2-19 的线号标注是否正确，并进行连线。

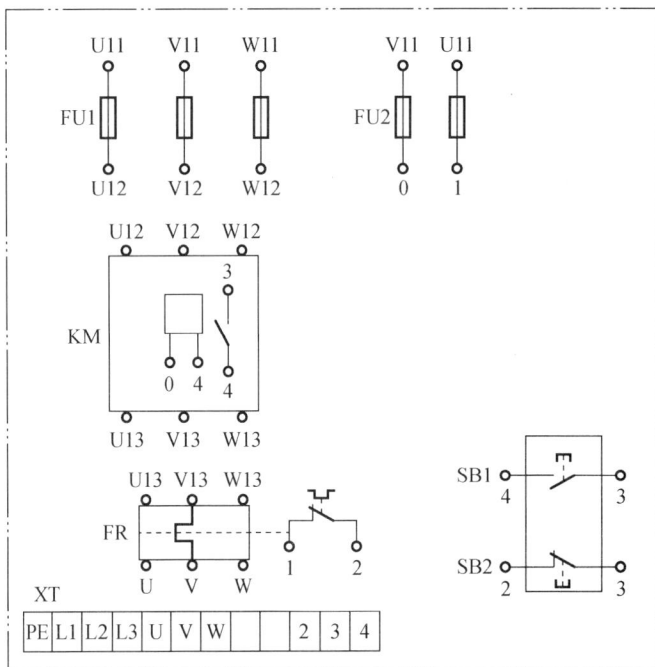

图 2-2-19　连续正转控制电路安装接线图

第 3 步　安装元件并合理接线

对照点动与连续控制电路原理图，根据绘制的接线图，合理地接线。接线的一般步骤：先接控制电路，再接主电路，然后接电动机，最后接电源。连续正转控制电路接线过程图解说明见表 2-2-3。

表 2-2-3　连续正转控制电路接线过程图解说明

线号	操作内容说明		实际接线示意图
1 号线	接线要领说明	1 号线有两个同电位点。将 FU2（右边）的下接线柱接到 FR（下边）的接线柱上	
	原理图解说明		
2 号线	接线要领说明	2 号线有两个同电位点。将 FR（上边）接线柱接到端子板过渡，再接到 SB2（红色）常闭触点的其中一端	
	原理图解说明		
3 号线	接线要领说明	3 号线有 3 个同电位点。将 SB2 常闭触点（红色）的剩余一端与 SB1（绿色）常开触点的其中一端（同侧）进行连接，再将连接点引出到端子板过渡，将 KM 常开触点一端（上边）连接到端子板同电位点	
	原理图解说明		

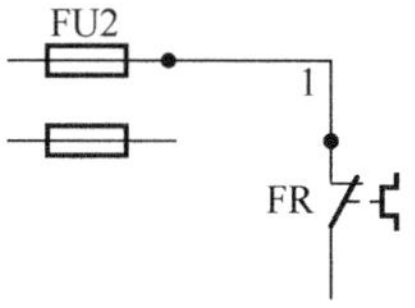

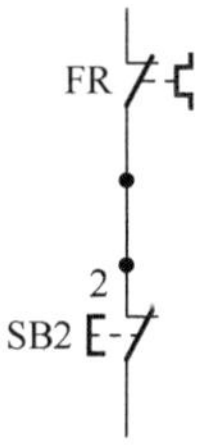

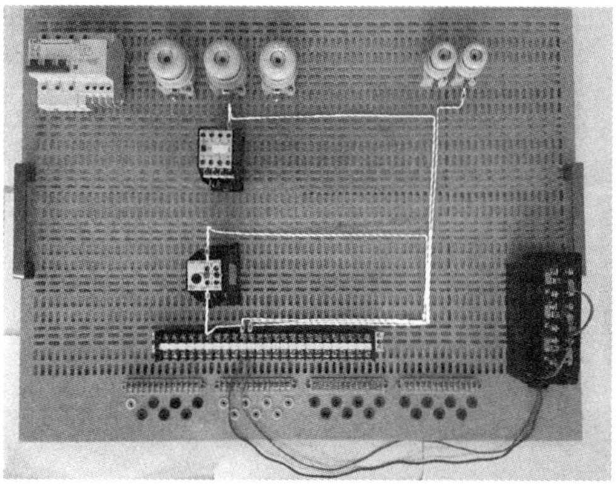

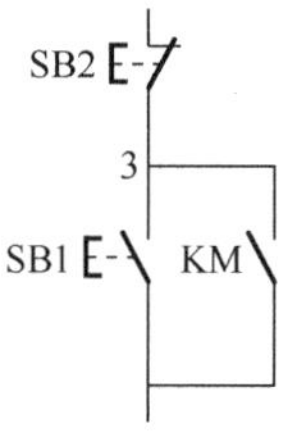

线号	操作内容说明		实际接线示意图
4号线	接线要领说明	4号线有3个同电位点。先将KM常开触点的剩余一端（下边）与KM的线圈的下接线柱相连，再从连接点引出导线连接到端子板过渡，与SB1（绿色）常开触点剩余的一端相连	
	原理图解说明	SB1 E-\ KM 4 KM	
0号线	接线要领说明	0号线有两个同电位点。将KM线圈的上接线柱接到FU2（左边）的下接线柱，控制电路接线即可完成	
	原理图解说明	FU2 0 KM	

第4步　通电前自检

对于安装完成的控制电路，通电前自检是安全通电试车的重要保证。

01　目测，主要按电路原理图或绘制的接线图，逐段核对接线及接线端子处线号是否正确，有无漏接、错接。检查导线接点是否符合要求，有无反圈、露铜过长、压绝缘等故障，接点接触是否良好等。

02　应用数字万用表进行检测，主要检测熔断器的通断、控制电路的通断及部分触点的通断情况。连续正转控制电路用数字万用表自检操作方法，见表2-2-4。

表 2-2-4　连续正转控制电路用数字万用表自检的操作方法

自检内容	操作要领解析	操作示意图
检测控制电路通断情况	将数字万用表置于欧姆挡，选择"2k"挡位，红、黑表笔跨接在 FU2 的下接线柱，未进行任何操作时，显示的数字为"1"	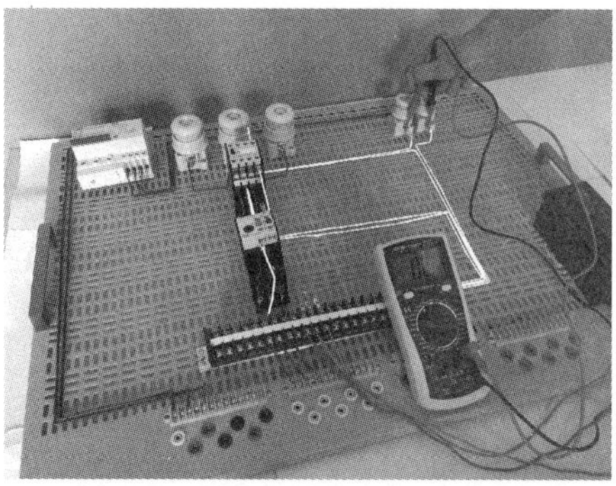
	将数字万用表置于欧姆挡，选择"2k"挡位，红、黑表笔跨接在 FU2 的下接线柱，此时按下启动按钮 SB1（绿色），显示的数字为"1.5"左右，说明控制电路正确。如果显示为其他数值，则说明控制电路有问题，需要进行维修	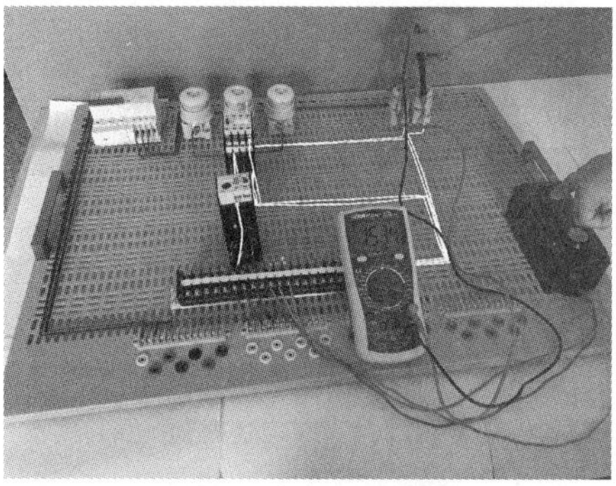
	将数字万用表置于欧姆挡，选择"2k"挡位，红、黑表笔跨接在 FU2 的下接线柱，此时使 KM 动作，显示的数字为"1.5"左右，则说明控制电路正确。如果显示为其他数值，则说明控制电路有问题，需要进行维修	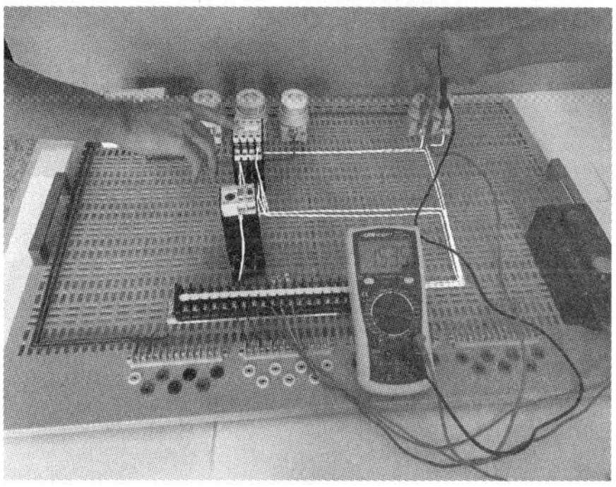

小贴士

　　自检时，主要检测当按钮或接触器人为动作时，熔断器 FU2 两端线圈的电阻值是否正常。具体操作时将数字万用表置于欧姆挡（"2k"挡位），红黑表笔跨接在 FU2 的下接线柱，通过表 2-2-4 所示的操作，如果数字万用表指示的阻值为 $1.8\,\mathrm{k\Omega}$ 左右，则说明控制电路正确；若阻值为 0，则说明线圈短路；若阻值为无穷大，则说明线圈断路或控制电路不通，需进一步检测修复。

第 5 步　通电试车

连续正转控制电路的通电试车操作步骤如下：

01 通电时，先合上三相电源开关，按下启动按钮 SB1，电动机连续运转。

02 试车完毕，断电时，先按下停止按钮 SB2，再切断三相电源开关。

小贴士

在连续运行过程中，如果半按下停止按钮（即按钮不按到底）SB2，也能使电动机停转。

电动机通电试车接线效果如图 2-2-20 所示。

图 2-2-20　电动机通电试车接线效果图

第 6 步　电路故障模拟检修

在实训过程中，设置模拟故障有很多方法。例如，可以用绝缘胶带将原先接通的触点隔断，可以将连接的导线剪断，可以以损坏的元件代替好的元件，可以用纸片设置接触不良，等等。

01 模拟设置故障：交流接触器常开触点的一端用纸片垫住，使其断开。

02 故障现象：通上电源，合上电源开关，按下启动按钮 SB1，电动机只能实现点动控制，无法连续运转。

03 根据现象分析，理清排除故障思路。

按下启动按钮，电动机可以实现点动控制，说明电路中的电源不可能存在问题，无法实现连续运转，说明故障在交流接触器的常开自锁触点周围。

04 对可能存在的故障点进行测量，找出故障原因。排除故障过程图解说明见表 2-2-5。

表 2-2-5　排除故障过程图解说明

步骤	操作内容		图解操作步骤
第1步	操作目的	检查交流接触器的常开触点是否损坏	
	操作说明	将电路断电，数字万用表选择"二极管"挡位，红、黑表笔跨接在 KM 的常开触点两端接线柱上，手动使 KM 动作，万用表蜂鸣器鸣叫，说明 KM 常开触点接触正常	
第2步	操作目的	检查 3 号线 KM 常开触点与按钮 SB1 之间是否断路	
	操作说明	保持电路断电，数字万用表选择"二极管"挡位，红、黑表笔一端接在 KM 常开触点 3 号线接线柱上，一端接在端子板 3 号线接线柱上，万用表蜂鸣器鸣叫，说明 3 号线 KM 常开触点与按钮 SB1 之间连接正常	
第3步	操作目的	检查 4 号线 KM 常开触点与线圈之间是否断路	
	操作说明	保持电路断电，数字万用表选择"二极管"挡位，红、黑表笔一端接在 KM 常开触点 4 号线接线柱上，一端接在 KM 线圈 4 号线接线柱上，万用表蜂鸣器没有鸣叫，说明 4 号线断路	
第4步	操作目的	查找断路原因	
	操作说明	用螺钉旋具拧开 KM 常开触点 4 号线接线柱连接导线，发现接线柱与导线连接处因有小纸片隔开而导致断路，取出小纸片，再次检测是否导通	

05 最终判断结果：4 号线交流接触器 KM 常开触点与线圈之间断路，拧开接线柱发现有纸片，取出纸片，恢复电路。

06 通电试车。

> **小贴士**
>
> 在工厂的现场操作中，如果交流接触器的噪声较大，可能的原因有以下几条：电源电压过低；触点弹簧的压力过大或者短路环断裂；铁心极面有污垢或过度磨损以致不平；电磁系统歪斜或在机械上卡住，使铁心不能吸平。

任务评价

连续正转控制电路安装与检修的评价见表 2-2-6。

表 2-2-6　连续正转控制电路安装与检修评价表

项目内容	配分	评价标准	得分
选用工具、仪表及器材	15 分	1）工具、仪表少选或错选，每个扣 2 分。 2）元件选错型号和规格，每个扣 4 分。 3）选错元件数量或型号规格没有写全，每个扣 2 分	
安装前检查	5 分	电气元件漏检或错检，每处扣 1 分	
安装布线	30 分	1）电器布置不合理，扣 5 分。 2）元件安装不牢固，每只扣 4 分。 3）元件安装不整齐、不匀称、不合理，每只扣 3 分。 4）损坏元件，每只扣 15 分。 5）不按电路图接线，扣 15 分。 6）布线不符合要求，每根扣 3 分。 7）接点松动、露铜过长、反圈等，每个扣 1 分。 8）损伤导线绝缘层或线芯，每根扣 5 分。 9）漏装或套错编码套管，每处扣 1 分。 10）漏接接地线，扣 10 分	
故障分析	10 分	1）故障分析和排除故障的思路不正确，每处扣 5 分。 2）标错电路故障范围，每个扣 5 分	
排除故障	20 分	1）断电不验电，扣 5 分。 2）工具及仪表使用不当，每次扣 5 分。 3）排除故障的顺序不对，扣 5~10 分。 4）不能查出故障点，每个扣 10 分。 5）查出故障点，但不能排除，每个扣 5 分。 6）产生新的故障： ① 不能排除，每个扣 10 分； ② 已经排除，每个扣 5 分。 7）损坏电动机，扣 20 分。 8）损伤电气元件或排除故障方法不对，每只（次）扣 5 分	

项目内容	配分	评价标准		得分
通电试车	20 分	1）热继电器未整定或整定错误，扣 10 分。 2）熔丝规格选用不当，扣 5 分。 3）一次试车不成功，扣 10 分。 4）两次试车不成功，扣 15 分。 5）三次试车不成功，扣 20 分		
安全文明生产		违反安全文明生产规程，扣 10～40 分		
定额时间：3h		每超时 5min 扣 5 分，不足 5min 按 5min 计		
备注		除定额时间外，各项目的最高扣分不应超过配分分数	成绩	
开始时间		结束时间	实际时间	

知识拓展

异步电动机点动与连续混合控制电路

在实际生产车间中，机床设备除了连续工作的控制要求外，在试车或者调整刀具与工件的相对位置时，又需要电动机能够点动控制。实现这种工艺要求的控制电路是点动与连续混合控制电路，如图 2-2-21 所示。连续和点动控制由独立按钮控制，且可由连续运转状态直接转换到点动控制状态。

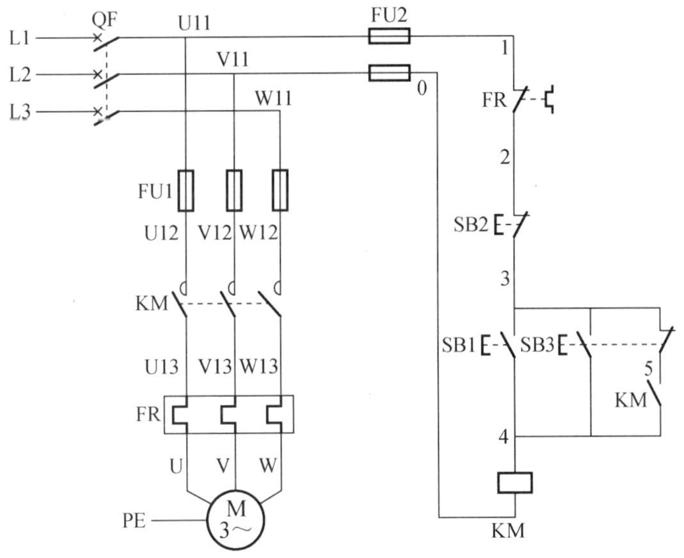

图 2-2-21　异步电动机点动与连续混合控制电路

电路的工作原理如下：

先合上电源开关。

1. 连续控制

1）启动：

按下SB1 → KM线圈得电 → KM自锁触点闭合自锁 / KM主触点闭合 → 电动机M启动连续运转。

2）停止：

按下SB2 → KM线圈失电 → KM自锁触点分断解除自锁 / KM主触点分断 → 电动机M失电停转。

2. 点动控制

1）启动：

按下SB3 → SB3常闭触点先分断自锁电路。 / SB3常开触点后闭合 → KM线圈得电 → KM自锁触点闭合。 / KM主触点闭合 → 电动机M启动运转。

2）停止：

松开SB3 → SB3常开触点先恢复分断 → KM线圈失电 → KM自锁触点分断。 / KM主触点分断 → 电动机M停转。 / SB3常闭触点后恢复闭合（此时KM自锁触点已分断）。

● 思考与练习 ●

---

1. 什么是点动控制？
2. 主令电器的主要作用是什么？
3. 简述电动机控制电路安装的步骤。
4. 试总结交流接触器常见的故障及处理方法。
5. 有人为某生产机械设计出既能点动又能连续运行，并具有短路和过载保护的电气控制电路原理图，如图 2-2-22 所示。但是在运行的过程发现 3 处错误，现已标出，请改正。

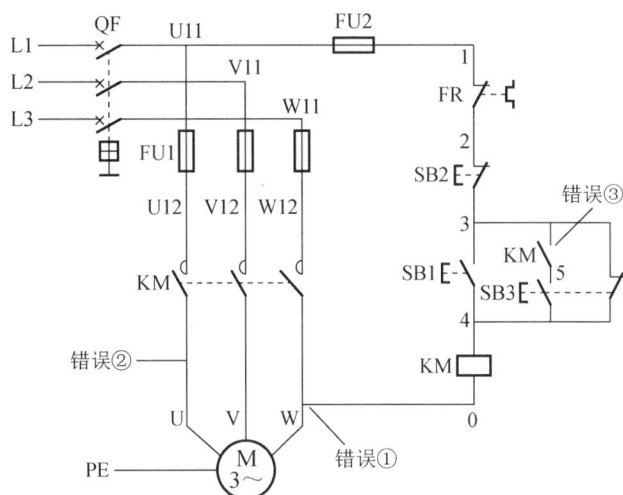

图 2-2-22　电动机既能点动又能连续控制的电路原理图

任务 2.3　三相异步电动机正反转控制电路的安装与检修

◎ 任务描述

图 2-3-1 所示是某家商场正在运行的电梯。电梯是如何实现上升和下降的呢？这里就应用了三相异步电动机正反转控制电路。在实际生产生活中，三相异步电动机正反转控制电路的应用非常广泛，如电梯升降、机床进退、洗衣机运转、起重机升降、卷帘门开合等。本任务就是完成三相异步电动机正反转控制电路的安装与检修。

图 2-3-1　商场正在运行的电梯

◎ **任务目标**

1. 熟悉三相异步电动机正反转控制电路的工作原理；
2. 掌握控制电路的故障检测方法；
3. 会按照工艺要求正确安装三相异步电动机正反转控制电路；
4. 能根据故障现象，对控制电路进行检测并排除故障。

相关知识

1. 三相异步电动机接触器联锁控制电路的工作原理

（1）正反转的实现

根据三相异步电动机的工作原理可知，当任意对调接入电动机定子绕组的三相电源其中两相相序时，电动机的转向会发生改变。

（2）联锁控制

控制电动机正反转的接触器 KM1 和 KM2 的主触点绝不能同时闭合，否则将造成两相电源（L1 相和 L3 相）短路事故。为了避免两个接触器 KM1 和 KM2 同时得电动作，在正、反转控制电路中分别串接了对方接触器的一对辅助常闭触点，这样，当一个接触器得电动作时，通过其常闭辅助触点分断使另一个接触器不能得电动作，接触器之间这种相互制约的作用称为接触器联锁（或称为互锁）。实现联锁作用的常闭辅助触点称为联锁触点（或称为互锁触点），联锁的符号用"▽"表示，此外还可以利用按钮进行联锁控制。

（3）控制电路的工作原理

接触器联锁正反转控制电路电气原理图如图 2-3-2 所示。电路中采用了两个接触器，即用于正转的接触器 KM1 和用于反转的接触器 KM2，它们分别由正转按钮 SB1 和反转按钮 SB2 来控制。从主电路图中可以看出，这两个接触器的主触点所接通的电源相序是不同的，KM1 按 L1、L2、L3 相序接线，KM2 按 L3、L2、L1 相序接线。相应的控制电路有两条，一条是由按钮 SB1 和 KM1 线圈等组成的正转控制电路；另一条是由按钮 SB2 和 KM2 线圈等组成的反转控制电路。

电路的工作原理如下：

先合上电源开关。

1）正转控制：

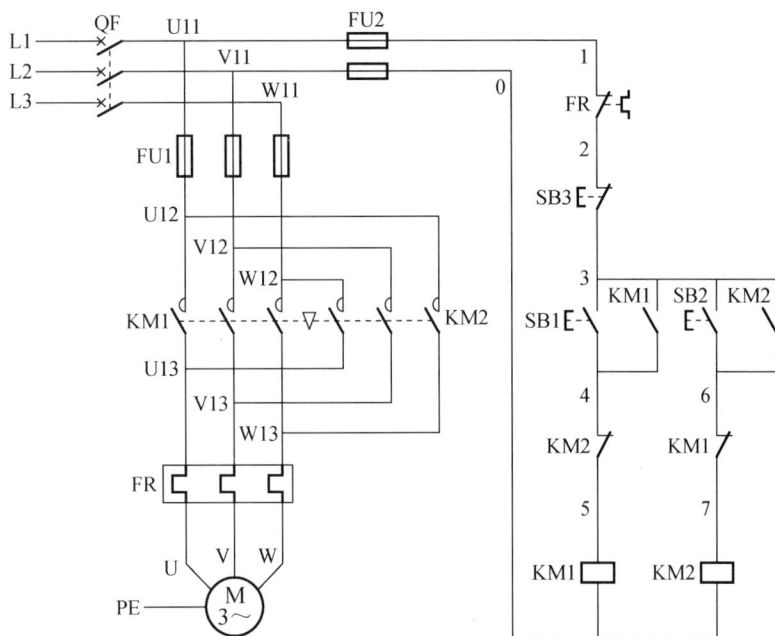

图 2-3-2 接触器联锁正反转控制电路电气原理图

2）反转控制：

先按下SB3 → KM1线圈失电 →
- KM1自锁触点先分断解除自锁 → 电动机M 失电停转。
- KM1主触点分断
- KM1联锁触点恢复闭合，解除对KM2的联锁。

再按下SB2 → KM2线圈得电 →
- KM2自锁触点闭合自锁 → 电动机M启动 并连续运转。
- KM2主触点闭合
- KM2联锁触点分断，对KM1实行联锁。

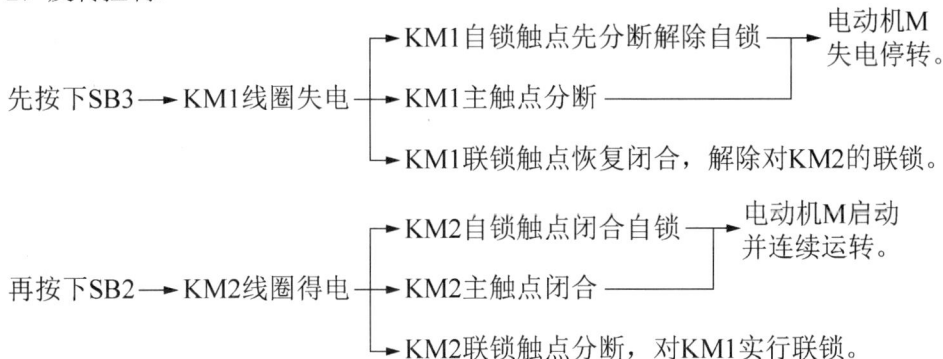

3）停转：按下 SB3 即可实现。

2. 电动机基本控制电路故障检修的一般步骤和方法

（1）用试验法观察故障现象，并初步判定故障范围

试验法是在不扩大故障范围，不损坏电气设备和机械设备的前提下，对电路进行通电试验，从而发现和找出故障发生的部位或回路。

（2）用逻辑分析法缩小故障发生部位的范围

逻辑分析法是根据电气控制电路的工作原理、控制环节的动作程序及它们之间的联系，结合故障现象做具体的分析，迅速地缩小故障范围，从而判断出故障的所在。

说明：此种方法特别适用于复杂电路的故障检查。

（3）用测量法确定故障点

利用电工常用的工具和仪表（如测电笔、万用表、钳形电流表、绝缘电阻表等）对电路进行带电或断电的测量，是查找故障点（故障元件）的有效方法。

常用的检测方法有电压分段测量法、电阻分段测量法和短路法。下面介绍前两种方法。

1）电压分段测量法。

测量前，将万用表的转换开关置于交流电压 500V 挡位上，然后按图 2-3-3 所示的方法依次进行测量。

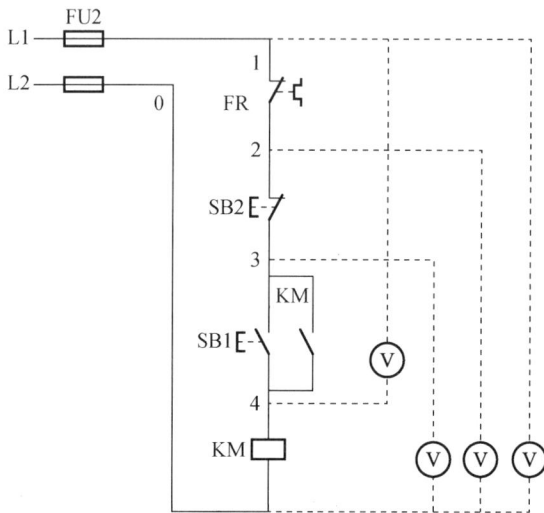

图 2-3-3　电压分段测量法示意图

断开主电路，接通控制电路的电源。若按下 SB1 时接触器 KM 不吸合，则说明控制电路有故障。

检测时，在松开 SB1 的条件下，先用万用表测量 0 和 1 两点之间的电压，若电压为 380V，则说明电路的供电电压正常。然后把黑表笔接到 0 点上，红表笔分别接到 2、3 点上，测量 0—2、0—3 两点间的电压，若电压均为 380V，再把黑表笔接到 1 点上，红表笔接到 4 点上，测量出 1—4 两点间的电压。根据其测量结果即可找出故障点，具体见表 2-3-1。表中符号"×"表示不需再测量。

表 2-3-1　电压分段测量法查找故障点

故障现象	0—2	0—3	1—4	故障点
按下 SB1 时，KM 不吸合	0	×	×	FR 常闭触点接触不良
	380V	0	×	SB2 常闭触点接触不良
	380V	380V	0	KM 线圈断路
	380V	380V	380V	SB1 接触不良

2）电阻分段测量法。

测量检查前，将万用表置于适当倍率的欧姆挡上，然后按如图 2-3-4 所示的方法进行测量。

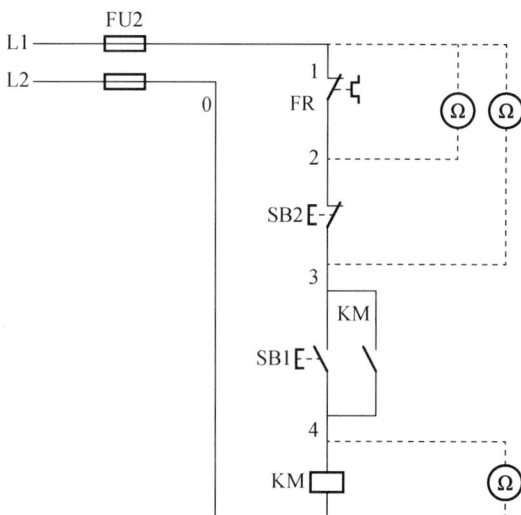

图 2-3-4　电阻分段测量法示意图

检测时，先切断控制电路的电源，用万用表依次测量 1—2、0—2、0—4 各两点之间的电阻值，根据测量结果即可找出故障点，具体见表 2-3-2。

表 2-3-2　电阻分段测量法查找故障点

故障现象	1—2	0—2	0—4	故障点
按下 SB1 时，KM 不吸合	∞	×	×	FR 常闭触点接触不良
	0	∞	×	SB2 常闭触点接触不良
	0	0	∞	KM 线圈断路
	0	0	R	SB1 接触不良

注：R 为 KM 线圈电阻值。

根据故障点的不同，采取正确的维修方法进行维修或更换元件。检修完毕后，进行通电空载校验或局部空载校验，合格后通电运行。

在实际维修工作中，由于电动机控制电路的故障不是千篇一律的，即使是同一种故障现象，发生的故障部位也不一定相同。因此，绝不可生搬应套，而应按不同的故障情况灵活运用，妥善处理，力求迅速、准确地找出故障点，及时正确地排除故障。

任务实施

第 1 步　选用工具、仪表、元件及耗材

根据控制电路的电气原理图（图 2-3-2），列出所需的工具、仪表、元件及耗材清单，

详细清单见表 2-3-3 和表 2-3-4。

表 2-3-3　工具与仪表

工具	螺钉旋具、尖嘴钳、斜嘴钳、剥线钳等
仪表	万用表

表 2-3-4　接触器联锁正反转控制电路电气元件及部分电工器材明细表

名称	符号	型号	规格	数量
三相异步电动机	M	YS-W6314	0.18kW，380V，0.63A，1400r/min	1 台
断路器	QF	HZ10-10/3	三极，10A	1 只
主电路熔断器	FU1	RL1-15	380V，15A，配熔丝 10 A	3 只
控制电路熔断器	FU2	RL1-15	380V，15A，配熔丝 2A	2 只
交流接触器	KM	CJT1-10	10A，线圈电压 380V	2 只
热继电器	FR	NR4-63	额定电流 20A，整定电流范围 12.5～20A	1 只
按钮	SB	LA4-3H	保护式，380V，5A，按钮数 3	1 只
端子板	XT	DT15-20	380V，10A，20 节	1 条
控制板	—	—	450mm×600mm×40mm	1 块
主电路导线	—	BV-1.0	1.0mm² 红色硬铜线	若干
控制电路导线	—	BV-1.0	1.0mm² 黄色硬铜线	若干
按钮连接线	—	BVR-0.75	0.75mm² 蓝色软铜线	若干
保护接地线	—	BVR-1.5	1.5mm² 黄绿双色软铜线	若干
编码套管	—	—	1.5mm² 白色套管	若干
螺钉	—	—	3.5mm×25mm	若干

第 2 步　绘制元件安装位置图和接线图

01 绘制接触器联锁正反转控制电路元件安装位置图，如图 2-3-5 所示。

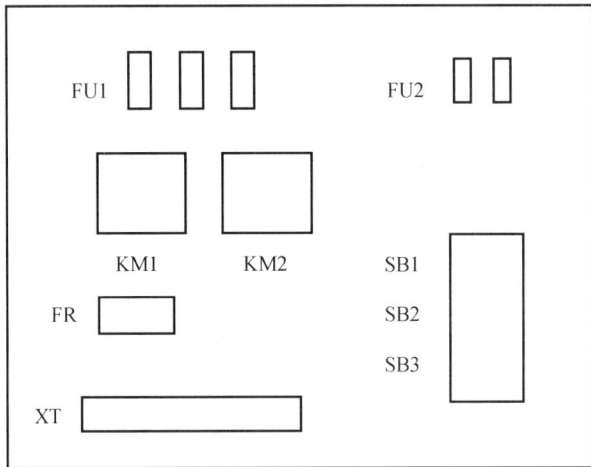

图 2-3-5　接触器联锁正反转控制电路元件安装参考位置图

02 根据元件位置图，认真细致地绘制电路的安装接线图，如图 2-3-6 所示。

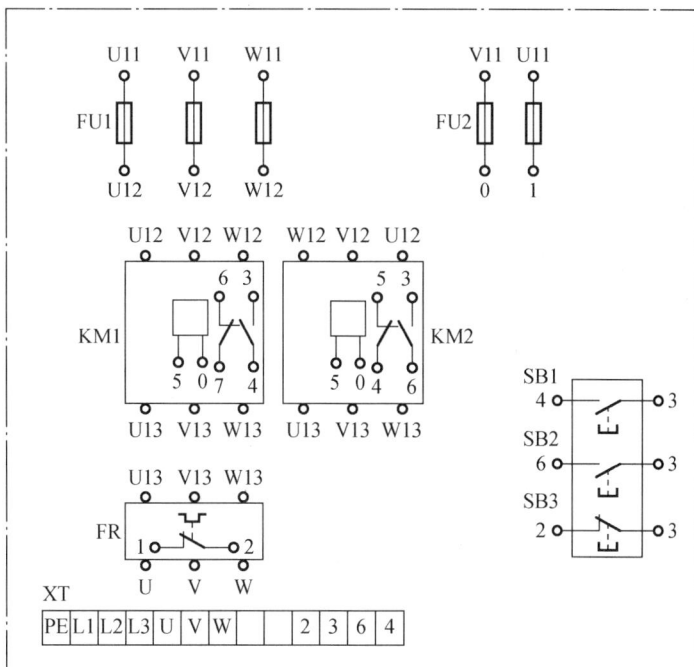

图 2-3-6　接触器联锁正反转控制电路安装接线图

第 3 步　安装元件并合理接线

对照接触器联锁正反转控制电路原理图，根据绘制的接线图，合理地接线。接线的工艺要求总结如下：

1）组合开关、熔断器的受电端子应安装在控制板的外侧，并使熔断器的受电端为底座的中心端。

2）各元件的安装位置应整齐、匀称，间距合理，以便于元件的更换。

3）紧固各元件时要用力均匀，紧固程度要适当。

4）按接线图的走线方法进行板前明线布线和套编码套管。

小贴士

板前明线布线的工艺要求

1）布线通道要尽可能少，同路并行导线按主、控电路分类集中，单层密排，紧贴安装板的板面布线。

2）同一平面的导线应高低一致，不得交叉（非交叉不可时，该根导线应在接线端子引出时，就水平架空跨越，但必须走线合理）、叠压。

3）布线要横平竖直，分布均匀，变换走向时应垂直。

4）布线时严禁损伤线芯和导线绝缘层。

5）布线顺序一般以接触器为中心，按由里向外、由低至高，先控制电路，后主电路进行，以不妨碍后续布线为原则。

6）在每根剥去绝缘层导线的两端套上编码套管。

7）导线与接线端子或接线桩连接时，不得压绝缘层、不反圈及不露铜过长。

8）同一元件、同一回路的不同接点的导线间距应保持一致。

9）一个电气元件接线端子上的连接导线不得多于两根，每节接线端子板上的连接导线一般只允许连接一根。

第4步　通电前自检

对于安装完成的控制电路，通电前自检是安全通电试车的重要保证。

01 目测，主要按电路原理图或绘制的接线图，逐段核对接线及接线端子处线号是否正确，有无漏接、错接；检查导线接点是否符合要求，有无反圈、露铜过长、压绝缘等故障，接点接触是否良好等。

02 应用数字万用表进行检测，主要检测熔断器的通断、控制电路的通断及部分触点的通断情况。

详细内容参照任务2.1。

小贴士

通电前自检时，不能用试电笔代替电压表，因为从试电笔氖灯的亮度不易查出电压的高低，有时甚至会得出错误的结论。

第5步　通电试车

接触器联锁正反转控制电路的通电试车操作步骤如下：

01 通电时，先合上三相电源开关，按下SB1，电动机连续正转运行，再按下停止按钮SB3，电动机失电停转，接着按下反转启动按钮SB2，电动机连续反转运行。

02 试车完毕，断电时，先按下SB3，再切断三相电源开关。

小贴士

出现故障后，若需带电检查，必须在教师现场监护的情况下进行。检修完毕后，如需再次试车，也应该在教师现场监护下进行，并做好时间记录。

第6步　电路故障模拟检修

01 模拟设置故障，如观测到以下故障现象：按下SB1、SB2，接触器KM1、KM2分别动作，但电动机都不启动。

02 根据故障现象分析：按下SB1、SB2，接触器KM1、KM2动作，说明控制电路正常，故障在主电路上，可能故障如下：

① 熔断器FU1熔丝熔断；

② 热继电器的热元件损坏；

③ 电动机故障；

④ 连接导线故障。

03 对可能存在的故障点进行测量，找出故障原因。

04 判断结果并恢复。

05 通电试车。

注意：可以多设置几次不同位置的故障进行排除故障练习。

任务评价

接触器联锁正反转控制电路安装与检修的评价见表 2-3-5。

表 2-3-5　接触器联锁正反转控制电路安装与检修评价表

项目内容	配分	评价标准	得分
选用工具、仪表及器材	15 分	1）工具、仪表少选或错选。每个扣 2 分。 2）元件选错型号和规格，每个扣 4 分。 3）选错元件数量或型号规格没有写全，每个扣 2 分	
安装前检查	5 分	电气元件漏检或错检，每处扣 1 分	
安装布线	30 分	1）电器布置不合理，扣 5 分。 2）元件安装不牢固，每只扣 4 分。 3）元件安装不整齐、不匀称、不合理，每只扣 3 分。 4）损坏元件，每只扣 15 分。 5）不按电气原理图接线，扣 15 分。 6）布线不符合要求，每根扣 3 分。 7）接点松动、露铜过长、反圈等，每个扣 1 分。 8）损伤导线绝缘层或线芯，每根扣 5 分。 9）漏装或套错编码套管，每处扣 1 分。 10）漏接接地线，扣 10 分	
故障分析	10 分	1）故障分析和排除故障的思路不正确，每处扣 5 分。 2）标错电路故障范围，每个扣 5 分	
排除故障	20 分	1）断电不验电，扣 5 分。 2）工具及仪表使用不当，每次扣 5 分。 3）排除故障的顺序不对，扣 5~10 分。 4）不能查出故障点，每个扣 10 分。 5）查出故障点，但不能排除，每个扣 5 分。 6）产生新的故障： ① 不能排除，每个扣 10 分； ② 已经排除，每个扣 5 分。 7）损坏电动机，扣 20 分。 8）损伤电气元件或排除故障方法不对，每只（次）扣 5 分	
通电试车	20 分	1）热继电器未整定或整定错误，扣 10 分。 2）熔丝规格选用不当，扣 5 分。 3）一次试车不成功，扣 10 分。 4）两次试车不成功，扣 15 分。 5）三次试车不成功，扣 20 分	
安全文明生产		违反安全文明生产规程，扣 10~40 分	
定额时间：3h		每超时 5min 扣 5 分，不足 5min 按 5min 计	
备注		除定额时间外，各项目的最高扣分不应超过配分分数	成绩	
开始时间		结束时间	实际时间	

知识拓展

按钮、接触器双重联锁正反转控制电路

由接触器联锁正反转控制电路的工作原理分析可见，在接触器联锁正反转控制电路中，电动机由正转变为反转时，必须先按下停止按钮，才能启动反转，否则无法启动。为克服此电路的不足，可采用按钮联锁或按钮、接触器双重联锁的正反转控制电路。图 2-3-7 所示为按钮、接触器双重联锁正反转控制电路的电气原理图。

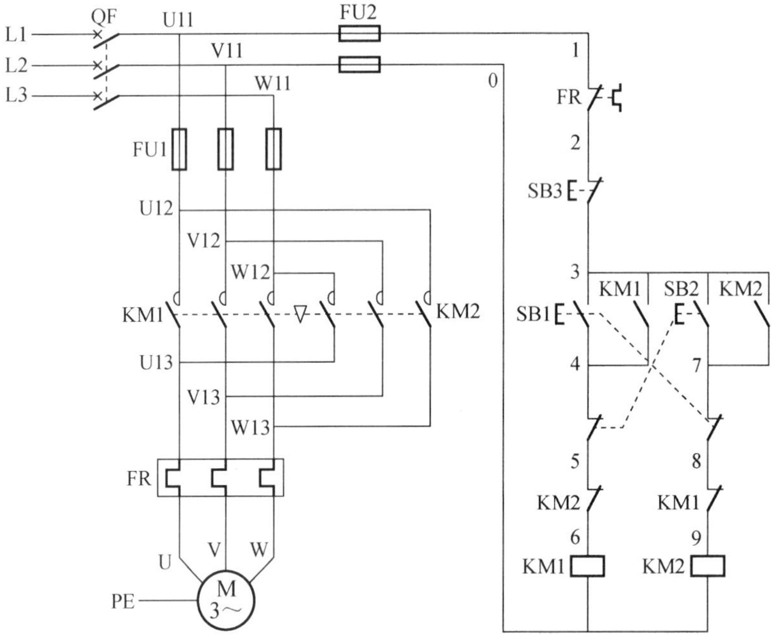

图 2-3-7　按钮、接触器双重联锁正反转控制电路电气原理图

视频：正反转模拟操作

电路的工作原理如下：

先合上电源开关。

1）正转控制：

按下SB1 →

- SB1常闭触点先分断，对KM2实行联锁（切断反转控制电路）。
- SB1常开触点后闭合 → KM1线圈得电 →
  - KM1自锁触点闭合自锁 ┐
  - KM1主触点闭合 ┘ → 电动机M启动并连续正转。
  - KM1联锁触点分断，对KM2实行联锁（切断反转控制电路）。

2）反转控制：

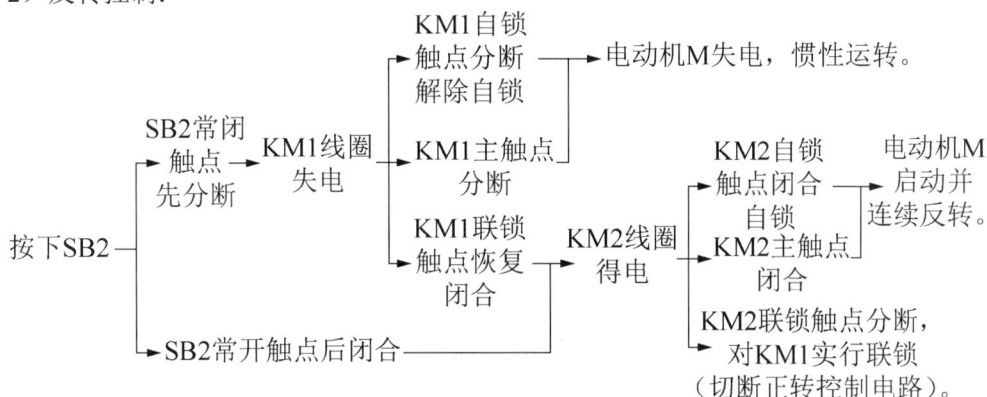

3）停止：

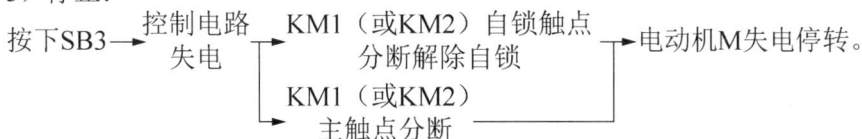

对电路的工作原理进行分析并完成控制电路的安装与检修练习。

● 思考与练习 ●

1. 什么是联锁控制？

2. 几种正反转控制电路如图 2-3-8 所示，试分析各电路能否正常工作。若不能正常工作，请找出原因，并改正过来。

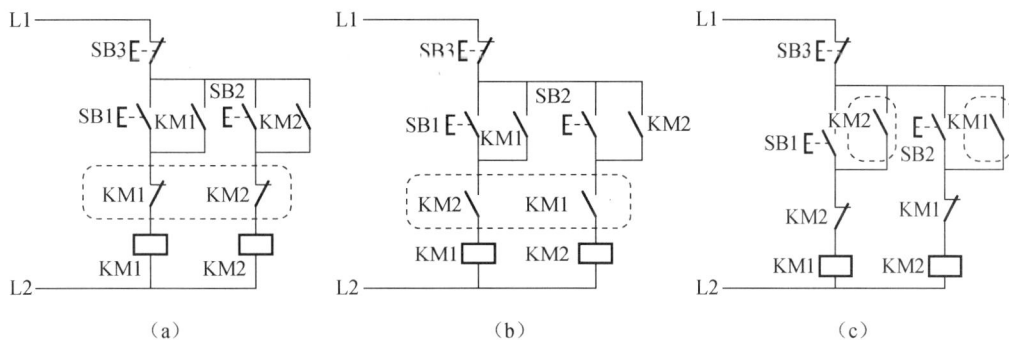

（a）　　　　　　　　（b）　　　　　　　　（c）

图 2-3-8　题 2 图

任务2.4　三相异步电动机顺序控制电路的安装与检修

◎ 任务描述

图 2-4-1 是两条传送带运输机的示意图。对于这两条传送带运输机的电气要求

如下：

1）启动顺序为 1 号、2 号，即顺序启动，以防止货物在传送带上堆积；

2）停止顺序为 2 号、1 号，即逆序停止，以保证停车后传送带上不残存货物。

现要对此控制电路进行安装和检修，使其满足上述控制要求。

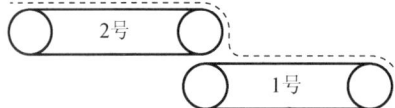

图 2-4-1 传送带运输机示意图

◎ 任务目标

1. 能识读分析电动机顺序控制电路的构成和工作原理；
2. 能绘制电路的位置图和接线图；
3. 掌握三相异步电动机顺序控制电路的检测方法；
4. 能正确编写安装步骤和工艺；
5. 会按照工艺要求正确安装两台电动机顺序启动、逆序停止控制电路；
6. 能根据故障现象，检修三相异步电动机顺序启动、逆序停止控制电路。

相关知识

两台电动机顺序启动，逆序停止电路的电气原理图如图 2-4-2 所示。

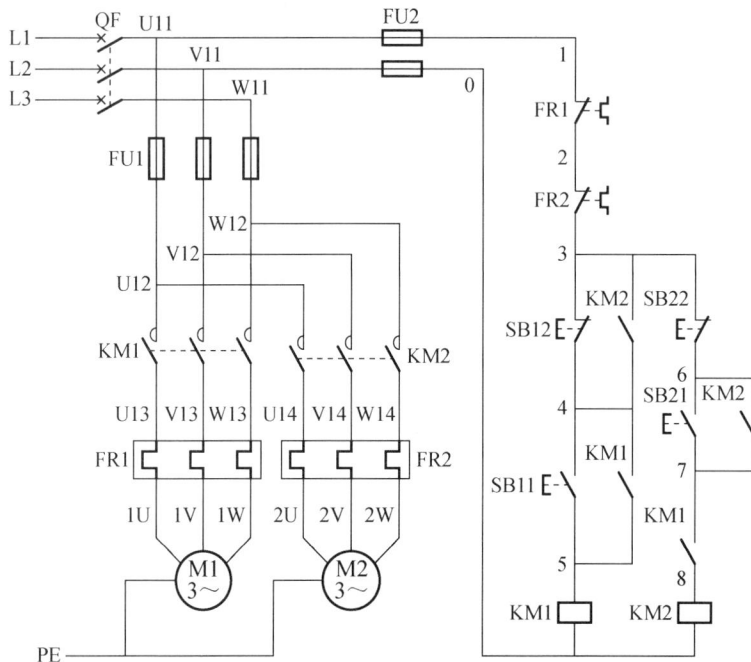

图 2-4-2 M1、M2 顺序启动、逆序停止控制电路电气原理图

1．电路的特点

1）在电动机 M2 的控制电路中串接了接触器 KM1 的常开辅助触点，因此，只要 M1 不启动，即使按下 SB21，由于 KM1 的常开辅助触点未闭合，KM2 线圈也不能得电，从而保证了 M1 启动后，M2 才能启动的控制要求。

2）在电路中的 SB12 的两端并接了接触器 KM2 的常开辅助触点，从而实现了 M1 启动后，M2 才能启动，而 M2 停止后，M1 才能停止的控制要求。

3）电路中停止按钮 SB12 控制两台电动机同时停止，SB22 控制 M2 的单独停止。

2．电路的工作原理

先合上电源开关。

1）顺序启动（M1→M2）：

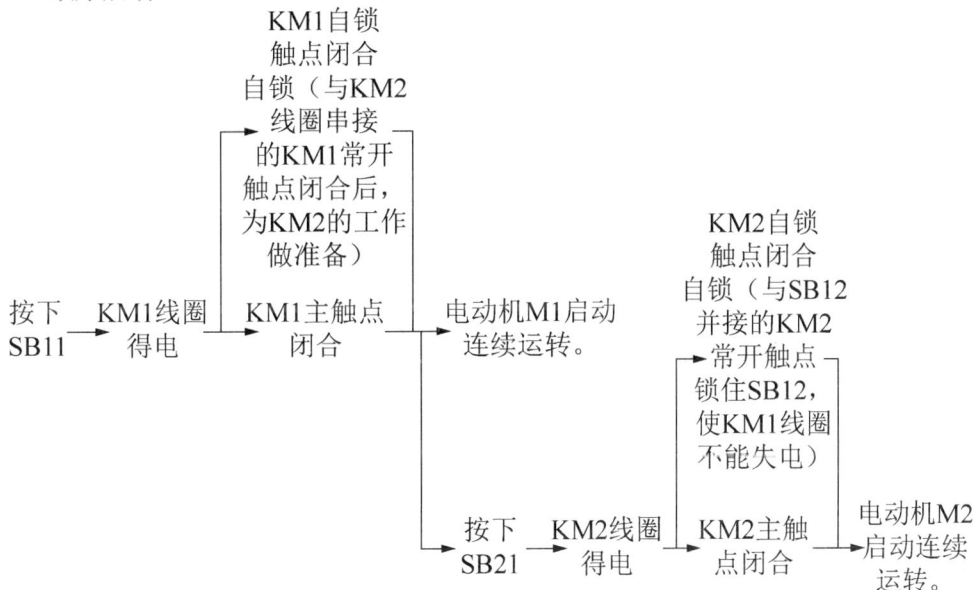

KM1自锁
触点闭合
自锁（与KM2
线圈串接
的KM1常开
触点闭合后，
为KM2的工作
做准备）

KM2自锁
触点闭合
自锁（与SB12
并接的KM2
常开触点
锁住SB12，
使KM1线圈
不能失电）

按下 SB11 → KM1线圈得电 → KM1主触点闭合 → 电动机M1启动连续运转。

按下 SB21 → KM2线圈得电 → KM2主触点闭合 → 电动机M2启动连续运转。

2）逆序停止（M2→M1）：

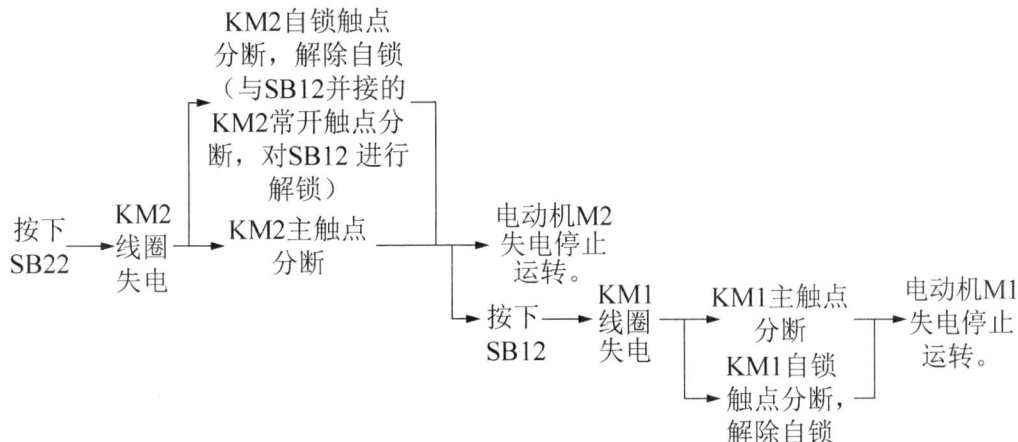

KM2自锁触点
分断，解除自锁
（与SB12并接的
KM2常开触点分
断，对SB12进行
解锁）

按下 SB22 → KM2线圈失电 → KM2主触点分断 → 电动机M2失电停止运转。

按下 SB12 → KM1线圈失电 → KM1主触点分断 KM1自锁触点分断，解除自锁 → 电动机M1失电停止运转。

任务实施

第1步 选用工具、仪表、元件及耗材

根据控制电路的电气原理图（图 2-4-2），列出所需的工具、仪表、元件及耗材清单，详细清单见表 2-4-1 和表 2-4-2。

表2-4-1 工具与仪表

工具	螺钉旋具、尖嘴钳、斜嘴钳、剥线钳等
仪表	万用表

表2-4-2 接触器联锁正反转控制电路电气元件及部分电工器材明细表

名称	符号	型号	规格	数量
三相异步电动机	M	YS-W6314	0.18kW，380V，0.63A，1400r/min	2 台
断路器	QF	HZ10-10/3	三极，10A	1 只
主电路熔断器	FU1	RL1-15	380V，15A，配熔丝 10 A	3 只
控制电路熔断器	FU2	RL1-15	380V，15A，配熔丝 2A	2 只
交流接触器	KM	CJT1-10	10A，线圈电压 380V	2 只
热继电器	FR	NR4-63	额定电流 20A，整定电流范围 12.5～20A	2 只
按钮	SB	LA4-3H	保护式，380V，5A，按钮数 4	1 只
端子板	XT	DT15-20	380V，10A，20 节	1 条
控制板	—	—	450mm×600mm×40mm	1 块
主电路导线	—	BV-1.0	1.0mm² 红色硬铜线	若干
控制电路导线	—	BV-1.0	1.0mm² 黄色硬铜线	若干
按钮连接线	—	BVR-0.75	0.75mm² 蓝色软铜线	若干
保护接地线	—	BVR-1.5	1.5mm² 黄绿双色软铜线	若干
编码套管	—	—	1.5mm² 白色套管	若干
螺钉	—	—	3.5mm×25mm	若干

第2步 绘制元件安装位置图和接线图

01 绘制两台电动机顺序启动、逆序停止控制电路的元件安装位置图，如图 2-4-3 所示。

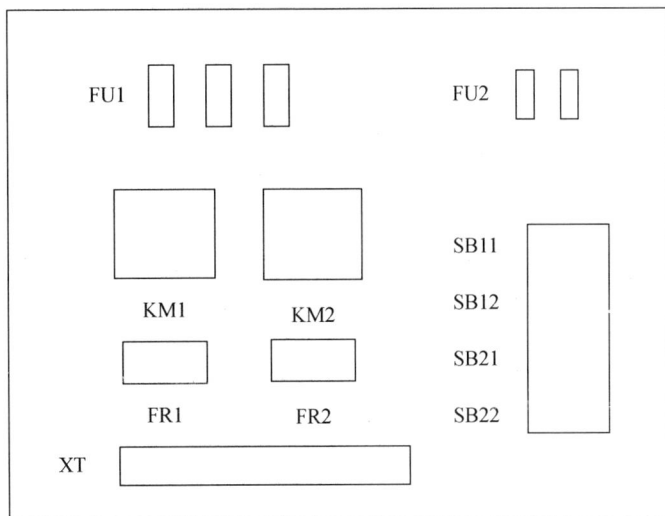

图 2-4-3　两台电动机顺序启动、逆序停止控制电路的元件安装位置图

02　根据绘制的元件位置图，认真细致地绘制电路的安装接线图，如图 2-4-4 所示。

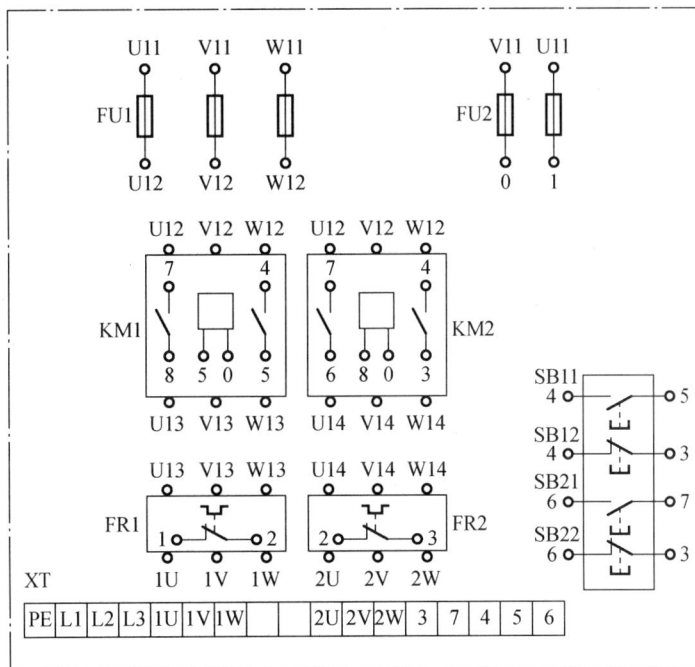

图 2-4-4　两台电动机顺序启动、逆序停止控制电路的安装接线图

第 3 步　安装元件并合理接线

对照图 2-4-2 两台电动机顺序启动、逆序停止控制电路的电气原理图，根据绘制的安装接线图，合理地接线，接线的工艺要求详见任务 2.3。

第 4 步　通电前自检

对于安装完成的控制电路，通电前自检是安全通电试车的重要保证。

01 目测，主要按电路原理图或绘制的接线图，逐段核对接线及接线端子处线号是否正确，有无漏接、错接。检查导线接点是否符合要求，有无反圈、露铜过长、压绝缘等故障，接点接触是否良好等。

02 应用数字万用表进行检测，主要检测熔断器的通断、控制电路的通断及部分触点的通断情况。

详细内容参照任务 2.1。

第 5 步　通电试车

两台电动机顺序启动、逆序停止控制电路的通电试车操作步骤如下：

01 通电试车前，应熟悉电路的操作顺序，即先合上电源开关，然后按下 SB11 后，再按下 SB21 顺序启动；按下 SB22 后，再按下 SB12 逆序停止。

02 通电试车时，注意观察电动机、各电气元件及电路各部分工作是否正常。若发现异常情况，必须立即切断电源开关，因为此时停止按钮 SB12 已失去作用。

03 安装训练应在规定的定额时间内完成，同时要做到安全操作和文明生产。

第 6 步　电路故障模拟检修

01 模拟设置故障，如观测到以下故障现象：M1 顺利启动，按下 SB21 后 KM2 不动作，M2 无法启动。

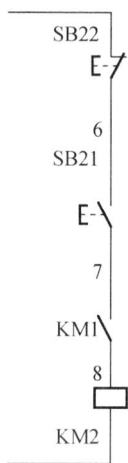

02 根据故障现象分析：按下 SB21 后 KM2 不动作，可能故障如下（图 2-4-5）：

① SB22 接触不良；

② 6 号线断路；

③ SB21 接触不良；

④ 7 号线断路；

⑤ KM1 常开触点接触不良；

⑥ 8 号线断路；

⑦ KM2 线圈断路。

03 在可能存在的故障点处进行测量，找出故障原因。

04 判断结果并恢复。

05 通电试车。

注意：可以多设置几次不同位置的故障进行排除故障练习。

图 2-4-5　可能故障点

任务评价

两台电动机顺序启动、逆序停止控制电路安装与检修的评价见表 2-4-3。

表 2-4-3　两台电动机顺序启动、逆序停止控制电路安装与检修评价表

项目内容	配分	评价标准	得分
选用工具、仪表及器材	15 分	1）工具、仪表少选或错选，每个扣 2 分。 2）元件选错型号和规格，每个扣 4 分。 3）选错元件数量或型号规格没有写全，每个扣 2 分	
安装前检查	5 分	电气元件漏检或错检，每处扣 1 分	
安装布线	30 分	1）电器布置不合理，扣 5 分。 2）元件安装不牢固，每只扣 4 分。 3）元件安装不整齐、不匀称、不合理，每只扣 3 分。 4）损坏元件，每只扣 15 分。 5）不按电气原理图接线，扣 15 分。 6）布线不符合要求，每根扣 3 分。 7）接点松动、露铜过长、反圈等，每个扣 1 分。 8）损伤导线绝缘层或线芯，每根扣 5 分。 9）漏装或套错编码套管，每处扣 1 分。 10）漏接接地线，扣 10 分	
故障分析	10 分	1）故障分析和排除故障的思路不正确，每处扣 5 分。 2）标错电路故障范围，每个扣 5 分	
排除故障	20 分	1）断电不验电，扣 5 分。 2）工具及仪表使用不当，每次扣 5 分。 3）排除故障的顺序不对，扣 5～10 分。 4）不能查出故障点，每个扣 10 分。 5）查出故障点，但不能排除，每个扣 5 分。 6）产生新的故障： ① 不能排除，每个扣 10 分； ② 已经排除，每个扣 5 分。 7）损坏电动机，扣 20 分。 8）损伤电气元件或排除故障方法不对，每只（次）扣 5 分	
通电试车	20 分	1）热继电器未整定或整定错误，扣 10 分。 2）熔丝规格选用不当，扣 5 分。 3）一次试车不成功，扣 10 分。 4）两次试车不成功，扣 15 分。 5）三次试车不成功，扣 20 分	
安全文明生产		违反安全文明生产规程，扣 10～40 分	
定额时间：3h		每超时 5min 扣 5 分，不足 5min 按 5min 计	

备注	除定额时间外，各项目的最高扣分不应超过配分分数		成绩	
开始时间		结束时间		实际时间

知识拓展

主电路实现的顺序控制电路

1. 电路特点

电路如图 2-4-6 所示，电路的特点是电动机 M2 的主电路接在接触器 KM1 主触点的下面。

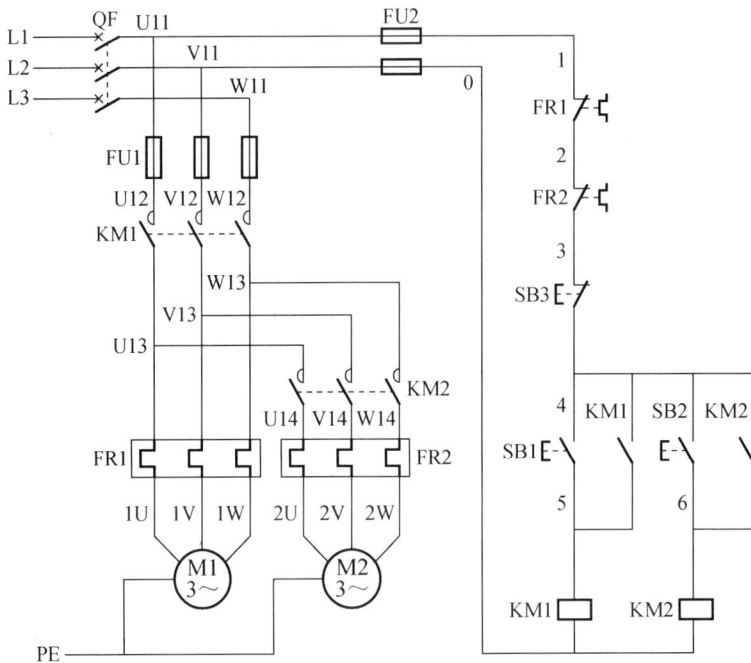

图 2-4-6　主电路实现顺序控制电气原理图

2. 电路分析

电动机 M1 和 M2 分别通过接触器 KM1 和 KM2 来控制，KM2 主触点接在 KM1 主触点的下面，这样就保证了 KM1 主触点闭合，M1 启动运转后，M2 才能接通电源运转。

3. 电路的工作原理

先闭合电源开关：

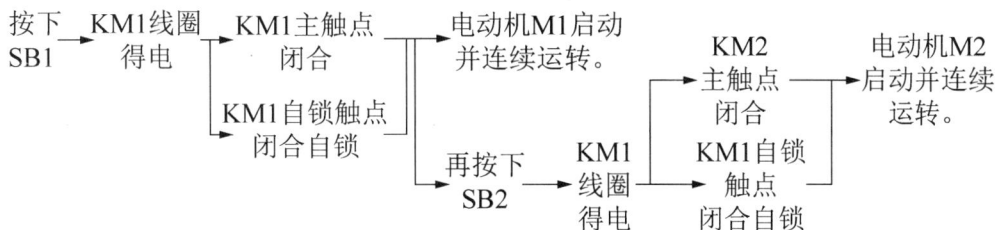

按下　　KM1线圈　　KM1主触点　　　电动机M1启动
SB1　　　得电　　　闭合　　　　　　并连续运转。

KM1自锁触点
闭合自锁

再按下　　KM1　　KM2　　　　电动机M2
SB2　　　　线圈　　主触点　　　启动并连续
　　　　　得电　　闭合　　　　运转。

KM1自锁
触点
闭合自锁

停止:

按下SB3 ── 控制电路失电 ── KM1、KM2主触点　　电动机M1、M2同时
　　　　　　　　　　　　　　　　分断　　　　　　　停转。

对电路的工作原理进行分析并完成控制电路的安装与检修练习。

● 思考与练习 ●

图 2-4-7 所示是 3 条传送带运输机的示意图。对这 3 条传送带运输机的电气要求如下:

1)启动顺序为 1 号、2 号、3 号,即顺序启动,以防止货物在传送带上堆积;

2)停止顺序为 3 号、2 号、1 号,即逆序停止,以保证停车后传送带上不残存货物;

3)当 1 号或 2 号出现故障停车时,3 号能随即停车,以免继续进料。

试画出 3 条传送带运输机的电路图,并叙述其工作原理。

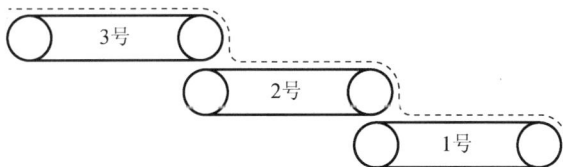

图 2-4-7　3 条传送带运输机的示意图

任务2.5　三相异步电动机两地控制电路的安装与检修

◎ 任务描述

在有些生产机械和生产设备中,常需要在两地或两地以上的地点进行操作控制,要实现两地控制,就应有两组按钮,而且这两组按钮的接线原则:常开按钮并联,常闭按钮串联,这一原则也适用于三地或更多地点的控制。电路原理图如图 2-5-1 所示,现要对此控制电路进行安装和检修,使其满足上述控制要求。

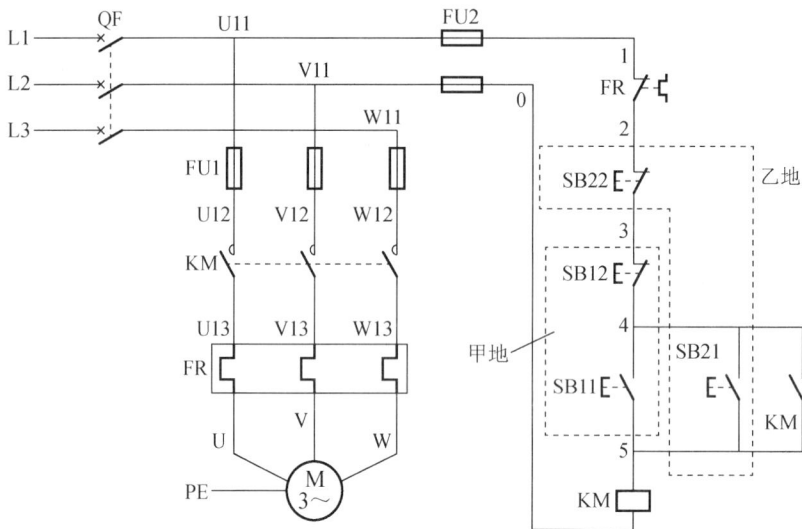

图 2-5-1　三相异步电动机两地控制电路电气原理图

◎ **任务目标**

1. 能识读并分析两地控制电路的构成和工作原理；
2. 能绘制电路的位置图和接线图；
3. 掌握三相异步电动机两地控制电路的检测方法；
4. 会按照工艺要求正确安装三相异步电动机两地控制电路；
5. 能根据故障现象，检修三相异步电动机两地控制电路。

相关知识

1. 三相异步电动机两地控制电路的特点

SB11、SB12 为安装在甲地的启动按钮和停止按钮；SB21、SB22 为安装在乙地的启动按钮和停止按钮。两地的启动按钮 SB11、SB21 要并联在一起；停止按钮 SB12、SB22 要串联在一起。这样就可以分别在甲、乙两地启动和停止同一台电动机，达到操作方便的目的。

2. 三相异步电动机两地控制电路的工作原理

先合上电源开关。

1）甲地控制：

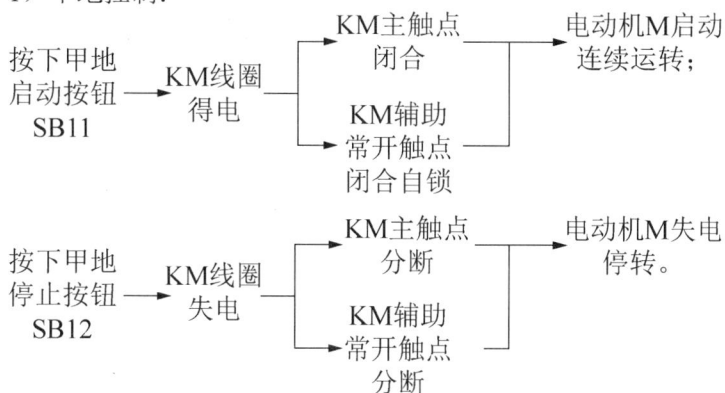

2）乙地控制：

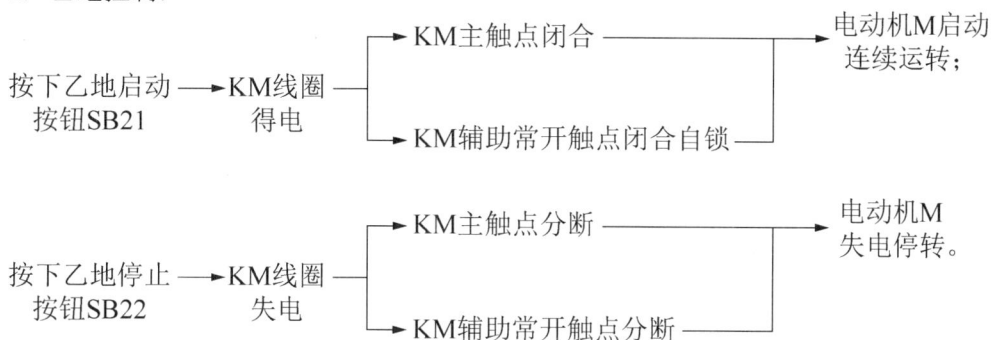

任务实施

第1步　选用工具、仪表、元件及耗材

根据控制电路的电气原理图（图 2-5-1），列出所需的工具、仪表、元件及耗材清单，详细清单见表 2-5-1 和表 2-5-2。

表 2-5-1　工具与仪表

工具	螺钉旋具、尖嘴钳、斜嘴钳、剥线钳等
仪表	万用表

表 2-5-2　三相异步电动机两地控制电路电气元件及部分电工器材明细表

名称	符号	型号	规格	数量
三相异步电动机	M	YS-W6314	0.18kW，380V，0.63A，1400r/min	1 台
断路器	QF	DZ47-63	380V，25A，整定电流 20A	1 只
主电路熔断器	FU1	RL1-15	380V，15A，配熔丝 10 A	3 只
控制电路熔断器	FU2	RL1-15	380V，15A，配熔丝 2A	2 只
交流接触器	KM	CJT1-10	10A，线圈电压 380V	1 只

续表

名称	符号	型号	规格	数量
热继电器	FR	NR4-63	额定电流 20A,整定电流范围 12.5~20A	1 只
按钮	SB	LA4-3H	保护式,380V,5A,按钮数 4	1 只
端子板	XT	DT15-20	380V,10A,20 节	1 条
控制板安装套件	—	—	—	1 套

第 2 步　绘制元件安装位置图和接线图

01　绘制三相异步电动机两地控制电路的元件安装位置图,如图 2-5-2 所示。

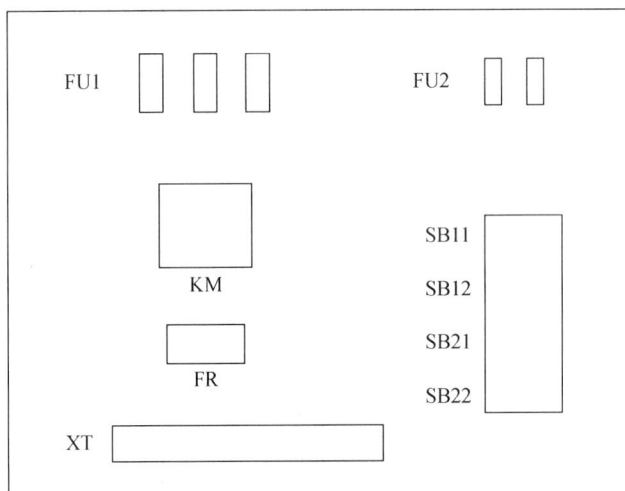

图 2-5-2　三相异步电动机两地控制电路的元件安装位置图

02　结合前几次任务的知识,根据图 2-5-2 所示元件安装位置图,在下面的空白处认真细致地绘制电路的安装接线图。

<u>第 3 步　安装元件并合理接线</u>

对照图 2-5-1 三相异步电动机两地控制电路的电气原理图，根据绘制的安装接线图，合理地接线，采用板前线槽布线，安装走线槽时，应做到横平竖直、排列整齐匀称、安装牢固和便于走线，板前线槽配线工艺要求如下：

1）所有导线的横截面面积在等于或大于 $0.5mm^2$ 时，必须采用软线。考虑机械强度的原因，所用最小横截面面积在控制箱外为 $1mm^2$，在控制箱内为 $0.75mm^2$。但对控制箱内的很小电流的电路连线，如电子逻辑电路，可用 $0.2mm^2$ 的，并且可以采用硬线，但只能用于不移动和不振动的场合。

2）布线时严禁损伤线芯和绝缘导线。

3）各电气元件接线端子引出导线的走向，以元件的水平中心线为界限，在水平中心线以上接线端子引出的导线，必须进入元件上面的走线槽；在水平中心线以下接线端子引出的导线，必须进入元件下面的走线槽。任何导线都不允许从水平方向进入走线槽内。

4）各电气元件接线端子上引出或引入的导线，除间距很小和原件机械强度很小，允许直接架空敷设之外，其他导线必须经过行线槽进行连接。

5）进入行线槽的导线完全置于行线槽内，并应尽可能避免交叉，装线不得超过其容量的 70%，以便能盖上行线槽盖，并方便以后的装配和维修。

6）各电气元件与行线槽之间的外露导线应走向合理，并尽可能做到横平竖直，变换走向时要垂直。同一元件上位置一致的端子引出或引入的导线要敷设在同一平面上，并且应高低一致，不得交叉。

7）所有接线端子、导线接头上都应该套有与电路图上相应的接点线号一致的编码套管，并按线号进行连接，连接必须可靠，不得松动。

8）在任何情况下，接线端子必须与导线截面和材料性质相适应。当连接端子不适合连接软线或截面较小的软线时，可以在导线端头穿上针形或叉形扎头并压紧。

9）一般一个接线端子只能连接一根导线，如果采用专门设计的端子，可以连接两根或多根导线，但导线的连接方式必须是公认的且在工艺上成熟的，如加紧、压紧、焊接等，并应严格按照连接工艺的工序要求进行。

<u>第 4 步　通电前自检</u>

对于安装完成的控制电路，通电前自检是安全通电试车的重要保证。

01　目测，主要按电路原理图或绘制的接线图，逐段核对接线及接线端子处线号是否正确，有无漏接、错接。检查导线接点是否符合要求，有无反圈、露铜过长、压绝缘等故障，接点接触是否良好等。

02　应用数字万用表进行检测，主要检测熔断器的通断、控制电路的通断及部分触点的通断情况。

详细内容参照任务 2.1。

第 5 步　通电试车

三相异步电动机两地控制电路的通电试车操作步骤如下：

01 通电时，先合上三相电源开关，按下甲地启动按钮 SB11，电动机连续运转，按下甲地停止按钮 SB12，电动机失电停转；乙地操作方法与甲地相同。此控制电路还可以在甲地实现启动控制后在乙地实现停止控制。

02 试车完毕，断电时，先按下甲地或乙地的停止按钮，再切断三相电源开关。

第 6 步　电路故障模拟检修

01 对电路进行故障模拟检修，可能出现的故障及故障原因分析见表 2-5-3。

表 2-5-3　电路可能出现的故障现象及原因分析

故障现象	故障原因分析	
按 SB11 能正常启动，按 SB21 不能正常启动	虚线所圈的部分就是故障部分，可能故障点： 1）4 号或 5 号线松脱或断线； 2）SB21 接触不良	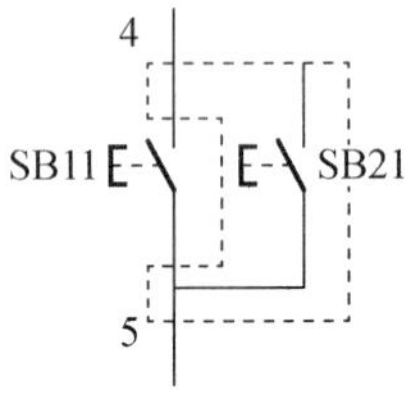
按 SB12 能正常停止，按 SB22 不能正常停止	虚线所圈的部分就是故障部分。可能故障点：按钮 SB22 内短路	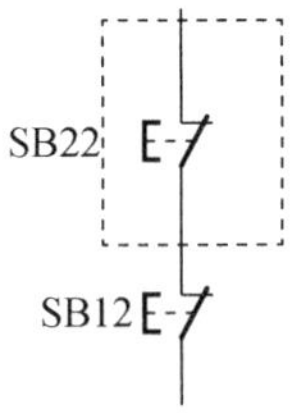

02 在可能存在的故障点处进行测量，找出故障原因。

03 判断结果并恢复。

04 通电试车。

注意：可以多设置几次不同位置的故障进行排除故障练习。

任务评价

三相异步电动机两地控制电路安装与检修的评价见表 2-5-4。

表 2-5-4　三相异步电动机两地控制电路安装与检修评价表

项目内容	配分	评价标准	得分
选用工具、仪表及器材	15 分	1）工具、仪表少选或错选，每个扣 2 分。 2）元件选错型号和规格，每个扣 4 分。 3）选错元件数量或型号规格没有写全，每个扣 2 分	
安装前检查	5 分	电气元件漏检或错检，每处扣 1 分	
安装布线	30 分	1）电器布置不合理，扣 5 分。 2）元件安装不牢固，每只扣 4 分。 3）元件安装不整齐、不匀称、不合理，每只扣 3 分。 4）损坏元件，每只扣 15 分。 5）不按电气原理图接线，扣 15 分。 6）布线不符合要求，每根扣 3 分。 7）接点松动、露铜过长、反圈等，每个扣 1 分。 8）损伤导线绝缘层或线芯，每根扣 5 分。 9）漏装或套错编码套管，每处扣 1 分。 10）漏接接地线，扣 10 分	
故障分析	10 分	1）故障分析和排除故障的思路不正确，每处扣 5 分。 2）标错电路故障范围，每个扣 5 分	
排除故障	20 分	1）断电不验电，扣 5 分。 2）工具及仪表使用不当，每次扣 5 分。 3）排除故障的顺序不对，扣 5～10 分。 4）不能查出故障点，每个扣 10 分。 5）查出故障点，但不能排除，每个扣 5 分。 6）产生新的故障： ① 不能排除，每个扣 10 分； ② 已经排除，每个扣 5 分。 7）损坏电动机，扣 20 分。 8）损伤电气元件或排除故障方法不对，每只（次）扣 5 分	
通电试车	20 分	1）热继电器未整定或整定错误，扣 10 分。 2）熔丝规格选用不当，扣 5 分。 3）一次试车不成功，扣 10 分。 4）两次试车不成功，扣 15 分。 5）三次试车不成功，扣 20 分	
安全文明生产	违反安全文明生产规程，扣 10～40 分		
定额时间：3h	每超时 5min 扣 5 分，不足 5min 按 5min 计		
备注	除定额时间外，各项目的最高扣分不应超过配分分数	成绩	
开始时间		结束时间	实际时间	

思考与练习 ●

如图 2-5-3 所示的电气原理图，电路的特点是在甲地、乙地都可以实现电动机的正反转控制。请结合正反转控制和两地控制的相关知识：

1）分析此控制电路的工作原理；

2）绘制控制电路的安装接线图，完成电路的安装与检修；

3）思考此控制电路存在的安全隐患，并提出改进方法。

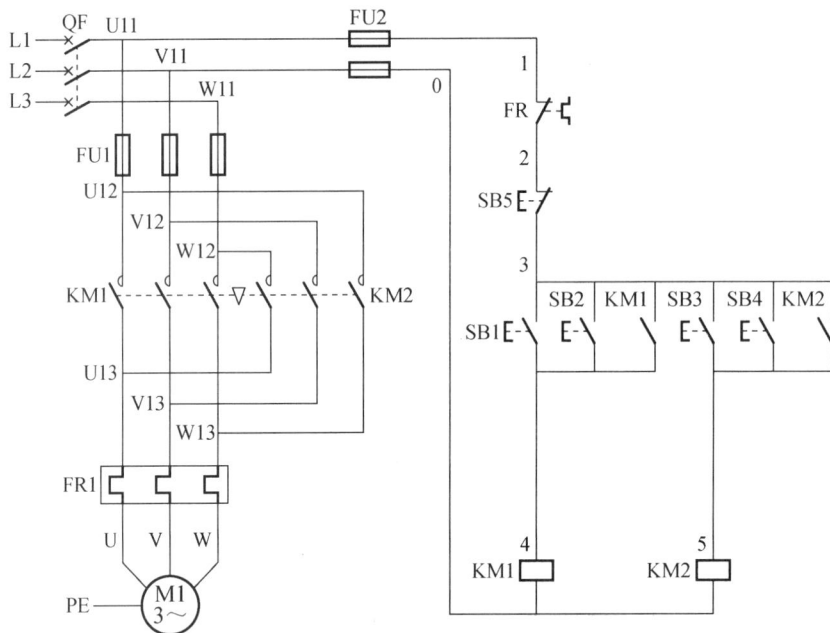

图 2-5-3 反转两地控制电路电气原理图

任务 2.6 三相异步电动机自动往返控制电路的安装与检修

◎ **任务描述**

在某些机加工设备上，电动机要带动工作台进行往返运行，解决的方法：在往返的限定位置安装行程开关，用运动部件的撞击使行程开关动作，接通或断开控制电路，实现电动机正、反转的自动转换，生产机械行程控制电路示意图如图 2-6-1 所示，本任务就是完成此控制电路的安装与检修。

视频：自动往返模拟操作

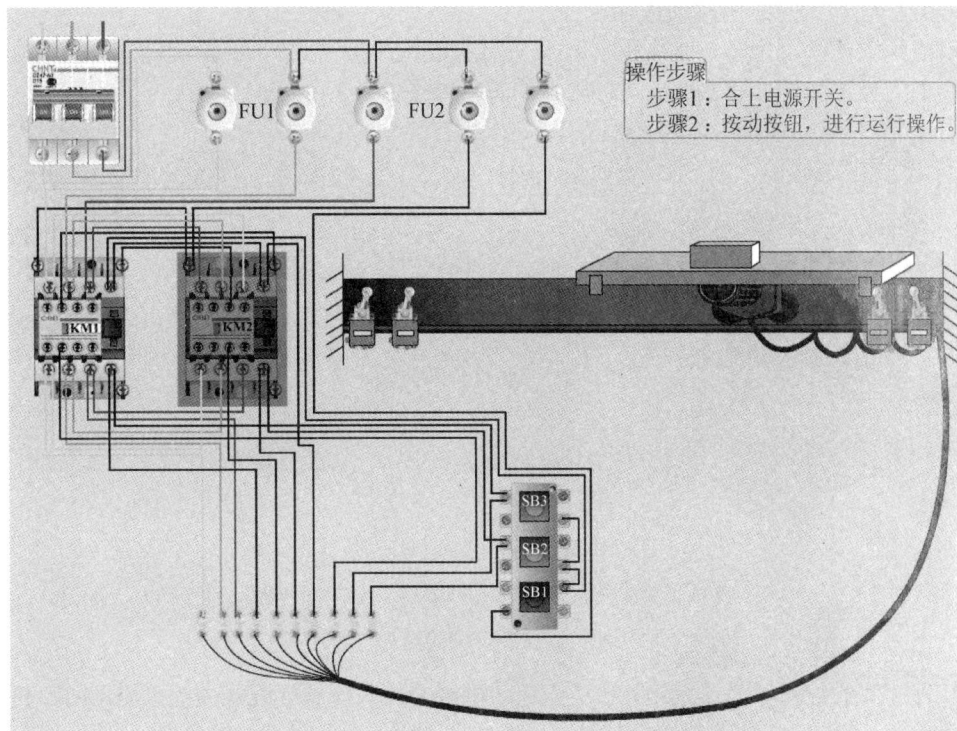

图 2-6-1　三相异步电动机自动往返控制电路示意图

◎ **任务目标**

1. 能正确识别、选用、安装、使用行程开关，熟悉它的功能、基本结构、工作原理及型号含义，熟记它的图形符号和文字符号；
2. 能识读并分析自动往返控制电路的构成和工作原理，进行正确安装；
3. 掌握三相异步电动机自动往返控制电路的检测方法；
4. 能根据故障现象检修三相异步电动机自动往返控制电路。

相关知识

利用生产机械运动部件上的挡铁与行程开关碰撞，使行程开关的触点动作，来接通或断开电路，以实现对生产机械运动部件的位置或行程的自动控制，称为位置控制，又称为行程控制或限位控制。实现这种控制要求所依靠的主要电器是行程开关。

1. 行程开关

行程开关是位置开关（又称为限位开关）的一种，是一种常用的小电流主令电器。利用生产机械运动部件的碰撞使其触点动作来实现接通或分断控制电路，达到一定的控制目的。通常，这类开关被用来限制机械运动的位置或行程，使运动机械按一定位置或行程自动停止、反向运动、变速运动或自动往返运动等。

（1）行程开关的结构及动作原理

形成开关的种类很多，常用的行程开关有直动式（按钮式）、单轮旋转式、双轮旋转式等，它们的外形如图 2-6-2 所示。各触点的符号如图 2-6-3 所示。

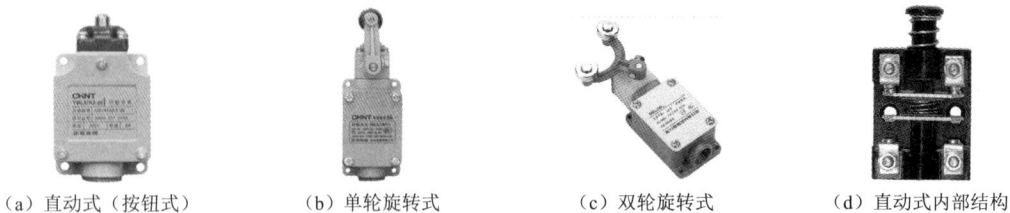

（a）直动式（按钮式）　　（b）单轮旋转式　　（c）双轮旋转式　　（d）直动式内部结构

图 2-6-2　常见行程开关的外形

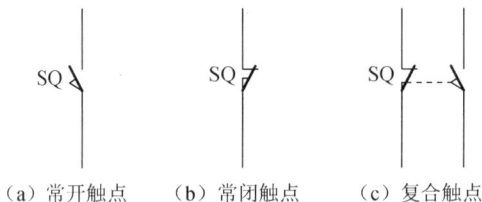

（a）常开触点　　（b）常闭触点　　（c）复合触点

图 2-6-3　行程开关的图形符号

行程开关的结构如图 2-6-4 所示，当运动机械的挡铁撞到行程开关的滚轮上时，传动杠杆边同转轴一起转动，使滚轮撞动撞块；当撞块被压到一定位置时，推动微动开关快速动作，其常闭触点断开、常开触点闭合；滚轮上的挡铁移开后，复位弹簧就使行程开关各部分复位。

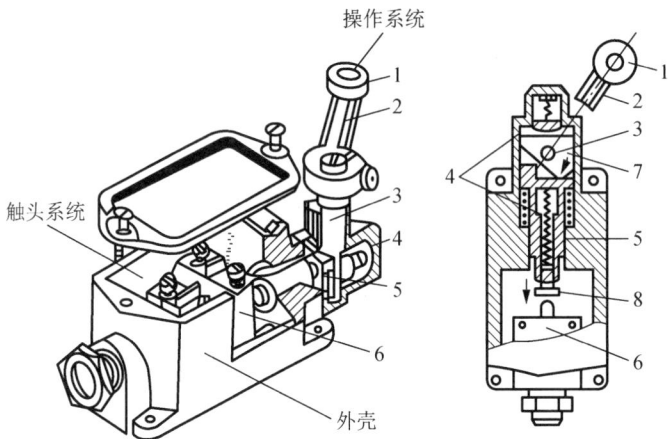

图 2-6-4　行程开关的结构

1—滚轮；2—杠杆；3—转轴；4—复位弹簧；5—撞块；6—微动开关；7—凸轮；8—调节螺钉

（2）行程开关的选择和使用

行程开关的主要参数有形式、工作行程、额定电压及触点的电流容量，在产品说明书中都有详细说明，主要根据动作要求、安装位置及触点数量进行选择。在使用过程中注意以下几点：

1）行程开关的安装位置要准确，安装要牢靠，滚轮的方向不能装反，并确保可靠地与挡铁碰撞。

2）在使用行程开关的过程中，要对其进行定期的检查和保养，去除油垢及粉尘，清理触点, 经常检查其动作是否灵活可靠, 及时排除故障。

(3) 行程开关的型号含义

常规行程开关中 LX19 系列和 JLXK1 系列行程开关的符号含义如图 2-6-5 所示。

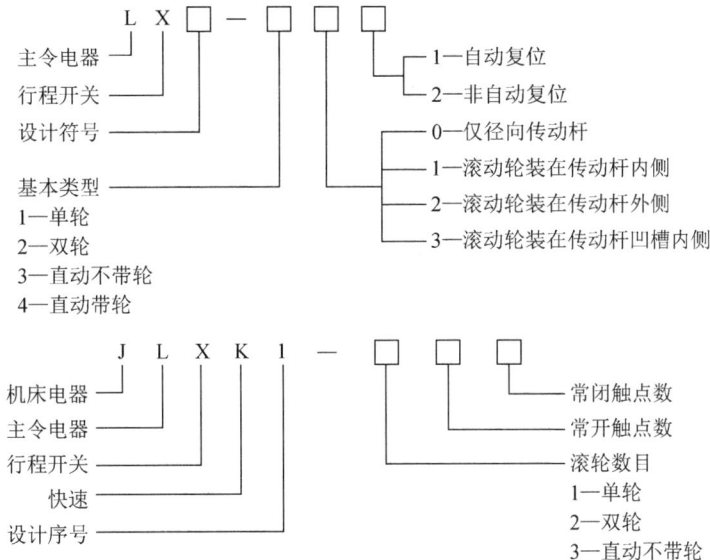

图 2-6-5　行程开关的符号含义

2. 三相异步电动机自动往返控制电路的工作原理

三相异步电动机自动往返控制电路的电气原理图如图 2-6-6 所示。

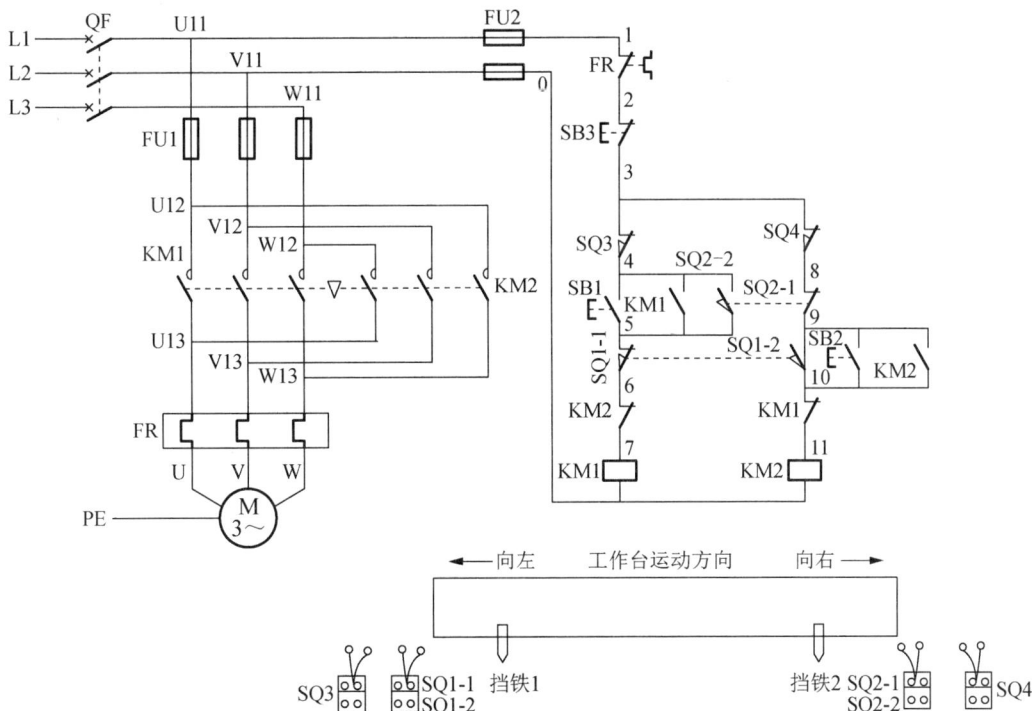

图 2-6-6　三相异步电动机自动往返控制电路电气原理图

电路由主电路部分和控制电路两部分组成，设定电动机正转工作台左移，反转则工作台右移，工作时，若需左移则按下 SB1，若需右移则按下 SB2，停止时按下 SB3。具体的工作原理分析如下：

先合上电源开关。

1）自动往返运动：

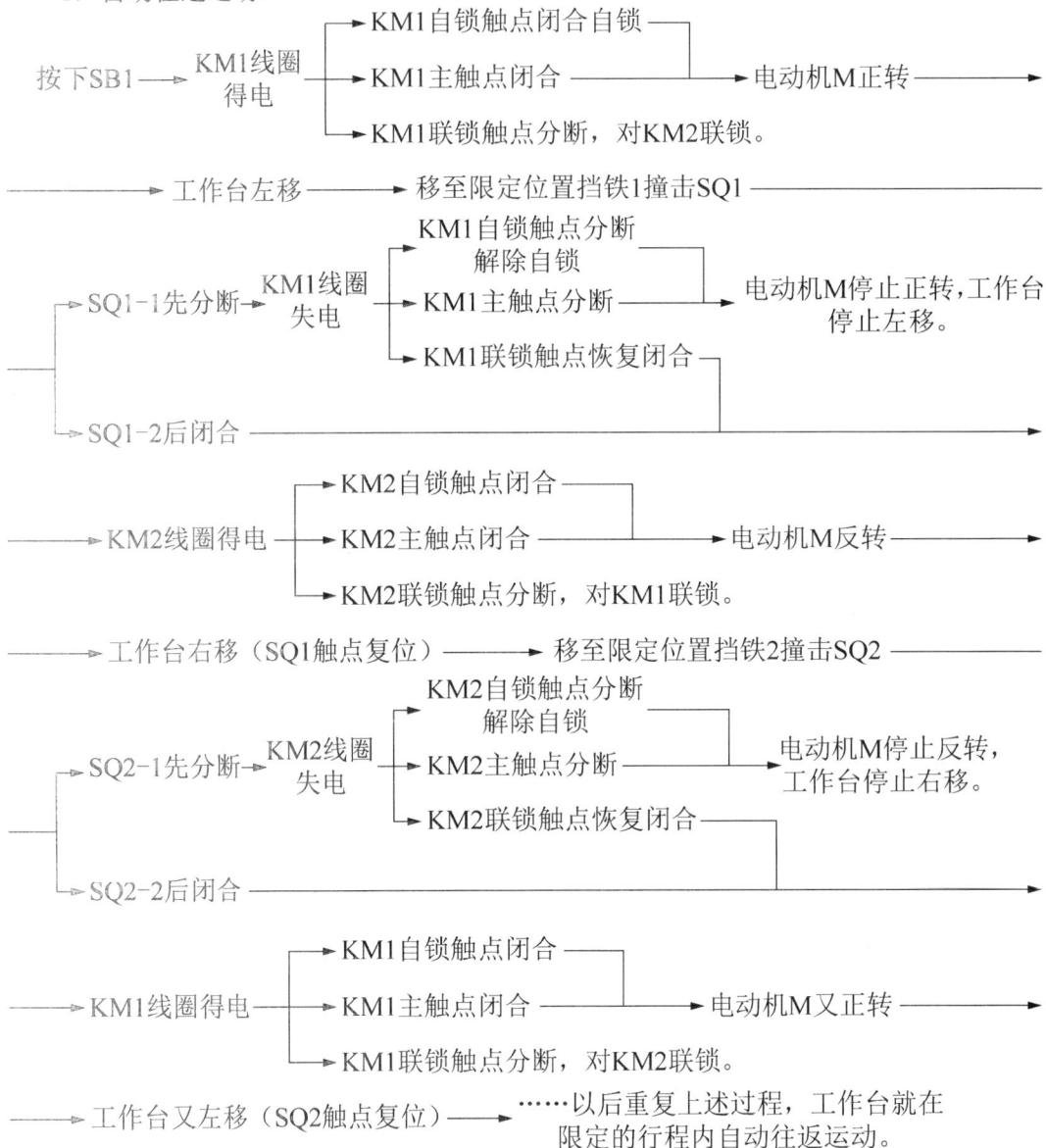

2）停止：

按下SB3 → 整个控制电路失电 → KM1（或KM2）主触点分断 → 电动机M失电停转。

 小贴士

电路中的 SQ3 和 SQ4 是为了防止 SQ1 和 SQ2 失灵、工作台越位而设的极限保护，若 SQ2 失灵，工作台撞上 SQ4，可断开右移电路。

任务实施

第 1 步　选用工具、仪表、元件及耗材

根据控制电路的电气原理图（图 2-6-6），列出所需的工具、仪表、元件及耗材清单，详细清单见表 2-6-1 和表 2-6-2。

表 2-6-1　工具与仪表

工具	螺钉旋具、尖嘴钳、斜嘴钳、剥线钳等
仪表	万用表

表 2-6-2　三相异步电动机自动往返控制电路电气元件及部分电工器材明细表

名称	符号	型号	规格	数量
三相异步电动机	M	YS-W6314	0.18kW，380V，0.63A，1400r/min	1 台
断路器	QF	DZ47-63	380V，25A，整定电流 20A	1 只
主电路熔断器	FU1	RL1-15	380V，15A，配熔丝 10A	3 只
控制电路熔断器	FU2	RL1-15	380V，15A，配熔丝 2A	2 只
交流接触器	KM	CJT1-10	10A，线圈电压 380V	2 只
热继电器	FR	NR4-63	额定电流 20A，整定电流范围 12.5～20A	1 只
按钮	SB	LA4-3H	保护式，380V，5A，按钮数 3	1 只
端子板	XT	DT15-20	380V，10A，20 节	1 条
行程开关	SQ1～SQ4	JLX1-111	380V，5A	4 只
控制板	—	—	450mm×600mm×40mm	1 块
主电路导线	—	BVR-1.5	$1.5mm^2$（7mm×0.52mm）（黑色）	若干
控制电路导线	—	BVR-1.0	$1.0mm^2$（7mm×0.43mm）	若干
按钮连接线	—	BVR-0.75	$0.75mm^2$ 蓝色软铜线	若干
保护接地线	—	BVR-1.5	$1.5mm^2$ 黄绿双色软铜线	若干
编码套管	—	—	$1.5mm^2$ 白色套管	若干
螺钉	—	—	3.5mm×25mm	若干
行线槽	—	—	18mm×25mm	若干

第 2 步　绘制元件安装位置图和接线图

01　绘制三相异步电动机自动往返控制电路的元件安装位置图，如图 2-6-7 所示。

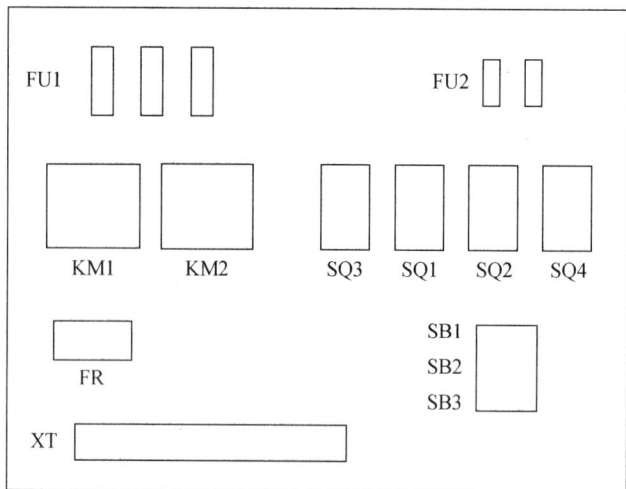

图 2-6-7　三相异步电动机自动往返控制电路的元件安装位置图

02 结合前几次任务的知识，根据图 2-6-7 所示元件安装位置图，在下面的空白处认真细致地绘制电路的安装接线图。

第 3 步　安装元件并合理接线

对照图 2-6-6 所示三相异步电动机自动往返控制电路电气原理图，根据绘制的安装接线图，合理地接线，采用板前线槽布线。安装走线槽时，应做到横平竖直、排列整齐匀称、安装牢固和便于走线。板前线槽配线工艺要求详见任务 2.5。

小贴士

SQ1 和 SQ2 的作用是行程控制，而 SQ3 和 SQ4 的作用是限位控制，这两组开关不可装反，否则会引起错误动作。

第 4 步　通电前自检

对于安装完成的控制电路，通电前自检是安全通电试车的重要保证。

01 按电气原理图或接线图从电源端开始，逐段核对检查接线和接点。

02 应用数字万用表进行检测，主要检测熔断器的通断、控制电路的通断及部分触点的通断情况。

03 检查安装质量，并进行绝缘电阻测量。

第 5 步　通电试车

三相异步电动机自动往返控制电路的通电试车操作步骤如下：

01 为保证人身安全，在通电试车时，要认真执行安全操作规程的有关规定，一人监护，一人操作。试车前，应检查与通电试车有关的电气设备是否有不安全的因素存在，若查出应立即整改，然后方能试车。

02 通电试车前，必须征得教师的同意，并由指导教师接通三相电源 L1、L2、L3，同时在现场监护。合上电源开关后，用试电笔检查熔断器出线端，氖管亮说明电源接通。

03 空操作实验：合上电源开关，检查各控制、保护环节的动作。试验结果一切正常后，检查 SQ1 对 KM1、SQ2 对 KM2 的控制作用。反复操作几次，检查限位控制电路动作的可靠性。

04 带负荷试车：断开电源开关，接好电动机接线，上好接触器的灭弧罩。合上电源开关，做好立即停车的准备，进行下述几项试验：检查电动机转向；检查行程开关的限位控制作用；反复操作几次，观察电路的动作和限位控制动作的可靠性。在部件的运动中可以随时操作按钮改变电动机的转向，以检查按钮的控制作用。反复操作几次，观察电路的动作和限位控制动作的可靠性。在部件的运动中可以随时操作按钮改变电动机的转向，以检查按钮的控制作用。

第 6 步　电路故障模拟检修

01 对电路进行故障模拟检修，可能出现的故障及故障原因分析见表 2-6-3。

表 2-6-3　电路可能出现的故障现象及原因分析

故障现象	故障原因分析	检查方法
挡铁 1 碰到 SQ1 就停车，工作台左右运动不往返	SQ1 的开关损坏，SQ1-2 不能闭合；接触器 KM1 的常闭触点接触不良，或者是接触器 KM2 线圈或机械部分有故障	断开电源，按下 SQ1，用万用表的欧姆挡，一支表笔固定在 SB3 的下端头，另一支表笔依次检查 SQ4、SQ2-1、SQ1-2、KM1、KM2 上下端头的通断情况
挡铁 1 一直碰到 SQ3 才停车，工作台左右运动不往返	SQ1 安装位置不对，或使用时其位置移位，挡铁碰不到位置开关的滚轮；SQ1-1 的开关损坏，不能分断；SQ1-2 不能闭合	1）检查 SQ1 安装位置，检查挡铁是否能碰到 SQ1。2）断开电源，按下 SQ1，用万用表的欧姆挡检查 SQ1-2 的上下端头的通断情况

02 在分析的可能存在的故障点处进行测量，找出故障原因。

03 判断结果并恢复。

04 通电试车。

注意： 可以多设置几次不同位置的故障进行排除故障练习。

任务评价

三相异步电动机自动往返控制电路安装与检修的评价见表 2-6-4。

表 2-6-4 三相异步电动机自动往返控制电路安装与检修评价表

项目内容	配分	评价标准		得分
选用工具、仪表及器材	15 分	1）工具、仪表少选或错选，每个扣 2 分。 2）元件选错型号和规格，每个扣 4 分。 3）选错元件数量或型号规格没有写全，每个扣 2 分		
安装前检查	5 分	电气元件漏检或错检，每处扣 1 分		
安装布线	30 分	1）电器布置不合理，扣 5 分。 2）元件安装不牢固，每只扣 4 分。 3）元件安装不整齐、不匀称、不合理，每只扣 3 分。 4）损坏元件，每只扣 15 分。 5）不按电气原理图接线，扣 15 分。 6）布线不符合要求，每根扣 3 分。 7）接点松动、露铜过长、反圈等，每个扣 1 分。 8）损伤导线绝缘层或线芯，每根扣 5 分。 9）漏装或套错编码套管，每处扣 1 分。 10）漏接接地线，扣 10 分		
故障分析	10 分	1）故障分析和排除故障的思路不正确，每处扣 5 分。 2）标错电路故障范围，每个扣 5 分		
排除故障	20 分	1）断电不验电，扣 5 分。 2）工具及仪表使用不当，每次扣 5 分。 3）排除故障的顺序不对，扣 5～10 分。 4）不能查出故障点，每个扣 10 分。 5）查出故障点，但不能排除，每个扣 5 分。 6）产生新的故障： ① 不能排除，每个扣 10 分。 ② 已经排除，每个扣 5 分。 7）损坏电动机，扣 20 分。 8）损伤电气元件或排除故障方法不对，每只（次）扣 5 分		
通电试车	20 分	1）热继电器未整定或整定错误，扣 10 分。 2）熔丝规格选用不当，扣 5 分。 3）一次试车不成功，扣 10 分。 4）两次试车不成功，扣 15 分。 5）三次试车不成功，扣 20 分		
安全文明生产		违反安全文明生产规程，扣 10～40 分		
定额时间：3h		每超时 5min 扣 5 分，不足 5min 按 5min 计		
备注		除定额时间外，各项目的最高扣分不应超过配分分数	成绩	
开始时间		结束时间	实际时间	

思考与练习

如图 2-6-8 所示为行程限位控制电路的电气原理图，请结合所学知识思考以下问题：
1）图中的电路能否实现自动往返控制？
2）请分析电路的工作原理。
3）完成电路的安装与调试检修。

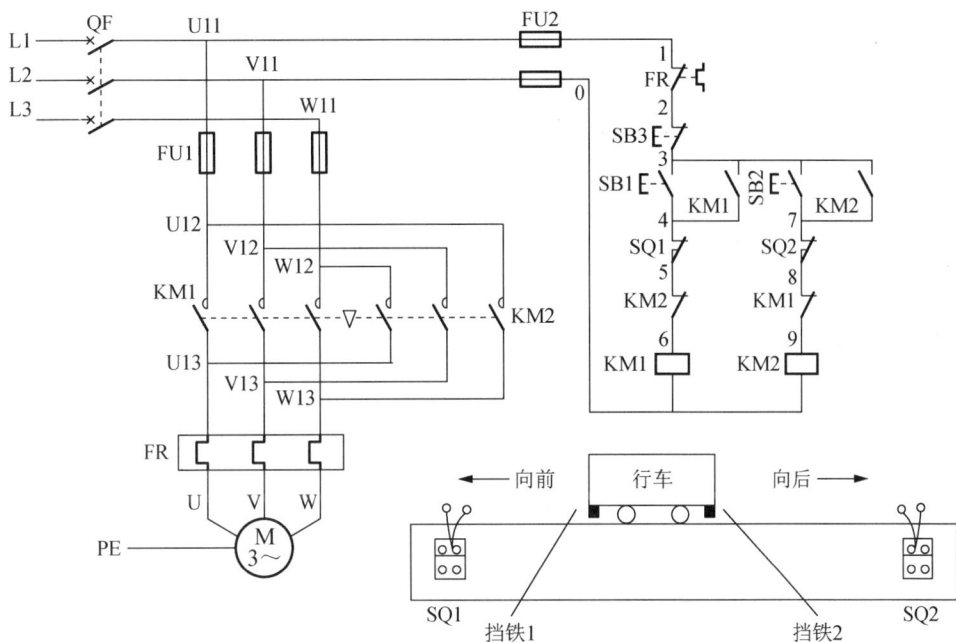

图 2-6-8　行程限位控制电路的电气原理图

任务 2.7　三相异步电动机降压启动控制电路的安装与检修

◎ 任务描述

　　某校随着学校校区的不断扩建，取暖供热面积也不断增加，鉴于校区实际供热配比情况，需增加一台电动机功率为 30kW、管径为 6 寸（1 寸≈3.33cm）的热力循环泵，如图 2-7-1 所示，以满足实际的供热要求。根据工人师傅的经验，大功率三相异步电动机在启动时需要采取降压启动控制，为了操作人员的安全，电动机采用自动丫-△降压启动控制方式，请完成此控制电路的安装与调试检修。

视频：自动丫-△降压启动模拟操作

111

图 2-7-1　热力循环泵

◎ 任务目标

1. 能正确识别、选用、安装、使用时间继电器和中间继电器，熟悉它们的功能、基本结构、工作原理及型号含义，熟记它们的图形符号和文字符号；

2. 会安装三相异步电动机常见的几种降压启动控制电路；

3. 能对安装的控制电路进行调试和检修；

4. 在任务完成的过程中能提高自身的综合能力。

相关知识

1. 时间继电器

时间继电器是在感受外界信号后，其执行部分需要延迟一定时间才动作的一种继电器，分有通电延时型和断电延时型。时间继电器的种类很多，常用的主要有电磁式、电动式、空气阻尼式、晶体管式、单片机控制式等类型。如图 2-7-2 所示为几种常见的时间继电器的外形。

（a）IS23系列电子式　（b）JS7-A系列空气阻尼式　（c）JS14系列晶体管式

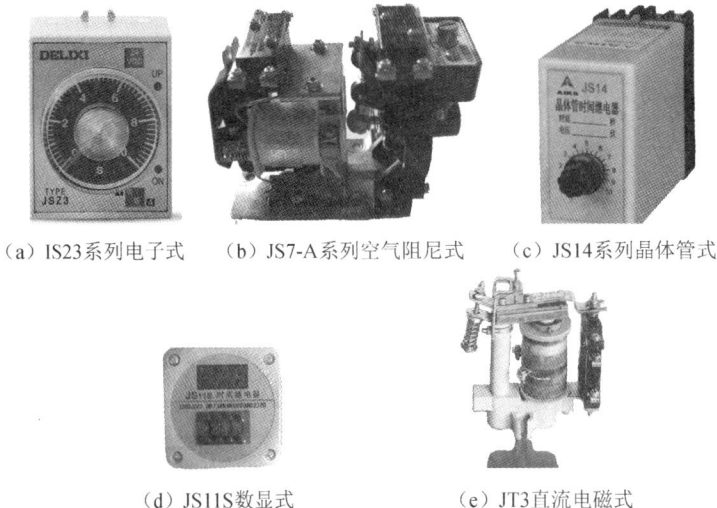

（d）JS11S数显式　（e）JT3直流电磁式

图 2-7-2　几种常见的时间继电器的外形

电磁式时间继电器的结构简单，价格低廉，但体积和重量较大，延时时间较短（如 JT3 型只有 0.3～5.5s），且只能用于直流断电延时。

电动式时间继电器的延时精度高，延时可调范围大（由几分到几小时），但结构复杂，价格贵。

空气阻尼式时间继电器的优点是结构简单、寿命长、价格低、延时可调范围较大（0.4～180s），且不受电压和频率波动的影响，可用于交流电路（更换线圈后也可用于直流电路），可以做成通电和断电两种延时形式（将电磁机构翻转 180°安装后，即可改变其工作形式）；其缺点是延时精度不高（因延时值易受周围环境温度、尘埃等的影响），因此，只适用于对延时精度要求不高的电路。

综上所述，从几种时间继电器的优点、缺点、价格等方面综合来考虑，目前使用较多的还是空气阻尼式时间继电器（具体情况还要根据电路的要求来选用）。

（1）时间继电器的结构

在电力拖动控制电路中，空气阻尼式时间继电器应用较多，按延时方式可分为通电延时型时间继电器和断电延时型时间继电器。空气阻尼式时间继电器的结构如图 2-7-3 所示。

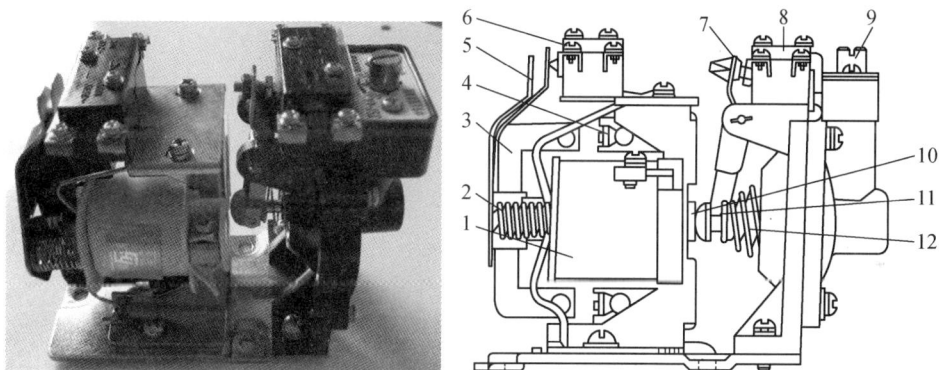

图 2-7-3　空气阻尼式时间继电器的结构

1—线圈；2—反力弹簧；3—衔铁；4—铁心；5—弹簧片；6—瞬时触点；7—杠杆；8—延时触点；
9—调节螺钉；10—推杆；11—活塞杆；12—塔形弹簧

空气阻尼式时间继电器主要由以下几部分组成：电磁系统（由线圈、铁心和衔铁组成）、触点系统（由一对常开、一对常闭瞬时触点及一对常开、一对常闭延时触点组成）、空气室（为一空腔，由活塞、橡胶膜等组成，可随空气的增减而移动，顶部的调节螺钉可调解延时时间）、传动机构（由推杆、活塞杆、杠杆及各种类型的弹簧等组成）及基座（由金属板制成，有固定电磁机构和气室）。

（2）时间继电器的工作原理

JS7-A 系列时间继电器的内部结构如图 2-7-4 所示。

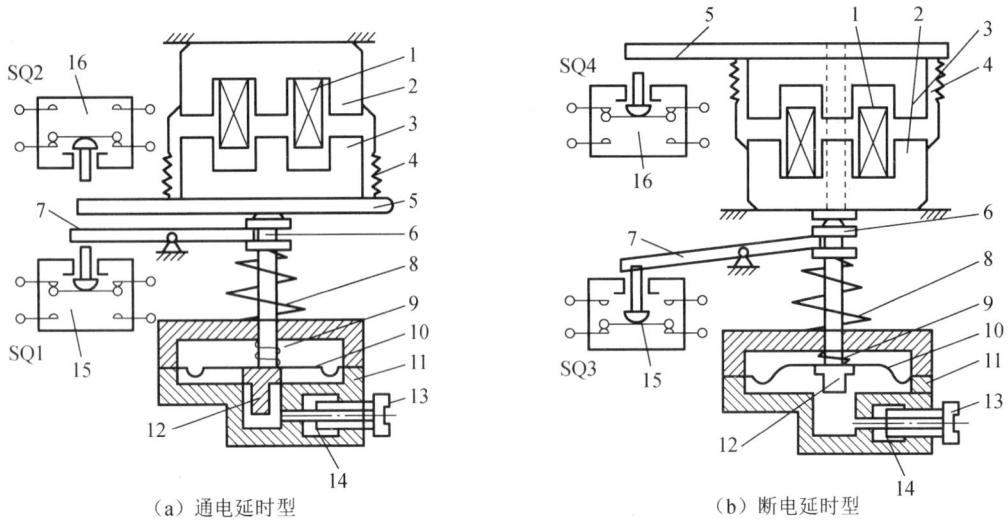

（a）通电延时型　　　　　　　　　（b）断电延时型

图 2-7-4　时间继电器的内部结构

1—线圈；2—铁心；3—衔铁；4—反力弹簧；5—推板；6—活塞杆；7—杠杆；8—塔形弹簧；9—弱弹簧；
10—橡皮膜；11—空气室；12—活塞；13—调节螺钉；14—进气孔；15、16—微动开关

通电延时型时间继电器的工作原理：

当线圈 1 通电后，铁心 2 产生吸力，衔铁 3 克服反力弹簧 4 的阻力与铁心吸合，带动推板 5 立即动作，压合微动开关 SQ2，使其常闭触点瞬时断开，常开触点瞬时闭合。同时活塞杆 6 在塔形弹簧 8 的作用下向上移动，带动与活塞 12 相连的橡胶膜 10 向上运动，运动的速度受进气孔 14 进气速度的限制。这时橡胶膜下面形成空气较稀薄的空间，与橡胶膜上面的空气形成压力差，对活塞的移动产生阻尼作用。活塞杆带动杠杆 7 只能缓慢地移动。经过一段时间，活塞才能完成全部行程而压动微动开关 SQ1，使其常闭触点断开，常开触点闭合。由于线圈通电到触点动作需延时一段时间，因此 SQ1 的两对触点分别称为延时闭合瞬时断开的常开触点和延时断开瞬时闭合的常闭触点。这种时间继电器延时时间的长短取决于进气的快慢，旋动调节螺钉 13 可调节进气孔的大小，即可达到调节延时时间长短的目的。

JS7-A 系列时间继电器的延时范围有 0.4～60s 和 0.4～180s 两种。

当线圈 1 断电时，衔铁 3 在反力弹簧 4 的作用下，通过活塞杆 6 将活塞推向下端，这时橡胶膜 10 下方空间的空气通过橡胶膜 10、弱弹簧 9 和活塞 12 局部所形成的单向阀迅速从橡胶膜上方的气室缝隙中排掉，使微动开关 SQ1 和 SQ2 的各对触点均瞬时复位。

（3）时间继电器的图形符号及含义

时间继电器的图形符号及含义见表 2-7-1。

表 2-7-1　时间继电器的图形符号及含义

组成部分	通电型		断电型	
瞬时触点	KT	常闭触点	KT	常闭触点
	KT	常开触点	KT	常开触点
延时触点	KT	延时闭合的动合触点	KT	延时断开的动合触点
	KT	延时断开的动断触点	KT	延时闭合的动断触点
线圈	KT		KT	

JS7-A 系列时间继电器的含义型号如图 2-7-5 所示。

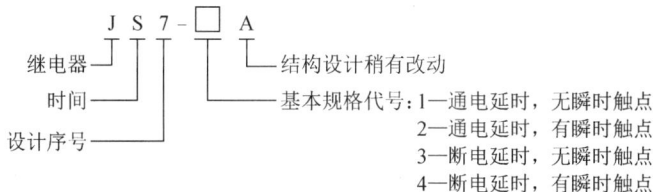

图 2-7-5　时间继电器的型号含义

（4）时间继电器的选择和使用

1）选择：

① 根据系统的延时范围和精度选择时间继电器的类型和系列：对要求不高的场合，一般可选择价格较低的 JS7-A 系列空气阻尼式时间继电器；反之，可选用晶体管式（精度高）时间继电器。

② 根据控制电路的要求选择时间继电器的延时方式（通电延时或断电延时），同时还要考虑电路对瞬时动作触点的要求。

③ 根据控制电路的电压选择时间继电器吸引线圈的电压。

2）安装与使用：

① 时间继电器应按说明书规定的方向进行安装，无论是通电延时型还是断电延时型，都必须使继电器在断电后，释放时衔铁的运动方向垂直向下，其倾斜度不得超过 5°；

② 时间继电器的整定值，应预先在不通电时整定好，并在试车时校正；

③ 时间继电器金属板上的接地螺钉必须与接地线可靠连接；

④ 通电延时型和断电延时型可在整定时间内自行调换；

⑤ 使用时，应经常清除灰尘及油污，否则延时误差将更大。

2. 电动机的全压启动和降压启动

（1）全压启动

电动机在启动时，加在电动机绕组上的电压为电动机的额定电压的启动方式称为全压启动，也称为直接启动。

全压启动的优点：所用电气设备少，电路简单，维修量较小。

全压启动的缺点：电源变压器容量不够大，而电动机功率较大的情况下，全压启动将导致电源变压器输出电压下降，不仅减小电动机本身的启动转矩，而且会影响同一供电电路中其他电气设备的正常工作。

（2）降压启动

降压启动是指利用启动设备将电压适当降低后，加到电动机的定子绕组上进行启动，待电动机启动运转后，再使其电压恢复到额定电压正常运转。

通常规定：电源容量在 180kVA 以上，电动机容量在 7kW 以下的三相异步电动机可采用全压启动；否则，则需要进行降压启动。

常见的降压启动方法有以下几种：定子绕组串接电阻降压启动、自耦变压器降压启动、丫-△降压启动、延边三角形降压启动等。

3. 丫-△降压启动控制

（1）丫-△降压启动的目的

丫-△降压启动是指电动机启动时，把定子绕组联结成星形，以降低启动电压，限制启动电流。待电动机启动后，再把定子绕组联结成三角形，使电动机全压运行。凡是在正常运行时定子绕组做三角形联结的异步电动机，均可采用这种降压启动方法。

（2）丫-△降压启动的优缺点

优点：电动机启动时联结成星形，夹在每项定子绕组上的启动电压只有三角形联结的 $1/\sqrt{3}$，启动电流为三角形联结法的 $1/3$。

缺点：星形联结的启动转矩比三角形联结小，只有三角形联结的 $1/3$。

丫-△降压启动的方法，只适用于轻载或空载下启动。

4. 自动丫-△降压启动控制电路的工作原理

自动丫-△降压启动控制电路的电气原理图如图 2-7-6 所示。

电路由 3 只接触器、1 只热继电器、1 只时间继电器和两个按钮组成。时间继电器 KT 的作用：控制星形降压启动的时间和完成丫-△自动切换。电路中，接触器 KM_Y 得电以后，通过 KM_Y 的常开辅助触点使接触器 KM 得电动作，这样 KM_Y 的主触点是在无负载的条件下进行闭合的，所以可延长接触器 KM_Y 主触点的使用寿命。

具体的工作原理分析如下：

先合上电源开关。

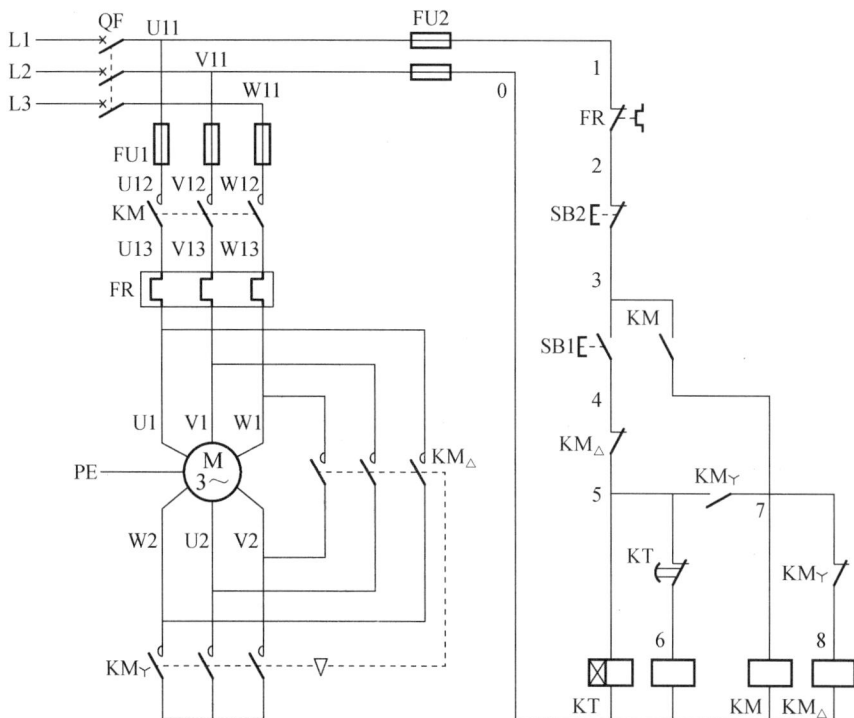

图 2-7-6　自动丫-△降压启动控制电路电气原理图

1）启动：

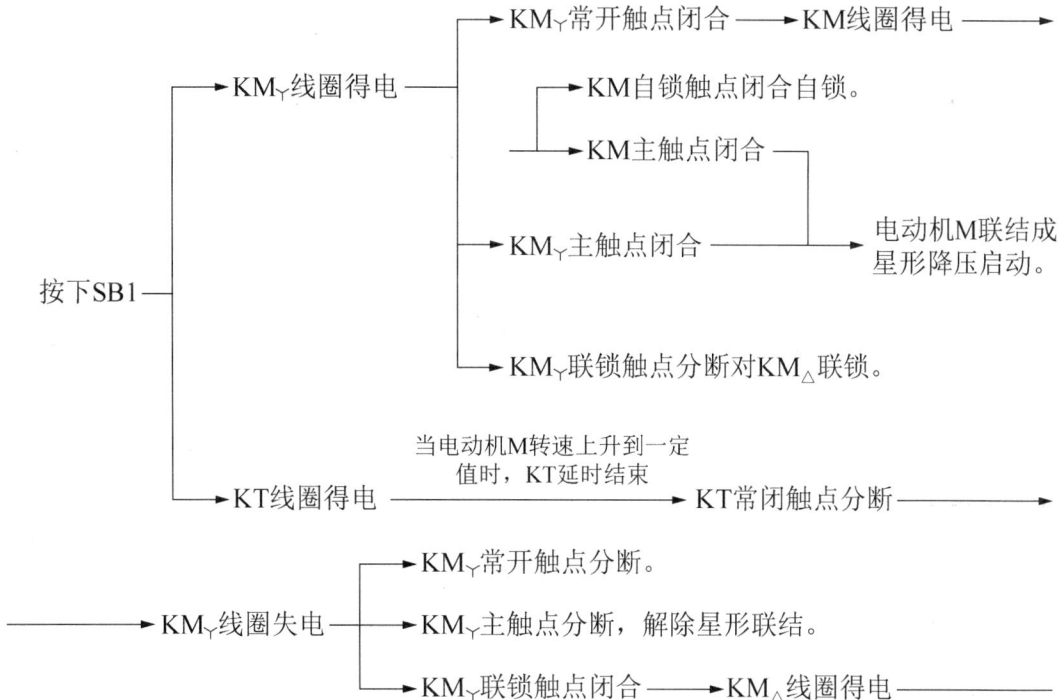

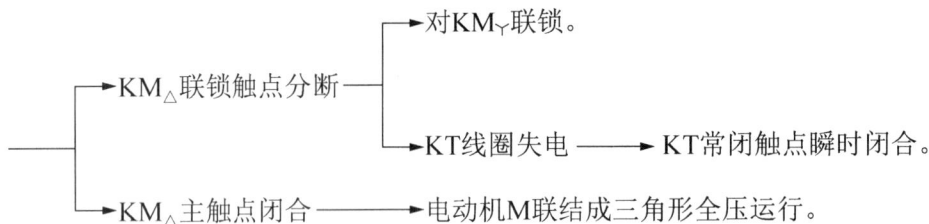

```
                        ┌──────→ 对KM丫联锁。
        ┌──→ KM△联锁触点分断 ──┤
        │                └──────→ KT线圈失电 ──────→ KT常闭触点瞬时闭合。
────────┤
        └──→ KM△主触点闭合 ──────→ 电动机M联结成三角形全压运行。
```

2）停止：

停止时，按下SB2即可。

任务实施

第1步 选用工具、仪表、元件及耗材

根据控制电路的电气原理图（图2-7-6），列出所需的工具、仪表、元件及耗材清单，详细清单见表2-7-2和表2-7-3。

表2-7-2 工具与仪表

工具	螺钉旋具、尖嘴钳、斜嘴钳、剥线钳等
仪表	万用表

表2-7-3 自动丫-△降压启动控制电路电气元件及部分电工器材明细表

名称	符号	型号	规格	数量
三相异步电动机	M	YS-W6314	0.18kW，380V，0.63A，1400r/min	1台
断路器	QF	HZ10-10/3	三极，10A	1只
主电路熔断器	FU1	RL1-15	380V，15A，配熔丝10A	3只
控制电路熔断器	FU2	RL1-15	380V，15A，配熔丝2A	2只
交流接触器	KM	CJT1-10	10A，线圈电压380V	3只
热继电器	FR	NR4-63	额定电流20A，整定电流范围12.5～20A	1只
时间继电器	KT	JS7-2A	380V	1只
按钮	SB	LA4-3H	保护式，380V，5A，按钮数2	1只
端子板	XT	DT15-20	380V，10A，20节	1条
控制板	—	—	450mm×600mm×40mm	1块
主电路导线	—	BVR-1.5	1.5mm²（7×0.52mm）（黑色）	若干
控制电路导线	—	BVR-1.0	1.0mm²（7×0.43mm）	若干
按钮连接线	—	BVR-0.75	0.75mm² 蓝色软铜线	若干
保护接地线	—	BVR-1.5	1.5mm² 黄绿双色软铜线	若干
编码套管	—	—	1.5mm² 白色套管	若干
螺钉	—	—	3.5mm×25mm	若干
行线槽	—	—	18mm×25mm	若干

第2步 绘制元件安装位置图和接线图

01 绘制自动丫-△降压启动控制电路的元件位置图，如图2-7-7所示。

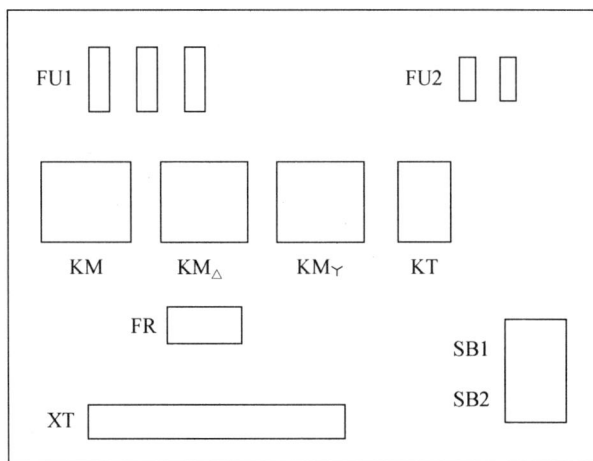

图 2-7-7　自动丫-△降压启动控制电路的元件安装位置图

02　根据元件位置图，形象地描绘出各元件的各部分（形象地用符号表示出元件实物），按照电气原理图进行合理的布线，认真细致地绘制电路的安装接线图，如图 2-7-8 所示，请同学们根据以前学习的内容，观察图 2-7-8 的线号标注是否正确，并进行连线。

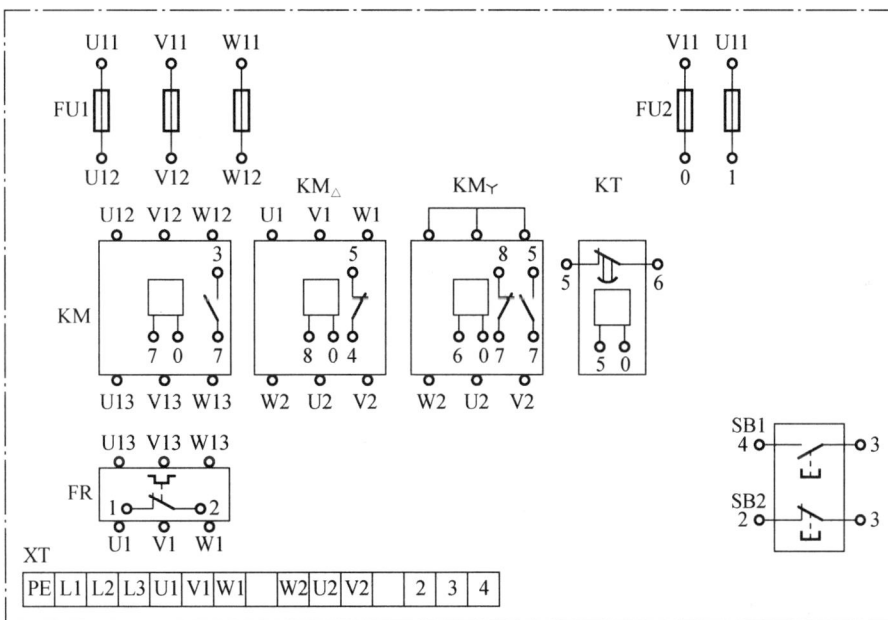

图 2-7-8　自动丫-△降压启动控制电路安装接线图

第 3 步　安装元件并合理接线

对照图 2-7-6 自动丫-△降压启动控制电路电气原理图，根据绘制的安装接线图，合理地接线，采用板前线槽布线，安装走线槽时，应做到横平竖直、排列整齐匀称、安装牢固和便于走线，板前线槽配线工艺要求详见任务 2.5。此外还要注意以下几点：

1）用丫-△降压启动控制的电动机，必须有 6 个出线端子，且定子绕组在三角形联结时的额定电压等于三相电源的线电压。

2）接线时，要保证电动机三角形联结的正确性，即接触器主触点闭合时，应保证定子绕组的 U1 与 W2、V1 与 U2、W1 与 V2 相连接。

3）接触器 KM△的进线必须从三相定子绕组的末端引入，若误将其首端引入，则在 KM△吸合时，会产生三相电源短路事故。

4）控制板外部配线，必须按要求一律装在导线通道内，使导线有适当的机械保护，以防止液体、铁屑和灰尘的侵入。在训练时，可适当降低要求，但必须以能确保安全为条件，如采用多芯橡胶线或塑料护套软线。

第 4 步　通电前自检

对于安装完成的控制电路，通电前自检是安全通电试车的重要保证。

1）按电气原理图或接线图从电源端开始，逐段核对检查接线和接点。

2）应用数字万用表进行检测，主要检测熔断器的通断、控制电路的通断及部分触点的通断情况。

3）查安装质量，并进行绝缘电阻测量。

第 5 步　通电试车

01　为保证人身安全，在通电试车时，要认真执行安全操作规程的有关规定，一人监护，一人操作。试车前，应检查与通电试车有关的电气设备是否有不安全的因素存在，若查出应立即整改，然后方能试车。

02　通电试车前，必须征得教师的同意，并由指导教师接通三相电源 L1、L2、L3，同时在现场监护。合上电源开关后，用测电笔检查熔断器出线端，氖管亮说明电源接通。

03　通电校验时，必须有指导教师在现场监护，学生应根据电路的控制要求独立进行校验，若出现故障也应自行排除。

第 6 步　电路故障模拟检修

01　对电路进行故障模拟检修，可能出现的故障及故障原因分析见表 2-7-4。

表 2-7-4　电路可能出现的故障现象及原因分析

故障现象	故障原因分析
电动机能接成丫形启动但不能转换为△形运行	1）从主电路来分析：接触器 KM△主触点闭合接触不良。 2）从控制电路来分析：4 号导线至 5 号导线间接触器 KM△常闭触点接触不好、时间继电器 KT 线圈损坏、7 号导线至 8 号导线间接触器 KM丫常闭触点接触不良、接触器 KM△线圈损坏等
电动机不能启动	电动机 M 不能接成星形启动。 1）从主电路来分析：熔断器 FU1 断路、接触器 KM、KM丫主触点接触不良、热继电器 FR 主通路有断点、电动机 M 绕组有故障 2）从控制电路来分析： ① 1 号线至 2 号线热继电器 FR 常闭触点接触不良； ② 2 号导线至 3 号导线间的按钮 SB2 常闭触点接触不良； ③ 4 号导线至 5 号导线接触器 KM△的常闭触点接触不良； ④ 5 号导线至 6 号导线间的时间继电器 KT 延时断开瞬时闭合触点接触不良； ⑤ 接触器 KM 及接触器 KM丫线圈损坏等

02　在分析的可能存在的故障点处进行测量，找出故障原因。

03　判断结果并恢复。

04　通电试车。

注意： 可以多设置几次不同位置的故障进行排除故障练习。

任务评价

自动丫-△降压启动控制电路安装与检修的评价见表 2-7-5。

表 2-7-5　自动丫-△降压启动控制电路安装与检修评价表

项目内容	配分	评价标准	得分
选用工具、仪表及器材	15 分	1）工具、仪表少选或错选，每个扣 2 分。 2）元件选错型号和规格，每个扣 4 分。 3）选错元件数量或型号规格没有写全，每个扣 2 分	
安装前检查	5 分	电气元件漏检或错检，每处扣 1 分	
安装布线	30 分	1）电器布置不合理，扣 5 分。 2）元件安装不牢固，每只扣 4 分。 3）元件安装不整齐、不匀称、不合理，每只扣 3 分。 4）损坏元件，每只扣 15 分。 5）不按电气原理图接线，扣 15 分。 6）布线不符合要求，每根扣 3 分。 7）接点松动、露铜过长、反圈等，每个扣 1 分。 8）损伤导线绝缘层或线芯，每根扣 5 分。 9）漏装或套错编码套管，每处扣 1 分。 10）漏接接地线，扣 10 分	
故障分析	10 分	1）故障分析和排除故障的思路不正确，每处扣 5 分。 2）标错电路故障范围，每个扣 5 分	
排除故障	20 分	1）断电不验电，扣 5 分。 2）工具及仪表使用不当，每次扣 5 分。 3）排除故障的顺序不对，扣 5～10 分。 4）不能查出故障点，每个扣 10 分。 5）查出故障点，但不能排除，每个扣 5 分。 6）产生新的故障： ① 不能排除，每个扣 10 分； ② 已经排除，每个扣 5 分。 7）损坏电动机，扣 20 分。 8）损伤电气元件，或排除故障方法不对，每只（次）扣 5 分	

续表

项目内容	配分	评价标准	得分
通电试车	20分	1）热继电器未整定或整定错误，扣10分。 2）熔丝规格选用不当，扣5分。 3）一次试车不成功，扣10分。 4）两次试车不成功，扣15分。 5）三次试车不成功，扣20分	
安全文明生产		违反安全文明生产规程，扣10～40分	
定额时间：3h		每超时5min扣5分，不足5min按5min计	
备注		除定额时间外，各项目的最高扣分不应超过配分分数	成绩
开始时间		结束时间	实际时间	

思考与练习

1. 双投开启式负荷开关手动控制丫-△降压启动的电气原理图如图2-7-9所示。电路的工作原理如下：启动时，先合上电源开关QF，然后把开启式负荷开关QS扳到"启动"位置，电动机定子绕组便接成星形降压启动；当电动机的转速上升并接近额定值时，再将QS2扳到"运行"位置，电动机定子绕组改接成三角形全压正常运行。

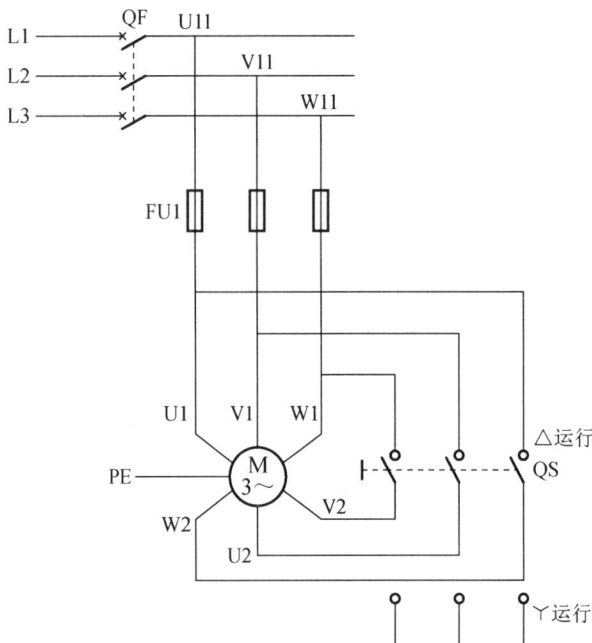

视频：手动丫-△降压
启动模拟操作

图2-7-9　手动控制丫-△降压启动控制电路电气原理图

2. 图2-7-10所示为按钮、接触器控制丫-△降压启动电路的电气原理图，请结合所学知识：

1）分析电路的工作原理。

2）完成电路的安装与调试检修。

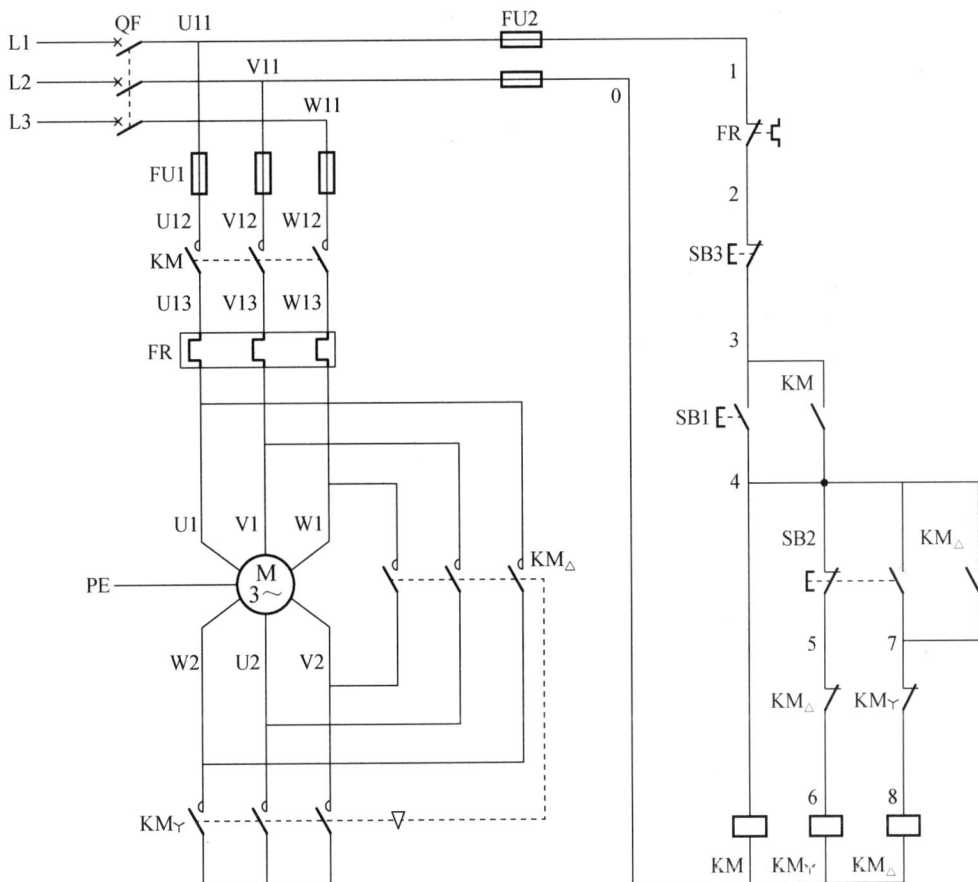

图 2-7-10　按钮、接触器控制丫-△降压启动电路电气原理图

任务 2.8　三相异步电动机制动控制电路的安装与检修

◎ 任务描述

　　电动机具有惯性，在断开电源后不能很快停止转动，需要较长一段时间才能完全停下来。图 2-8-1 所示为正在作业中的起重机。起重机的吊钩要能够在较短的时间内停下来对货物进行准确定位，因此要对其控制电动机进行制动控制。请完成三相异步电动机反接制动控制电路的安装与检修。

视频：反接制动控制
模拟操作

图 2-8-1　三相异步电动机反接制动控制电路在起重机中的应用

◎ **任务目标**

1. 熟悉电磁抱闸制动器、电磁离合器制动器的基本结构、工作原理及型号含义;

2. 能正确识别、选用、安装、使用速度继电器,熟悉它的作用、基本结构、工作原理及型号含义,熟记它的图形符号和文字符号;

3. 能理解反接制动的原理,识读并分析单向启动反接制动控制电路的构成和工作原理,能正确地进行安装和调试;

4. 能根据故障现象,检修三相异步电动机制动控制电路。

相关知识

1. 制动

所谓制动,就是给电动机一个与转动方向相反的转矩使它迅速停转(或限制其转速)。电动机断开电源后,利用机械装置产生的反作用力矩使其迅速停转的方法称为机械制动。机械制动常用的方法有电磁抱闸制动器制动和电磁离合器制动。电力制动是指使电动机在切断定子电源停转的过程中,产生一个和电动机实际旋转方向相反的电磁力矩(制动力矩),迫使电动机迅速制动停转的方法。电力制动常用的方法有反接制动、能耗制动、电容制动和再生发电制动等。

依靠改变电动机定子绕组的电源相序来产生制动力矩,迫使电动机迅速停转的方法称为反接制动。反接制动原理图如图 2-8-2 所示。当电动机转速接近零值时，应立即切断电动机的电源，否则电动机将反转。在反接制动设备中，常利用速度继电器来自动地及时切断电源。

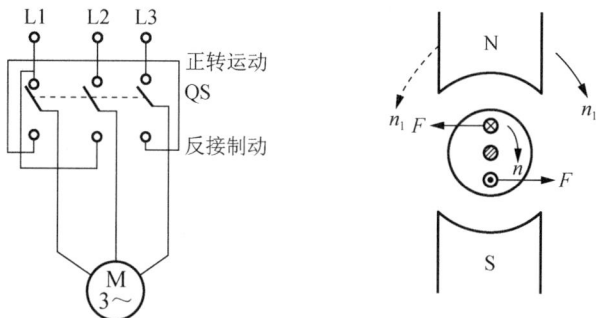

图 2-8-2　反接制动原理图

2. 速度继电器

速度继电器是反映转速和转向的继电器，其主要作用是以旋转速度的快慢为指令信号，与接触器配合实现对电动机的反接制动控制，故又称为反接制动继电器。

（1）速度继电器的结构

图 2-8-3 所示是速度继电器的外形图。速度继电器主要由定子、转子、可动支架、触点及端盖等组成。转子由永久磁铁制成，固定在转轴上；定子由硅钢片叠成并装有笼形断路绕组，能做小范围偏转；触点有两组，一组在转子正转时动作，另一组在反转时动作。

图 2-8-3　速度继电器外形图

（2）速度继电器的工作原理

JY1 型速度继电器的结构及原理如图 2-8-4 所示，使用时，速度继电器的转轴 6 与电动机的转轴连接在一起。当电动机旋转时，速度继电器的转子 7 随之旋转，在空间产生旋转磁场，旋转磁场在定子绕组 9 上产生感应电动势及感应电流，感应电流又与旋转磁场相互作用而产生电磁转矩，使得定子 8 及与之相连的胶木摆杆 10 偏转。当定子偏转到一定角度时，胶木摆杆 10 推动簧片 11，使继电器触点动作；当转子转速减小到接近零时，由于定子的电磁转矩减小，胶木摆杆 10 恢复原状态，触点也随即复位。

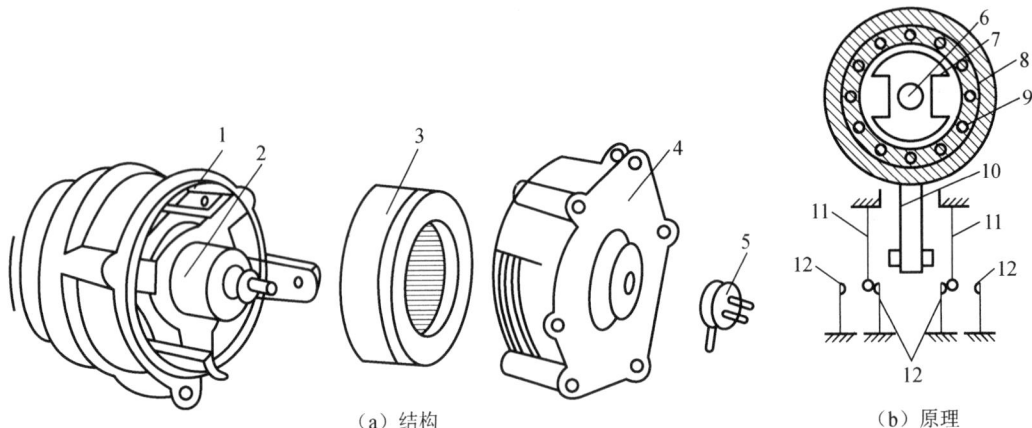

（a）结构 （b）原理

图 2-8-4　JY1 型速度继电器的结构及原理

1—可动支架；2—转子；3、8—定子；4—端盖；5—连接头；6—转轴；7—转子；
9—定子绕组；10—胶木摆杆；11—簧片（动触点）；12—静触点

速度继电器在电路中的图形符号如图 2-8-5 所示。

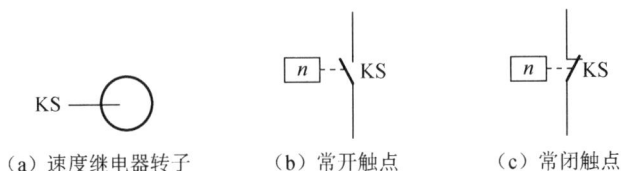

（a）速度继电器转子　　（b）常开触点　　（c）常闭触点

图 2-8-5　速度继电器的图形符号

（3）速度继电器的型号含义及技术数据

速度继电器的动作转速一般不低于 100～300r/min，复位转速在 100r/min 以下。常用的速度继电器中，JY1 能在 3000r/min 以下可靠工作。JFZ0 型的两组触点改用两个微动开关，使触点的动作速度不受定子偏移速度的影响，额定工作转速有 300～1000r/min（JFZ0-1 型）和 1000～3000r/min（JFZ0-2 型）两种。这两种速度继电器的技术数据见表 2-8-1。

表 2-8-1　JY1 型和 JFZ0 型速度继电器的技术数据

型号	触点额定电压/V	触点额定电流/A	触点对数		额定工作转速/（r/min）	允许操作频率/（次/h）
			正转动作	反转动作		
JY1	380	2	1 组转换触点	1 组转换触点	100～3000	<30
JFZ0-1			1 常开、1 常闭	1 常开、1 常闭	300～1000	
JFZ0-2			1 常开、1 常闭	1 常开、1 常闭	1000～3000	

JFZ0 型速度继电器的型号含义如图 2-8-6 所示。

（4）速度继电器的选择和使用

1）速度继电器主要根据所需控制的转速大小、触点数量和电压、电流来选用；

2）速度继电器的转轴应和电动机同轴连接；

3）速度继电器安装接线时，正、反向的触点不能接错，否则不能起到反接制动时接通和断开反向电源的作用。

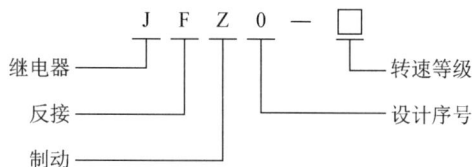

图 2-8-6   JFZ0 型速度继电器的型号含义

3. 三相异步电动机单向启动反接制动控制电路的工作原理

三相异步电动机单向启动反接制动控制电路的电气原理图如图 2-8-7 所示。

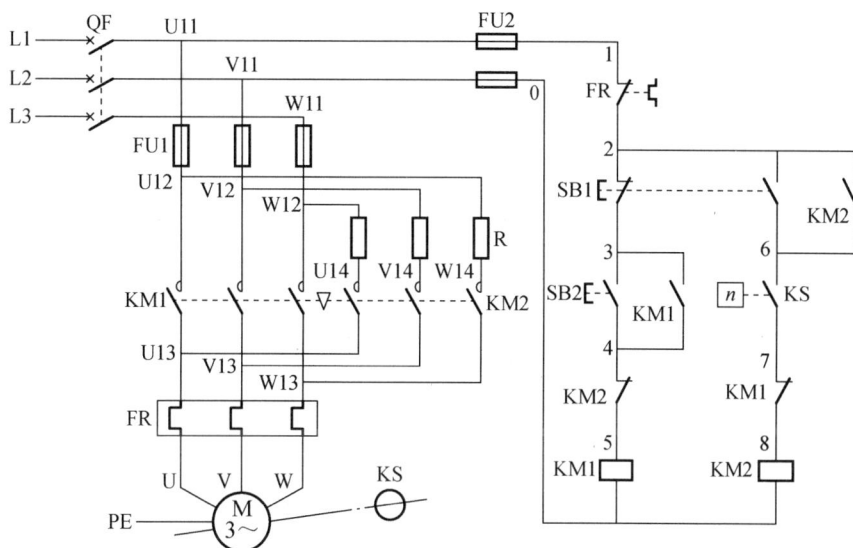

图 2-8-7   单向启动反接制动控制电路电气原理图

反接制动适用于 10kW 以下小容量电动机的制动，并且对 4.5kW 以上的电动机进行反接制动时，需在定子绕组回路中串入限流电阻 R，以限制反接制动电流。

电路的工作原理分析如下：

先合上电源开关。

1）单向启动：

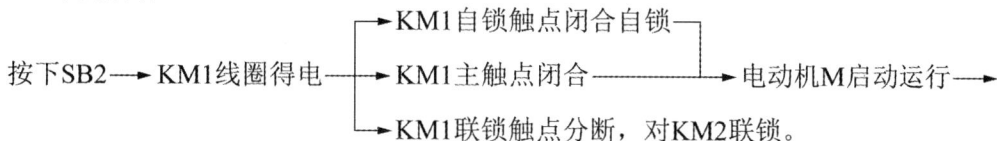

按下SB2 → KM1线圈得电 → KM1自锁触点闭合自锁 → KM1主触点闭合 → 电动机M启动运行 → KM1联锁触点分断，对KM2联锁。

→ 至电动机转速上升到一定值（150r/min左右）时 → KS常开触点闭合为制动做准备。

2）反接制动：

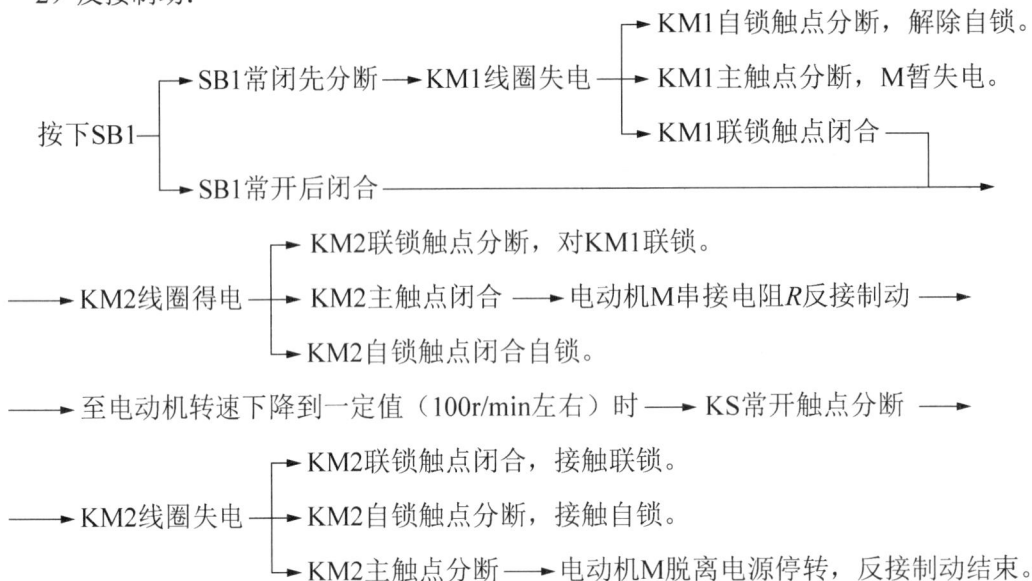

任务实施

第1步 选用工具、仪表、元件及耗材

根据控制电路的电气原理图（图 2-8-7），列出所需的工具、仪表、元件及耗材清单，详细清单见表 2-8-2 和表 2-8-3。

表 2-8-2 工具与仪表

工具	螺钉旋具、尖嘴钳、斜嘴钳、剥线钳等
仪表	万用表

表 2-8-3 三相异步电动机单向启动反接制动控制电路电气元件及部分电工器材明细表

名称	符号	型号	规格	数量
三相异步电动机	M	YS-W6314	0.18kW，380V，0.63A，1400r/min	1 台
断路器	QF	HZ10-10/3	三极，10A	1 只
主电路熔断器	FU1	RL1-15	380V，15A，配熔丝 10 A	3 只
控制电路熔断器	FU2	RL1-15	380V，15A，配熔丝 2A	2 只
交流接触器	KM	CJT1-10	10A，线圈电压 380V	2 只
热继电器	FR	NR4-63	额定电流 20A，整定电流范围 12.5～20A	1 只
速度继电器	KS	YJ1	380V，2A	1 只
按钮	SB	LA4-3H	保护式，380V，5A，按钮数 2	1 只
端子板	XT	DT15-20	380 V，10A，20 节	1 条

续表

名称	符号	型号	规格	数量
控制板	—	—	450mm×600mm×40mm	1块
主电路导线	—	BVR-1.5	1.5mm²（7×0.52mm）（黑色）	若干
控制电路导线	—	BVR-1.0	1.0mm2（7×0.43mm）	若干
按钮连接线	—	BVR-0.75	0.75mm² 蓝色软铜线	若干
保护接地线	—	BVR-1.5	1.5mm² 黄绿双色软铜线	若干
编码套管	—	—	1.5mm² 白色套管	若干
螺钉	—	—	3.5mm×25mm	若干
行线槽	—	—	18mm×25mm	若干

第2步　绘制元件安装位置图和接线图

01 绘制三相异步电动机单向启动反接制动控制电路的元件安装位置图，如图 2-8-8 所示。

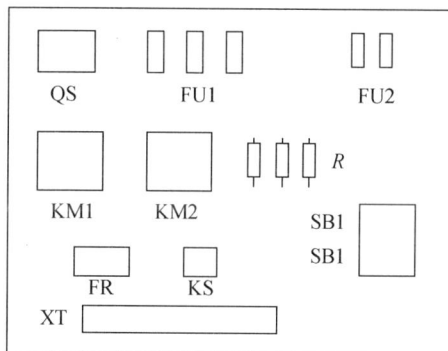

图 2-8-8　单向启动反接制动控制电路的元件位置图

02 结合前几次任务的知识，根据图 2-8-8 所示元件安装位置图，在下面的空白处认真细致地绘制电路的安装接线图。

第 3 步　安装元件并合理接线

对照图 2-8-6 三相异步电动机单向启动反接制动控制电路的电气原理图，根据绘制的安装接线图，合理地接线，采用板前线槽布线，安装走线槽时，应做到横平竖直、排列整齐匀称、安装牢固和便于走线，板前线槽配线工艺要求详见任务 2.5。

> **小贴士**
>
> 速度继电器安装接线时，应注意正反向触点不能接错，否则，不能实现反接制动控制。速度继电器的金属外壳应可靠接地。

第 4 步　通电前自检

对于安装完成的控制电路，通电前自检是安全通电试车的重要保证。

01 按电气原理图或接线图从电源端开始，逐段核对检查接线和接点。

02 应用数字万用表进行检测，主要检测熔断器的通断、控制电路的通断及部分触点的通断情况。

03 检查安装质量，并进行绝缘电阻测量。

第 5 步　通电试车

两台电动机顺序启动、逆序停止控制电路的通电试车操作步骤如下：

01 为保证人身安全，在通电试车时，要认真执行安全操作规程的有关规定，一人监护，一人操作。试车前，应检查与通电试车有关的电气设备是否有不安全的因素存在，若查出应立即整改，然后方能试车。

02 通电试车前，必须征得教师的同意，并由指导教师接通三相电源 L1、L2、L3，同时在现场监护。合上电源开关后，用测电笔检查熔断器出线端，氖管亮说明电源接通。

03 通电试车时，若制动不正常，可检查速度继电器是否符合规定要求。当需调节速度继电器的调整螺钉时，必须切断电源，以防止出现相对地短路而引起事故。

第 6 步　电路故障模拟检修

01 对电路进行故障模拟检修，可能出现的故障及原因分析见表 2-8-4。

02 在分析的可能存在的故障点进行测量，找出故障原因。

03 判断结果并恢复。

04 通电试车。

注意： 可以多设置几次不同位置的故障进行排除故障练习。

表 2-8-4　电路可能出现的故障现象及原因分析

故障现象	故障原因分析
反接制动时速度继电器失效，电动机不制动	1）胶木摆杆断裂。 2）触点接触不良。 3）弹性动触片断裂或失去弹性。 4）笼形绕组开路
电动机不能正常制动	速度继电器的弹性动触片调整不当
按停止按钮 SB1，KM1 释放，但没有制动	可能故障如下： 1）按钮 SB2 常开触点接触不良或连接线断路。 2）接触器 KM1 常闭辅助触点接触不良。 3）接触器 KM2 线圈断线。 4）速度继电器 KS 常开触点接触不良。 5）速度继电器与电动机之间连接不好

任务评价

三相异步电动机单向启动反接制动控制电路安装与检修的评价见表 2-8-5。

表 2-8-5　三相异步电动机单向启动反接制动控制电路安装与检修评价表

项目内容	配分	评价标准	得分
选用工具、仪表及器材	15 分	1）工具、仪表少选或错选，每个扣 2 分。 2）元件选错型号和规格，每个扣 4 分。 3）选错元件数量或型号规格没有写全，每个扣 2 分	
安装前检查	5 分	电气元件漏检或错检，每处扣 1 分	
安装布线	30 分	1）电器布置不合理，扣 5 分。 2）元件安装不牢固，每只扣 4 分。 3）元件安装不整齐、不匀称、不合理，每只扣 3 分。 4）损坏元件，每只扣 15 分。 5）不按电气原理图接线，扣 15 分。 6）布线不符合要求，每根扣 3 分。 7）接点松动、露铜过长、反圈等，每个扣 1 分。 8）损伤导线绝缘层或线芯，每根扣 5 分。 9）漏装或套错编码套管，每处扣 1 分。 10）漏接接地线，扣 10 分	
故障分析	10 分	1）故障分析和排除故障的思路不正确，每处扣 5 分。 2）标错电路故障范围，每个扣 5 分	

续表

项目内容	配分	评价标准	得分
排除故障	20分	1）断电不验电，扣5分。 2）工具及仪表使用不当，每次扣5分。 3）排除故障的顺序不对，扣5～10分。 4）不能查出故障点，每个扣10分。 5）查出故障点，但不能排除，每个扣5分。 6）产生新的故障： ① 不能排除，每个扣10分； ② 已经排除，每个扣5分。 7）损坏电动机，扣20分。 8）损伤电气元件，或排除故障方法不对，每只（次）扣5分	
通电试车	20分	1）热继电器未整定或整定错误，扣10分。 2）熔丝规格选用不当，扣5分。 3）一次试车不成功，扣10分。 4）两次试车不成功，扣15分。 5）三次试车不成功，扣20分。	
安全文明生产		违反安全文明生产规程，扣10～40分	
定额时间：3h		每超时5min扣5分，不足5min按5min计	
备注		除定额时间外，各项目的最高扣分不应超过配分分数	成绩	
开始时间		结束时间	实际时间	

思考与练习

1. 图2-8-9所示为能耗制动电气原理图。当电动机切断交流电源后，立即在定子绕组中通入直流电，迫使电动机停转的方法称为能耗制动。

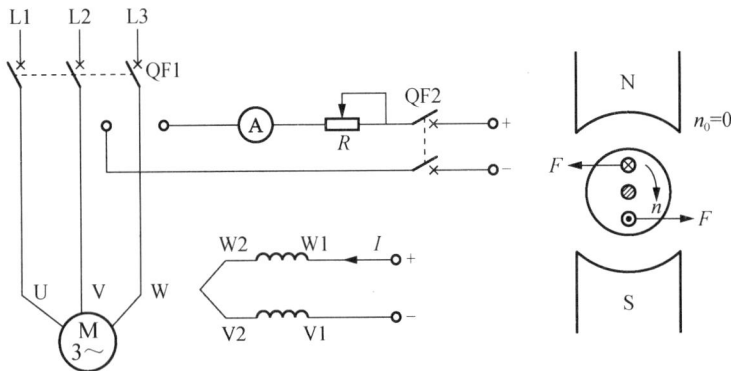

视频：能耗制动模拟操作

图2-8-9 能耗制动电气原理图

2. 图2-8-10所示为单向启动能耗制动自动控制电路的电气原理图，请结合所学知识思考并完成：

1）图中的 KT 瞬时闭合常开触点的作用是什么？

2）能耗制动的优点和缺点分别有哪些？

3）分析控制电路的工作原理并完成电路的安装与调试检修。

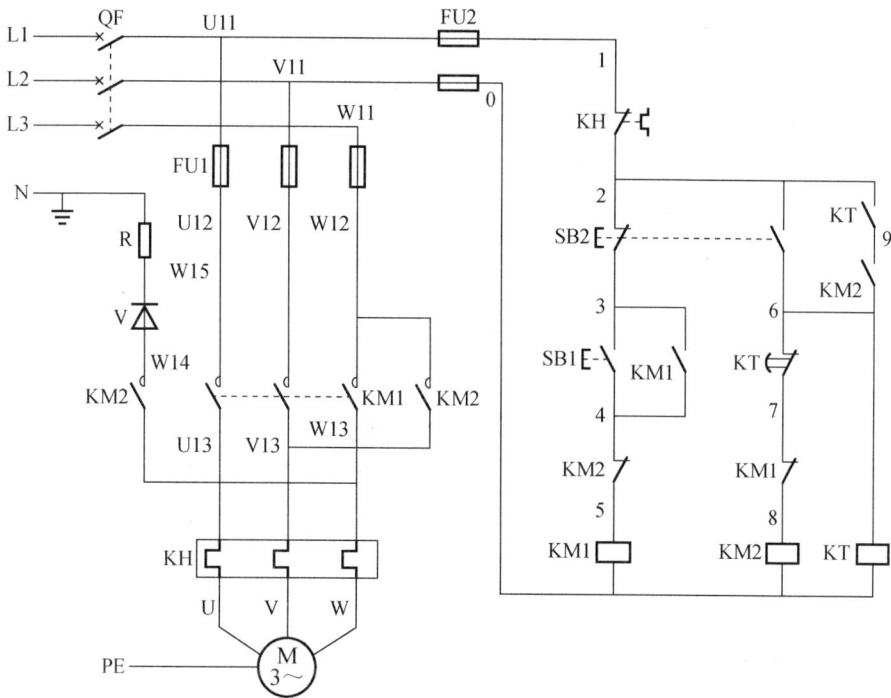

图 2-8-10　单向启动能耗制动自动控制电路电气原理图

3 项目

常用电气系统控制电路的故障分析与检修

>>>>>

◎ **项目导读**

电气系统是由低压供电组合部件构成的系统。本项目涉及的常用电气系统控制电路包括机床电气电路及生产生活中的常用电气电路。通过本项目的学习,掌握电气系统控制电路的故障分析及检修方法。

◎ **项目目标**

通过本项目的学习,要求达到的学习目标如下:

目标	内容
知识目标	1. 识读常用电气系统控制电路的原理图; 2. 熟悉常用电气系统控制电路的工作原理
能力目标	1. 能根据要求完成常用电气系统控制电路的故障分析与检修; 2. 能运用所学知识完成复杂电路的故障分析与检修
情感目标	1. 培养学习兴趣,体验发现问题、解决问题的成就感; 2. 培养学维修电工岗位职业素养和团队协作意识

任务 **3.1** CA6140 型车床电气控制电路的检修

◎ **任务描述**

　　某工厂在实际生产中，当操作工合上电源开关，按下启动按钮时，主轴电动机不能启动。工厂要求维修班人员根据故障现象，尽快排查故障并维修，以最小程度减轻停产带来的损失。

◎ **任务目标**

1. 能识读 CA6140 型车床电气控制电路的电气原理图；
2. 熟悉 CA6140 型车床电气控制电路的工作原理；
3. 掌握 CA6140 型车床电气控制电路的故障分析方法；
4. 能根据故障现象，检修 CA6140 型车床电气控制电路。

相关知识

1. CA6140 型卧式车床的认识

　　在各类金属切削机床中，车床是应用最多、最广泛的一种机床，在一般机械加工车间的机床配置中，车床约占 50%。卧式车床在车床中使用最多，它适合于单件、小批量的轴类及盘类加工。CA6140 型卧式车床是一种应用极为广泛的金属切削通用机床，能够车削外圆、内圆、端面、螺纹、螺杆及车削定型表面。

（1）主要结构及型号含义

CA6140 型卧式车床的主要结构如图 3-1-1 所示。

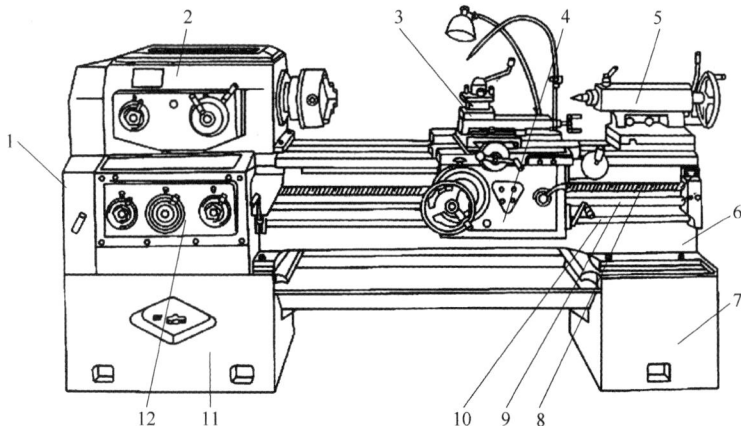

图 3-1-1　CA6140 型卧式车床主要结构

1—挂轮箱；2—主轴箱；3—刀架；4—溜板箱；5—尾座；6—床身；7—右床腿；
8—丝杆；9—光杆；10—操纵杆；11—左床腿；12—进给箱

该车床型号含义如图 3-1-2 所示。

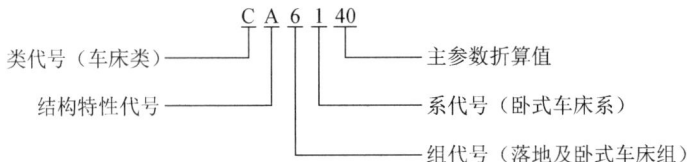

$$CA6140$$

类代号（车床类）——
结构特性代号——
主参数折算值
系代号（卧式车床系）
组代号（落地及卧式车床组）

图 3-1-2　CA6140 型卧式车床的型号含义

（2）主要运动形式及控制要求

CA6140 卧式车床的主要运动形式及控制要求见表 3-1-1。

表 3-1-1　CA6140 卧式车床的主要运动形式及控制要求

运动种类	运动形式	控制要求
主运动	主轴通过卡盘或顶尖带动工件的旋转运动	1）主轴电动机选用三相笼形异步电动机，不进行调速，主轴采用齿轮箱进行机械有级调速。 2）车削螺纹时要求主轴有正反转，一般由机械方法实现，主轴电动机只做单向旋转。 3）主轴电动机的容量不大，可采用直接启动
进给运动	刀架带动刀具的直线运动	进给运动由主轴电动机拖动，主轴电动机的动力通过挂轮箱传递给进给箱来实现刀具的纵向和横向进给。加工螺纹时，要求刀具移动和主轴转动有固定的比例关系
辅助运动	刀架的快速移动	由刀架快速移动电动机拖动，该电动机可直接启动，不需要正反转和调速
	尾架的纵向移动	由手动操作控制
	工件的夹紧与放松	由手动操作控制
	加工过程的冷却	冷却泵电动机和主轴电动机要实现顺序控制，冷却泵电动机不需要正反转和调速

2. CA6140 型车床电气控制电路的工作原理

（1）识读机床电气原理图

CA6140 卧式车床电气原理图如图 3-1-3 所示。

一般机床电气控制电路所包含的电气元件和电气设备较多，电气原理图的符号也较多，因此在读图时要明确以下几点：

1）将电气原理图按功能划分成若干个图区，通常是一个回路或一条支路划为一个图区，并从左向右依次用阿拉伯数字编号，标注在图形下部的图区栏中，如图 3-1-3 所示。

2）电气原理图中每个电路在机床电气操作中的用途，用文字标明在电气原理图上部的用途栏内，如图 3-1-3 所示。

| 电源保护 | 电源开关 | 主轴电动机 | 短路保护 | 冷却泵电动机 | 刀架快速移动电动机 | 控制电源变压及保护 | 断电保护 | 主轴电动机控制 | 刀架快速移动 | 冷却泵控制 | 信号灯 | 照明灯 |

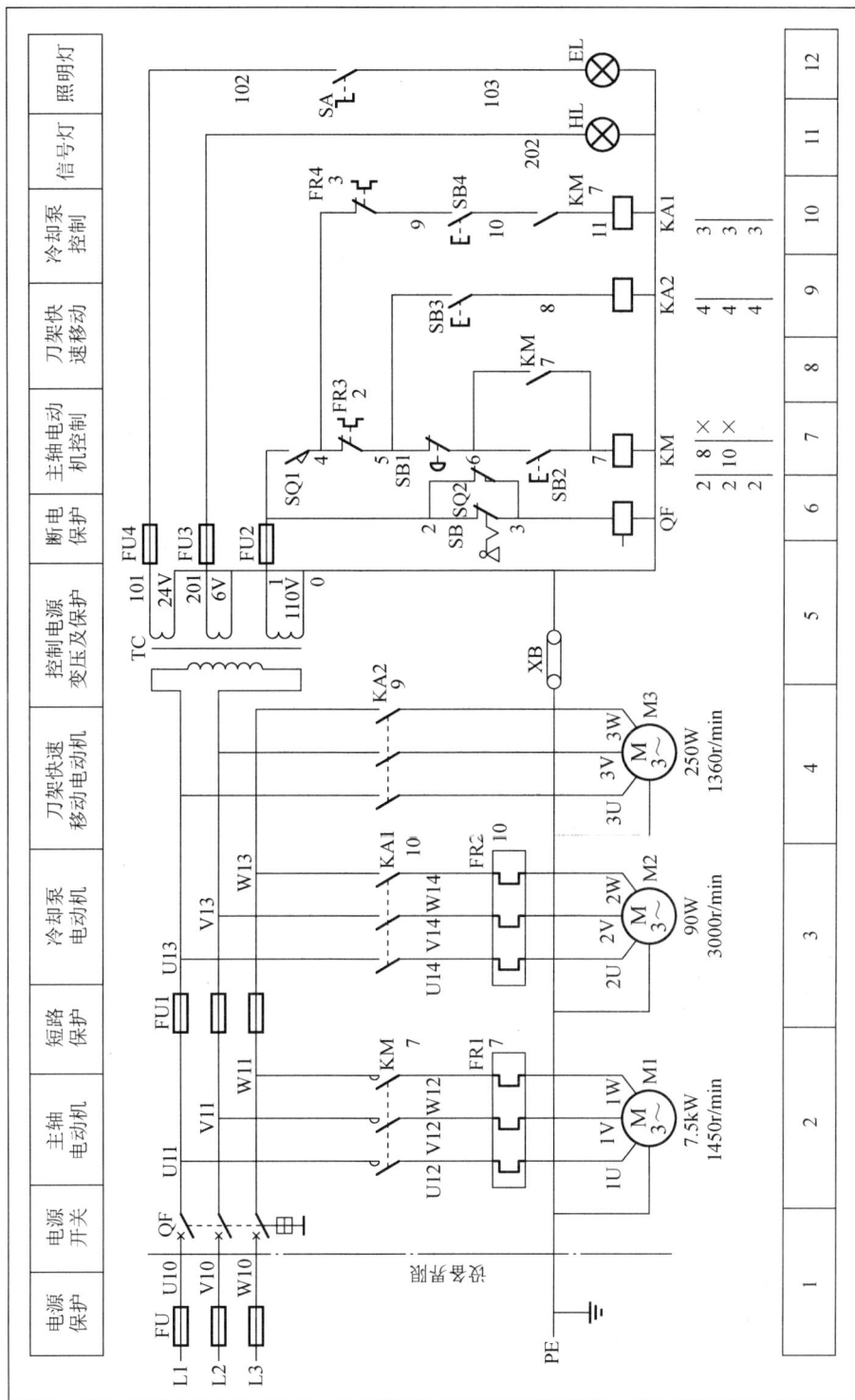

图 3-1-3 CA6140 卧式车床电气原理图

3）在电气原理图中每个接触器的文字符号 KM 的下面画两条竖线，分成左、中、右三栏，把受其控制而动作的触点所处的图区号（如图 3-1-2 所示的规定）填入相应栏内。对备而未用的触点，在相应的栏中用记号"×"标出或不标出任何符号，见表 3-1-2。

表 3-1-2　接触器的文字符号 KM 下面两条竖线分成的左、中、右三栏的说明

栏目	左栏	中栏	右栏
触点类型	主触点所处的图区号	辅助常开触点所处的图区号	辅助常闭触点所处的图区号
举例 KM 2 ｜ 8 × 2 ｜ 10 × 2	表示 3 对主触点均在图区 2	表示一对辅助常开触点在图区 8，另一对辅助常开触点在图区 10	表示两对辅助常闭触点未用

4）在电气原理图中每个继电器线圈符号下面画一条竖直线，分成左、右两栏，把受其控制而动作的触点所处的图区号（如图 3-1-2 所示的规定）填入相应栏内。同样，对备而未用的触点在相应的栏中用记号"×"标出或不标出任何符号，见表 3-1-3。

表 3-1-3　继电器线圈符号下面一条竖线分成的左、右两栏的说明

栏目	左栏	右栏
触点类型	常开触点所处的图区号	常闭触点所处的图区号
举例 KA2 4 4 4	表示 3 对常开触点均在图区 4	表示常闭触点未用

5）电气原理图中触点文字符号下面的数字表示该电气线圈所处的图区号。例如，图 3-1-3 在图区 4 中的 $^{KA2}_9$，表示中间继电器 KA2 的线圈在图区 9。

（2）工作原理分析

1）主电路分析。CA6140 卧式车床的电源由钥匙开关 SB 控制，将 SB 向右旋转，再扳动断路器 QF 将三相电源引入。主电路有三台电动机，为主轴电动机 M1、冷却泵电动机 M2、刀架快速移动电动机 M3，均为正转控制。其控制和保护见表 3-1-4。

表 3-1-4　主电路的控制和保护电器

名称及代号	作用	控制电器	过载保护电器	短路保护电器
主轴电动机 M1	带动主轴旋转和刀架做进给运动	接触器 KM	热继电器 FR1	断路器 QF
冷却泵电动机 M2	供应冷却泵	中间继电器 KA1	热继电器 FR2	熔断器 FU1
刀架快速移动电动机	拖动刀架快速移动	中间继电器 KA2	无	熔断器 FU2

2）控制电路分析。控制电路的电源由控制变压器 TC 二次输出 110 V 电压提供。在正常工作时，位置开关 SQ1 常用触点闭合，打开床头带罩后，SQ1 常开触点断开，切断控制电路电源，以确保人身安全。钥匙开关 SB 和位置开关 SQ2 在正常工作时是断开的。QF 线

圈不通电，断路器 QF 能合闸。打开配电壁龛门时，SQ2 闭合，QF 线圈得电，断路器 QF 自动断开，切断车床的电源。

① 主轴电动机 M1 的控制。为保证人身安全，车床正常运行时必须将带罩合上，位置开关 SQ1 装于主轴带罩后，起断电保护作用。

M1 启动：

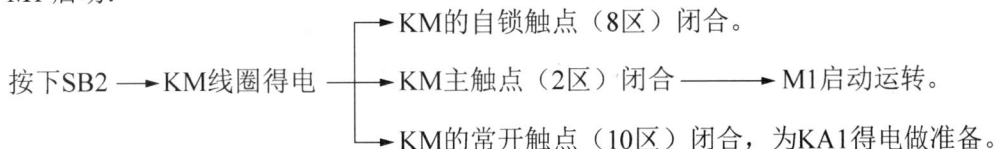

M1 停止：

按下SB1 ━━→ KM线圈失电 ━━→ KM触点复位 ━━→ M1失电停转。

② 冷却泵电动机 M2 的控制。冷却泵电动机 M2 与主轴电动机 M1 采用顺序控制，只有当主轴电动机 M1 启动后，KM 的常开触点闭合，合上旋钮开关 SB4，中间继电器 KA1 吸合，冷却泵电动机 M2 才能启动。当 M1 停止运行或断开旋钮开关 SB4 时，M2 停止运行。

③ 刀架快速移动电动机 M3 的控制。刀架快速移动电动机 M3 的启动，由安装在刀架快速进给操作手柄顶端按钮 SB3 点动控制。由于电动机 M3 是短时间工作，故未设过载保护。

3）照明与信号电路分析。控制变压器 TC 的二次侧分别输出 24V 和 6V 电压，作为车床低压照明和信号指示灯的电源，分别由 FU3 和 FU4 作为短路保护。

视频：CA6140 车床
故障模拟

小贴士

机床电气原理图的分析方法：

1）先读机，后读电。先了解生产机械基本结构、运行情况、工艺要求和操作方法，进而明确电力拖动的控制要求。

2）先读主，后读辅。即先从主回路开始读图，再去分析辅助电路。

3）化整为零，集零为整。逐步分析每一局部电路的工作原理及各部分之间的控制关系后，再统观全局，检查整个控制电路，看是否有遗漏。

任务实施

第 1 步　修理前进行调查研究

机床发生故障后，要求操作工尽量保持现场故障状态，不做任何处理。再向操作工了解故障前后的状况，根据机床工作原理分析，勿盲目动手修理。具体办法一般是"问、看、听、摸"。

问：机床发生故障后，首先应向操作者了解故障发生的前后情况，有利于根据电气设备的工作原理来分析发生故障的原因。一般询问的内容有：故障发生在开车前、开车后，还是发生在运行中；是运行中自行停车，还是发现异常情况后由操作者停下来的；发生故障时，机床工作在什么工作顺序，按动了哪个按钮，扳动了哪个开关；故障发生前后，设备有无异常现象（如响声、气味、冒烟或冒火等）；以前是否发生过类似的故障，是怎样处理的，等等。

看：熔断器内熔丝是否熔断，其他电气元件有无烧坏、发热、断线，导线连接螺钉有无松动，电动机的转速是否正常。

听：采用试运转的方法开动设备，听电动机、变压器和有些电气元件在运行时声音是否正常，可以帮助寻找故障的部位，也可帮助维修人员对故障的原始状态有个综合印象。

摸：电动机、变压器和电气元件的线圈发生故障时，温度显著上升，可切断电源后用手去触摸。

维修人员向操作工了解到故障现象后，初步查看 CA6140 型车床电气电路，发现熔断器内熔丝无熔断，其他电气元件无烧坏、发热等故障，导线连接无松动或脱落。试运行后，发现 KM1 能得电，主轴电动机无"嗡嗡"声，电动机外壳无微微振动的感觉，但主轴电动机不运转。

第 2 步　电路分析

根据调查结果，从机床电气原理图进行分析，初步判断出故障产生的部位，然后逐步缩小故障范围。

合上电源开关，按下启动按钮 SB2 时，电动机 M1 不能启动，此时首先检查接触器 KM 是否吸合，若 KM 吸合，则故障必然发生在主电路；若 KM 不吸合，则故障发生在控制电路。

小贴士

分析故障时应有针对性，如接地故障一般先考虑电气柜外的电气装置，后考虑电气柜内的电气元件。断路和短路故障，应先考虑动作频繁的元件，后考虑其余元件。

第 3 步　设备检查，确定故障点

利用验电笔、万用表、钳形电流表、示波器等进行故障检查，测量电路中的电压、电流、电阻，判断故障所在。

对此次故障可使用万用表，采用电压法或电阻法测量，最终确定故障点。

第 4 步　排除故障

主轴电动机 M1 不启动，首先检查接触器 KM 是否吸合，若 KM 吸合，则故障必然发生在主电路，可使用电压法，按图 3-1-4 步骤检修。

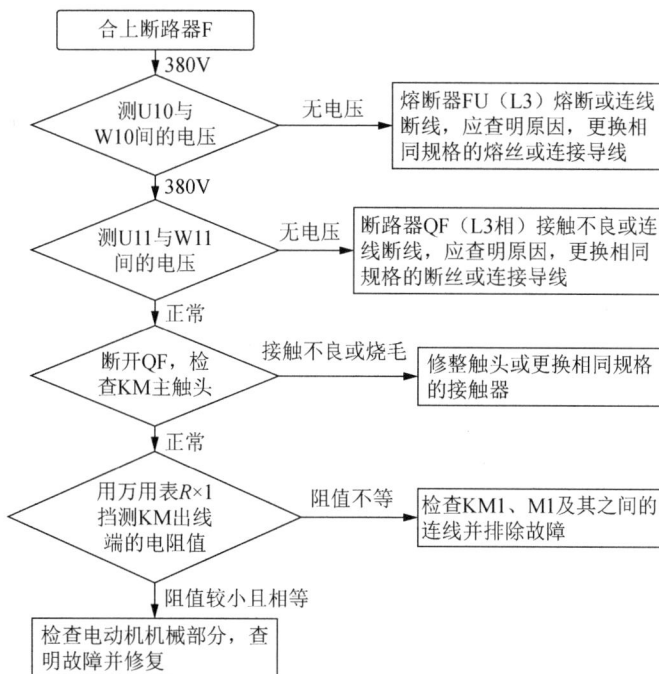

图 3-1-4　接触器 KM 吸合时的检修步骤

若接触器 KM 不吸合，可按图 3-1-5 所示步骤检修。

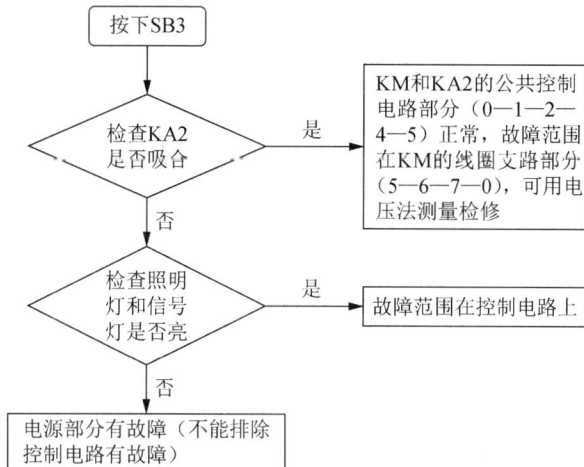

图 3-1-5　接触器 KM 不吸合时的检修步骤

小贴士

　　故障排除要遵循"先外部后内部→先机械后电气→先静后动→先公用后专用→先简单后复杂→先一般后特殊"的原则。

第 5 步　通电试车并做维修记录

经操作工同意，通电试车成功交付使用；做好维修记录，认真总结经验。故障排除以后，维修人员在运行前还应做进一步检查，通过检查证实故障确实已经排除，然后由操作人员来试运行操作，以确认设备是否已正常运转，同时还应向相关人员说明应注意的问题。重要的是，在修复后再检查时，要尽量使电气控制系统或电气设备恢复原样，并清理现场，保持设备的干净、卫生。最后做好维修记录。维修记录表见表 3-1-5。记录的目的是作为档案以备日后维修时参考，并通过对历次故障的分析，可采取相应的有效措施，防止类似事故的再次发生或对电气设备本身的设计提出改进意见等。

表 3-1-5　维修记录表

机床名称/型号	
检修日期	
故障现象	
故障分析	（针对故障现象，在电气控制电路图分析出可能的故障范围或故障点）
故障检修计划	（针对故障现象，简单描述故障检修方法及步骤）
故障排除	（写出具体的故障排除步骤及实际故障点编号，并写出故障排除后的试车效果）

操作注意事项：

1）设备应在指导教师指导下操作，安全第一。设备通电后，严禁在电器侧随意扳动电气元件。进行排除故障训练时，尽量采用不带电检修。若带电检修，则必须有指导教师在现场监护。

2）必须安装好各电动机、支架接地线，设备下方垫好绝缘橡胶垫，厚度不小于 8mm，操作前要仔细查看各接线端有无松动或脱落，以免通电后发生意外或损坏电器。

3）在操作中若发出不正常声响，应立即断电，查明故障原因待修。故障噪声主要来自电动机缺相运行，以及接触器、继电器吸合不正常等。

4）发现熔丝熔断，应找出故障后，方可更换同规格熔丝。

5）在维修设置故障中不要随便互换线端处编码套管。

6）操作时用力不要过大，速度不宜过快；操作频率不宜过于频繁。

7）实训结束后，应拔出电源插头，将各开关置分断位。

8）做好检修记录。

CA6140 型车床常见电气故障的检修见表 3-1-6。

表 3-1-6　CA6140 型车床常见电器故障及检修方法

故障现象	故障原因分析	排除方法
按下启动按钮,主轴电动机发出嗡嗡声,不能启动	这是电动机缺相运行造成的,可能的原因有: 1)熔断器 FU1 有一相熔丝烧断。 2)接触器 KM1 有一对主点没有接触好。 3)电动机接线有一处断线	1)更换相同规格和型号的熔丝。 2)修复接触器的主触点。 3)重新接好线
主轴电动机启动后不能自锁	接触器 KM1 自锁用的辅助常开触点接触不好或接线松开	修复或更换 KM1 的自锁触点,拧紧松脱的出线端
按下停止按钮,主轴电动机不会停止	1)停止按钮 SB1 常闭触点被卡住或电路中 9、10 两点连接导线短路。 2)接触器 KM1 铁心表面粘牢污垢。 3)接触器主触点熔焊或主触点被杂物卡住	1)更换按钮 SB1 和导线。 2)清理交流接触器铁心表面污垢。 3)更换 KM1 主触点
主轴电动机在运行中突然停转	一般是 FR1 动作,引起 FR1 动作的原因可能如下: 1)三相电源电压不平衡或电源电压较长时间过低。 2)负载过重。 3)电动机 M1 的连接导线接触不良	1)用万用表检查三相电源电压是否平衡。 2)减轻所带的负载。 3)拧紧松开的导线
照明灯不亮	1)照明灯泡已坏。 2)照明开关 SA2 损坏。 3)熔断器 FU3 的熔丝烧断。 4)变压器一次绕组或二次绕组已烧毁	1)更换同规格和型号的灯泡。 2)更换同规格的开关。 3)更换相同规格和型号的熔丝。 4)修复或更换变压器

任务评价

CA6140 车床控制电路安装与检修评价表见表 3-1-7。

表 3-1-7　CA6140 车床控制电路安装与检修评价表

项目内容	配分	评价标准	得分
排除故障前的检查	20 分	电气元件漏检或错检,每处扣 1 分	
故障分析	30 分	1)故障分析和排除故障的思路不正确,每处扣 5 分。 2)标错电路故障范围,每个扣 5 分	
排除故障	30 分	1)断电不验电,扣 5 分。 2)工具及仪表使用不当,每次扣 5 分。 3)排除故障的顺序不对,扣 5~10 分。 4)不能查出故障点,每个扣 10 分。 5)查出故障点,但不能排除,每个扣 5 分。 6)产生新的故障: ① 不能排除,每个扣 10 分; ② 已经排除,每个扣 5 分。 7)损坏电动机,扣 20 分。 8)损伤电气元件,或排除故障方法不对,每只(次)扣 5 分	
通电试车	20 分	1)热继电器未整定或整定错误,扣 10 分。 2)熔丝规格选用不当,扣 5 分。 3)一次试车不成功,扣 10 分。 4)两次试车不成功,扣 15 分。 5)三次试车不成功,扣 20 分	

项目内容	配分	评价标准		得分
安全文明生产		违反安全文明生产规程，扣 10～20 分		
定额时间：30min		每超时 5min 扣 5 分，不足 5min 按 5min 计		
备注		除定额时间外，各项目的最高扣分不应超过配分分数	成绩	
开始时间		结束时间	实际时间	

知识拓展

电气设备检修工艺的编制

我国多数企业目前均倾向于大修、项修的展开，以设备的状态为基准，然后确定修理方式。而日常的设备保养与点检等则按计划预修制度安排维修时间间隔。

电气设备检修工艺的编制以 CA6140 型车床为例进行展开。

1．确定修理项目

某公司购买的 CA6140 型车床已使用多年，本车床主要用于材料事业部一次钛铸锭平头、扒皮，且三班制工作，工作量大、进刀量大，电气柜内电气元件老化，接触器触点烧毛，电路老化严重；尾架固定不死；横向进给间隙较大；存在较大的安全隐患。

2．检修要求及说明

检修后恢复原状态，技术上满足工艺要求，达到加工标准；安全性能符合标准，电动机绝缘达到规定标准；电气电路布置合理、美观；更换电气元件。

3．电气检修工艺编制步骤

1）查阅历史资料、档案等技术工作准备。
2）制订修理方案。
① 对电动机进行中修。
② 对控制箱损坏元件进行更换，重新敷线，配电盘全面更新。
③ 对设备已老化、腐蚀严重的管线电路及床身电路进行大修更新敷设。
3）编制修理及更换的电气元件及导线明细表，进行生产准备。
4）安排修理施工进度。
5）大修工艺步骤及技术要求如下：
① 切断总电源，并采取安全防范措施。拆线，做好记录，将所有部件归类保管。
② 拆除低压控制柜，重新配盘，控制柜内外重新喷漆。
③ 对交流电动机进行中修，更换润滑油和轴承，并进行绝缘测试。
④ 对热敏元件重新进行整定。
⑤ 安装低压控制柜。按图样要求在管内重新穿线并进行绝缘检测（注意管内不能有接头），进行整机电气接线。
⑥ 按图对号接线并进行检查，确保接线正确。

⑦ 检查接地电阻，保证接地系统处于完好状态。

⑧ 接线无误后进行调试，然后配合机械做负载试验。

⑨ 对所有电气设备重新喷漆。

⑩ 投入运行合格后，办理设备移交手续；资料移交，包括技改图样、调试试验记录等。

● 思考与练习 ●

1．车床在加工工件时，刀具和工件分别是如何运动的？

2．冷却泵电动机和主轴电动机为什么要实现顺序控制？

3．CA6140 车床中，若主轴电动机 M1 只能点动，则可能的故障原因有哪些？

4．CA6140 车床主轴电动机运行中停车，试分析可能的原因。

任务3.2　X62W 型万能铣床电气控制电路的检修

◎ 任务描述

某工厂在实际生产中，X62W 型万能铣床不能左右进给。要求维修班人员根据故障现象，尽快排查故障并维修。

◎ 任务目标

1．能识读 X62W 型万能铣床电气控制电路的电气原理图；

2．悉 X62W 型万能铣床床电气控制电路的工作原理；

3．掌握 X62W 型万能铣床电气控制电路的故障分析方法；

4．能根据故障现象，检修 X62W 型万能铣床电气控制电路。

相关知识

1．X62W 型万能铣床的认识

铣床是用铣刀对工件进行铣床前加工的机床，其种类很多。万能铣床是一种通用的多用途机床，它可以用圆柱铣刀、圆片铣刀、角度铣刀、成形铣刀及端面铣刀等刀具对各种零件进行平面、斜面、螺旋面及成形表面的加工，还可以加装万能铣头、分度头和圆工作台等机床附件来扩大加工范围。

X62W 型万能铣床是铣床中应用最多的一种，其铣头水平方向放置，因此又称 X62W 型卧式万能铣床。

（1）主要结构及型号含义

X62W 型万能铣床的主要结构如图 3-2-1 所示，主要由底座、床身、悬梁、主轴、刀杆支架、工作台、回转盘、横溜板和升降台等部分组成。

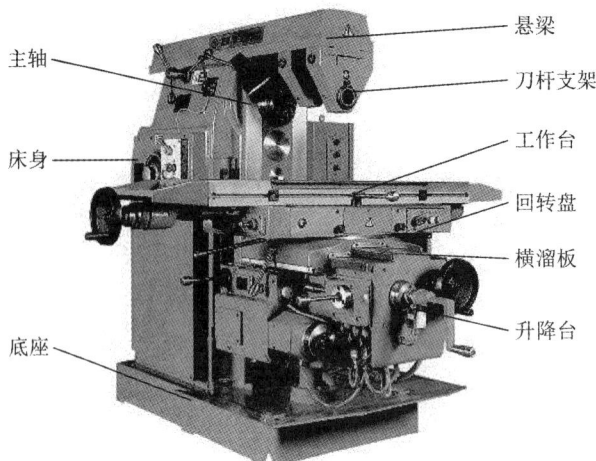

图 3-2-1　X62W 型万能铣床的主要结构

其型号含义如图 3-2-2 所示。

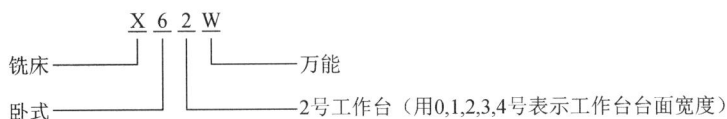

图 3-2-2　X62W 型万能铣床的型号含义

（2）主要运动形式及控制要求

X62W 型万能铣床的主要运动形式及控制要求见表 3-2-1。

表 3-2-1　X62W 型万能铣床的主要运动形式及控制要求

运动种类	运动形式	控制要求
主运动	主轴带动铣刀的旋转运动	1）铣削加工要求主轴电动机能正转和反转，进行顺铣和逆铣，因不需要变换主轴旋转方向，因此用组合开关来控制正反转。 2）铣削加工是一种不连续的切削加工，主轴电动机采用电磁离合器制动以实现准确停车。 3）铣削加工过程中需要主轴调速，采用改变变速器的齿轮传动比来实现，主轴电动机不需要调速
进给运动	工件随工作台在前后、左右和上下6个方向上的运动及随圆形工作台的旋转运动	1）铣床的工作台要求进给电动机能正反转。 2）铣削加工时，采用机械操作手柄和行程开关相配合的方式实现6个运动方向的联锁。 3）主轴旋转后，才允许有进给运动；进给停止后，主轴才能停止或同时停止。 4）进给变速采用机械方式实现，进给电动机不需要调速
辅助运动	包括工作台的快速运动及主轴和进给的变速冲动	1）工作台的快速运动是指工作台在前后、左右和上下6个方向之一上的快速移动。通过快速移动电磁离合器的吸合，改变机械传动链的传动比来实现工作台6个方向的运动。 2）主轴和进给变速后，要求电动机做瞬时点动，即变速冲动

2. X62W 型万能铣床电气控制电路的工作原理

X62W 型万能铣床电气原理图如图 3-2-3 所示，分为主电路、控制电路和照明电路 3 部分。

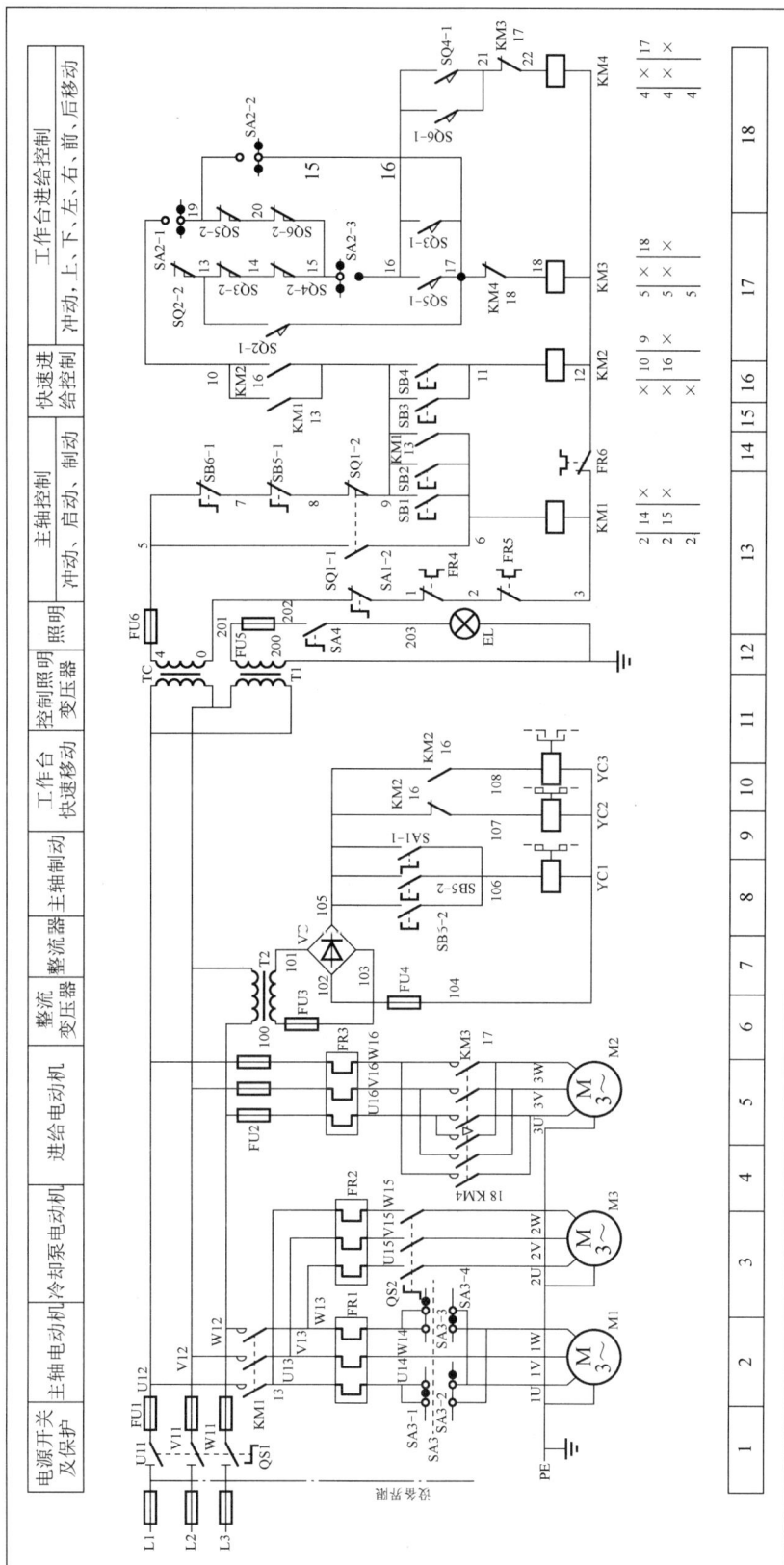

图 3-2-3 X62W 型万能铣床电气原理图

（1）主电路分析

主电路有 3 台电动机，其控制和保护见表 3-2-2。

表 3-2-2　主电路的控制和保护电器

名称及代号	作用	控制电器	过载保护电器	短路保护电器
主轴电动机 M1	拖动主轴带动铣刀旋转	接触器 KM1 和组合开关 SA3	热继电器 FR1	熔断器 FU1
进给电动机 M2	拖动进给运动和快速移动	接触器 KM3 和 KM4	热继电器 FR3	熔断器 FU2
冷却泵电动机 M3	供应冷却液	手动开关 QS2	热继电器 FR2	熔断器 FU1

（2）控制电路分析

控制电路的电源由控制变压器 TC 二次输出 110 V 电压提供。

1）主轴电动机 M1 的控制。主轴电动机 M1 的控制包括启动控制、制动控制、换刀控制和变速冲动控制。SB1、SB3 与 SB2、SB4 是分别装在机床两边的停止（制动）和启动按钮，实现两地控制，方便操作。具体见表 3-2-3。

表 3-2-3　主轴电动机 M1 的控制

控制要求	控制作用	控制过程
启动控制	启动主轴电动机 M1	启动前由组合开关 SA3 选择电动机转向，按下启动按钮 SB1 或 SB2 ——→接触器 KM1 得电吸合并自锁。——→KM1 的常开触点（6～9 号线）闭合，为工作台进给电路提供电源
制动控制	停车时使主轴迅速停转	按下停止按钮 SB5 或 SB6→其常闭触点断开→接触器 KM1 线圈断电→KM1 主触点分断→电动机 M1 断电做惯性运动；常开触点 SB5-2 或 SB6-2（8 号线）闭合→电磁离合器 YC1 通电→M1 制动停转
换刀控制	更换铣刀时将主轴制动，以方便换刀	将转换开关 SA1 扳向换刀位置→其常开触点 SA1-1（8 号线）闭合→电磁离合器 YC1 得电将主轴制动；同时常闭触点 SA1-2（13 号线）断开→铣床不能通电运转，确保人身安全
变速冲动控制	保证变速后齿轮能良好啮合	变速时先将变速手柄向下压并向外拉出，转动变速盘选定所需转速后，将手柄推回。此时冲动开关 SQ1（13 号线）短时受压，主轴电动机 M1 点动；手柄推回原位后→SQ1 复位→M1 断电，变速冲动结束

2）进给电动机 M2 的控制。铣床的工作台要求有前后、左右和上下 6 个方向上的进给运动和快速移动，并且可以在工作台上安装附件——圆形工作台，对圆弧或凸轮进行铣削加工。这些运动都由进给电动机 M2 拖动。

① 工作台前后、左右和上下 6 个方向上的进给运动。工作台前后和上下的进给运动由一个手柄控制，左右进给运动由另一个手柄控制。手柄位置与工作台运动方向的关系见表 3-2-4。

表 3-2-4　控制手柄位置与工作台运动方向的关系

控制手柄	手柄位置	行程开关动作	接触器动作	电动机 M2 转向	传动链搭合丝杠	工作台运动方向
左右进给手柄	左	SQ5	KM3	正转	左右进给丝杠	向左
	中	—	—	停止	—	停止
	右	SQ6	KM4	反转	左右进给丝杠	向右
上下和前后进给手柄	上	SQ4	KM4	反转	上下进给丝杠	向上
	下	SQ3	KM3	正转	上下进给丝杠	向下
	中	—	—	停止	—	—
	前	SQ3	KM3	正转	前后进给丝杠	向前
	后	SQ4	KM4	反转	前后进给丝杠	向后

工作台的左右进给运动电气原理图如图 3-2-4 所示。其工作原理如图 3-2-5 所示。

工作台的上下和前后进给控制过程与左右进给相似，这里不再一一分析。

② 左右进给与上下、前后进给是联锁控制。在控制进给的两个手柄中，当其中一个操作手柄被置于在某一进给方向后，另一个操作手柄必须置于中间位置，否则将无法实现任何进给运动。

③ 进给变速时的瞬时点动。进给变速时，必须先把进给操纵手柄放在中间位置，然后将进给变速盘（在升降台前面）向外拉出，选择好速度后，再将变速盘推进去，如图 3-2-6 所示。在推进的过程中，挡块压下行程开关 SQ2，接触器 KM3 得电动作，电动机 M2 启动；但随着变速盘复位，行程开关 SQ2 跟着复位，使 KM3 断电释放，M2 失电停转。这样使电动机 M2 瞬时点动一下，齿轮系统产生一次抖动，齿轮便顺利啮合了。

④ 工作台的快速移动控制。控制过程如下：

按下快速移动按钮SB3或SB4 ——→ 接触器KM2得电 ———————

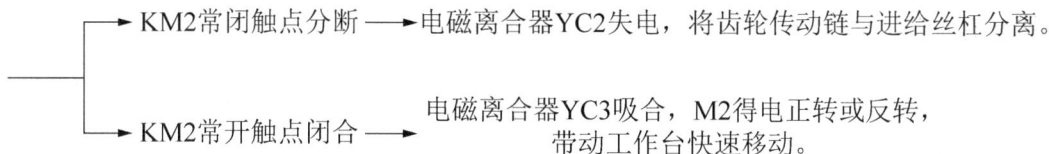

——→ KM2常闭触点分断 ——→电磁离合器YC2失电，将齿轮传动链与进给丝杠分离。

——→ KM2常开触点闭合 ——→ 电磁离合器YC3吸合，M2得电正转或反转，带动工作台快速移动。

松开按钮SB3或SB4 ——→ KM2失电，快速移动停止。

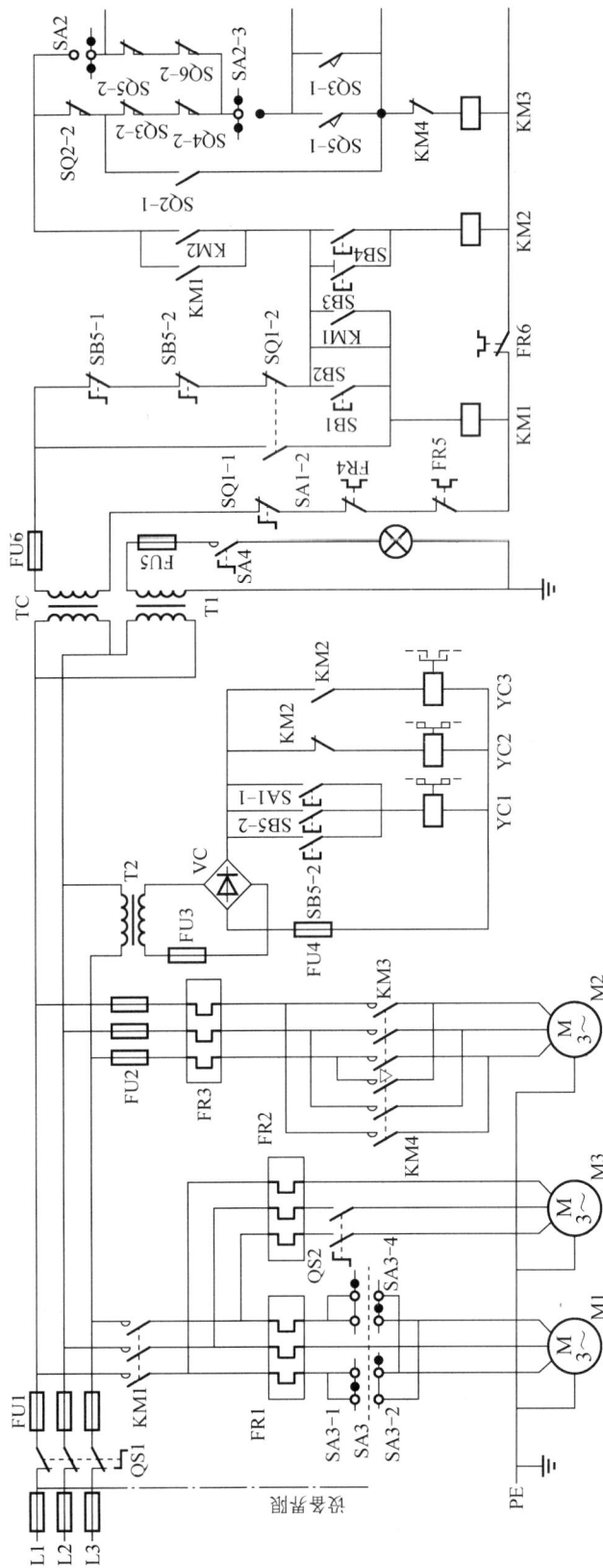

图 3-2-4　工作台的左右进给运动电气原理图

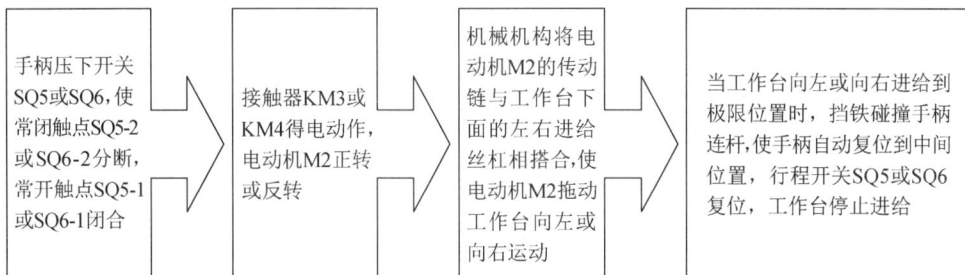

图 3-2-5 工作台左右进给工作过程

图 3-2-6 进给变速时的变速盘操作

⑤ 圆形工作台的控制：

```
                  ┌──→ 触点SA2-1断开。
                  │
   接通SA2 ────────┼──→ 触点SA2-3断开。
                  │
                  └──→ 触点SA2-2闭合 ──→ 电流经10—13—14—15—20—19—17—18路径，
```
使接触器KM3得电 ──→ 电动机M2启动。

3. 冷却泵及照明电路的控制

主轴电动机 M1 和冷却泵电动机 M3 采用的是顺序控制，即只有在主轴电动机 M1 启动后，冷却泵电动机 M3 才能启动。冷却泵电动机 M3 由手动开关 QS2 控制。

铣床照明由变压器 T1 供给 24V 电压，由转换开关 SA4 控制，熔断器 FU5 做短路保护。

任务实施

第 1 步 修理前进行调查研究

机床发生故障后，经询问操作工并试车运行后，了解到工作台其他方向进给正常，但不能向左右进给。

视频：X62W 万能铣床
故障模拟

第2步　电路分析

由于左右方向进给是由操作杆压合 SQ5 和 SQ6 来实现的,现左右两方向都无法进给,则应检查左右进给方向控制电路的公共通道。从图 3-2-2 中可以看出,从 9 号成至 16 号线及 KM3、KM4 线圈的 12 号线均为左右两方向的公共通道。由于其他进给方向正常,故排除 KM3、KM4 线圈的 12 号线及 9 号线至 10 号线的问题,重点检查 15 号线至 16 号线之间的问题。

第3步　利用仪器、仪表、工具进行进一步的检查

利用万用表等进行故障检查,测量电路中的电压、电阻,判断故障所在。

第4步　排除故障

检查:合上 QS1,启动主轴,将操作杆扳向左(或向右)进给方向。用短路法短接 10 号线至 16 号线,M2 启动运转,工作台能向左(或向右)运动;短接 13 号线至 16 号线,M2 不启动,证明 SQ2-2 有问题。检查 SQ2-2,发现 SQ2-2 损坏。拆换 SQ2-2 后,故障排除。

总结:SQ2-2 是工作台变速冲动开关,因变速时常受到冲击,故易损坏。

第5步　通电试车并做维修记录

经操作工同意,通电试车成功交付使用;做好维修记录,认真总结经验。故障排除以后,维修人员在运行前还应做进一步检查,通过检查证实故障确实已经排除,然后向操作人员交付。最后做好维修记录。维修记录表同表 3-1-5。

任务评价

X62W 型万能铣床电气控制电路安装与检修任务评价见表 3-2-5。

表 3-2-5　X62W 型万能铣床电气控制电路安装与检修任务评价表

项目内容	配分	评价标准	得分
排除故障前的检查	20 分	电气元件漏检或错检,每处扣 1 分	
故障分析	30 分	1)故障分析和排除故障的思路不正确,每处扣 5 分。 2)标错电路故障范围,每个扣 5 分	
排除故障	30 分	1)断电不验电,扣 5 分。 2)工具及仪表使用不当,每次扣 5 分。 3)排除故障的顺序不对,扣 5～10 分。 4)不能查出故障点,每个扣 10 分。 5)查出故障点,但不能排除,每个扣 5 分。 6)产生新的故障: ① 不能排除,每个扣 10 分; ② 已经排除,每个扣 5 分。 7)损坏电动机,扣 20 分。 8)损伤电气元件,或排除故障方法不对,每只(次)扣 5 分	

续表

项目内容	配分	评价标准	得分
通电试车	20分	1）热继电器未整定或整定错误，扣10分。 2）熔丝规格选用不当，扣5分。 3）一次试车不成功，扣10分。 4）两次试车不成功，扣15分。 5）三次试车不成功，扣20分	
安全文明生产		违反安全文明生产规程，扣10～20分	
定额时间：30min		每超时5min扣5分，不足5min按5min计	
备注		除定额时间外，各项目的最高扣分不应超过配分分数	成绩	
开始时间		结束时间		实际时间	

知识拓展

X62W 万能铣床电气控制电路的常见故障及可能原因

X62W 万能铣床电气控制电路的常见故障及可能原因见表 3-2-6。

表 3-2-6　X62W 万能铣床电气控制电路的常见故障及原因分析

故障现象	可能原因分析
工作台各个方向都不能进给	进给电动机不能启动
工作台能向左、右进给，不能向前、后、上、下进给	行程开关 SQ5 或 SQ6 由于经常被压合，使螺钉松动、开关移位、触点接触不良、开关机构卡住等
工作台能向前、后、上、下进给，不能向左、右进给	行程开关 SQ3、SQ4 出现故障
工作台不能快速移动，主轴制动失灵	电磁离合器工作不正常
变速时不能冲动控制	冲动行程开关 SQ1 经常受到冲击而不能正常工作

思考与练习

1．车床在加工工件时，工作台可以在哪些方向上进给？
2．为什么要设置工作台的快速进给？
3．X62W 型万能铣床电气控制电路中为什么要设置变速冲动？
4．X62W 型万能铣床主轴停车时无制动，试分析可能的原因。

任务 3.3　T68 型卧式镗床电气控制电路的检修

◎ 任务描述

某工厂在实际生产中，T68 型卧式镗床发生电气故障，主轴能低速启动，不能高速运转。要求维修班人员根据故障现象，尽快排查故障并维修。

◎ 任务目标

1. 能识读 T68 型卧式镗床电气控制电路的电气原理图；
2. 熟悉 T68 型卧式镗床电气控制电路的工作原理；
3. 掌握 T68 型卧式镗床电气控制电路的故障分析方法；
4. 能根据故障现象，检修 T68 型卧式镗床电气控制电路。

相关知识

1. T68 型卧式镗床的认识

T68 型卧式镗床可用于加工精确度高的孔及各孔间距离要求较为精确的零件、如主轴箱、变速器等。镗床除镗孔外，在万能镗床上还可以钻孔、绞孔、扩孔；用镗轴或平旋盘铣削平面；加上车螺纹附件后，还可以车削螺纹；装上平旋盘刀架还可加工大的孔径、端面和外圆。因此，镗床加工范围广，调速范围大，运动部件多。

（1）主要结构及型号含义

T68 型卧式镗床主要由床身、前立柱、镗头架、工作台和带尾架的后立柱等部分组成。其外形如图 3-3-1 所示。

图 3-3-1　T68 型卧式镗床外形图

1—床身；2—镗头架；3—前立柱；4—镗轴、平旋盘、刀具溜板；5—工作台；6—上溜板；7—下溜板；8—后立柱

其型号含义如图 3-3-2 所示。

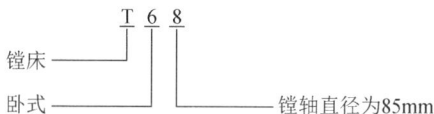

图 3-3-2　T68 型卧式镗床的型号含义

（2）主要运动形式及控制要求

1）主要运动形式：

主运动：镗轴的旋轴和花盘的旋转运动。

进给运动：镗轴的轴向进给、花盘上刀具的径向进给、镗头的垂直进给、工作台的横向进给和纵向进给。

辅助运动：工作台的旋转、后立柱的水平移动、尾架的垂直移动及各部分的快速移动。

2）控制要求：

① 主轴旋转和进给都应有较大的调速范围；主轴电动机为双速笼形异步电动机，机电联合调速。

② 进给运动和主轴及花盘的旋转采用同一台电动机拖动，主电动机能正反转，并可调速，高速运转应先经过低速启动，各方向的进给应有联锁。

③ 各进给部分应能快速移动——采用一台快速电动机拖动。

④ 主电动机要能正反向点动，并且有准确的制动，本机床采用电磁铁带动的机械制动装置。

2. T68 型卧式镗床电气控制电路的工作原理

T68 型卧式镗床电气原理图如图 3-3-3 所示，分为主电路、控制电路和照明电路 3 部分。

（1）主电路分析

T68 卧式镗床主电动机 M1 采用双速电动机，由接触器 KM6、KM7 和 KM8 做三角形－双星形联结，得到主电动机 M1 的低速和高速。接触器 KM1、KM2 主触点控制主电动机 M1 的正反转。KM3 控制 M1 反接制动限流电阻。快速移动电动机 M2 的正反转由接触器 KM4、KM5 控制，由于 M2 是短时间工作，所以不设置过载保护。

（2）控制电路分析

1）主电动机 M1 的控制。主轴电动机 M1 的控制有点动控制、高低速选择、停止制动和变速冲动控制。

① 点动控制。

SB3 为正转点动按钮，SB4 为反转点动按钮。按 SB3→KM1 线圈得电→KM1 常开触点闭合→KM6 线圈得电→M1 串电阻 R 低速旋转。

松开按钮 SB3，接触器 KM1、KM6 都因线圈断电而释放，主轴电动机停止。反转点动原理与正转点动基本相同。

② 高低速选择。主轴电动机启动、运行由 SB1、SB2 控制主轴电动机的正反转。

注意：SQ1、SQ4 是主轴变速行程开关，SQ3、SQ2 是进给变速行程开关，平时两行程开关都是压下的。

a. 低速启动，低速运行。将高低速手柄打在低速位置，行程开关 SQ 未压合，KT 不可能得电。

b. 低速启动，高速运行。将高低速手柄置于高速位置，行程开关 SQ 压合，KT 线圈可得电。

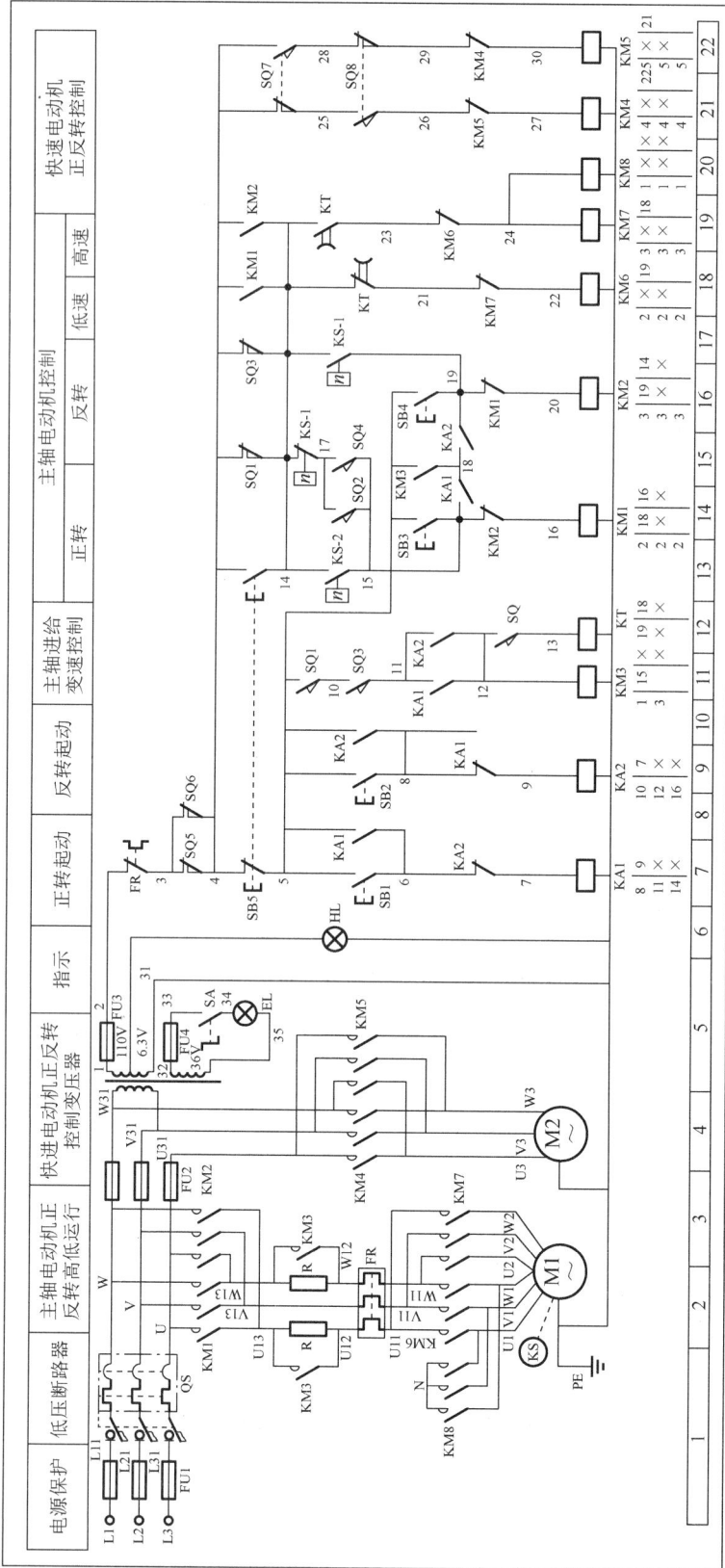

图 3-3-3　T68 型卧式镗床电气原理图

```
                                        ┌→ KT → 延时闭合 → KM7（KM8）得电，M1
                                        │        接成双星形高速运行。
                   ┌→ KA1 → 自锁。    ┌→ KT ┤
                   │                   │     └→ KT → 延时断开 → KM6断电M1惯性运行。
                   ├→ KA1 → 互锁。    │
SB1 → KA1 ┤        │                   │        ┌→ KM3 → 短接电阻R，启动时不降压。
                   ├→ KA1（SQ1、SQ3）┤        │                        ┌→ KM1 → 互锁。
                   │                   └→ KM3 ┤                         │
                   └→ KA1 ──────────┐         └→ KM3 → KM1 ┤→ KM1主触点。
                                      │                        │
                                      │                        └→ KM1 → KM6 ─┐
                                      │
                  ┌→ KM6 → M1低速启动。
         ─────────┤
                  └→ KM6 → 互锁。
```

```
                   ┌→ KA1 → 自锁。
                   │
                   ├→ KA1 → 互锁。
                   │                              ┌→ KM3 → 短接电阻R，启动时不降压。
SB1 → KA1 ┤        │                              │                      ┌→ KM1 → 互锁。
                   ├→ KA1（SQ1、SQ3）→ KM3 ┤        │
                   │                              └→ KM3 → KM1 ┤→ KM1 ──────────┐
                   └→ KA1                                       │                ┌→ KM6 →
                                                                └→ KM1 → KM6 ┤
                                                                               └→ KM6 → 互锁。
```

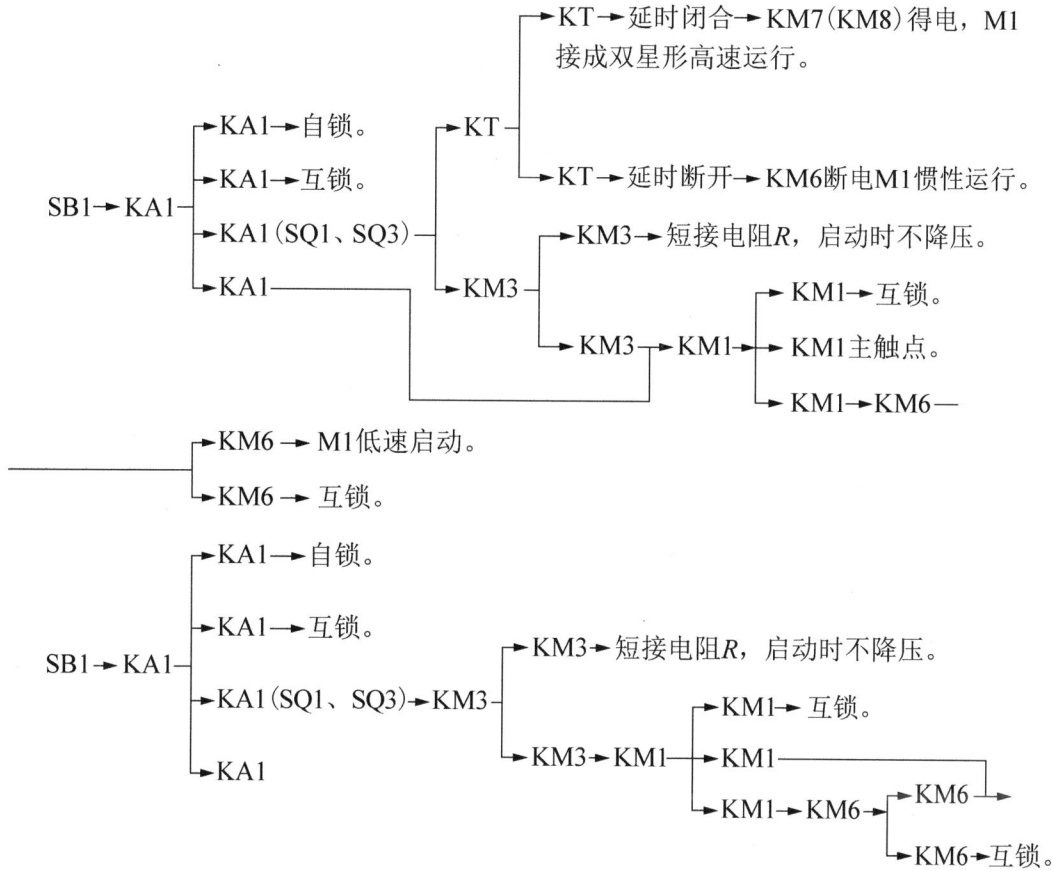

───→ 若选择是低速挡，SQ没压下，KT不吸合，M1就在全压和定子绕组三角形联结下低速运转。

③ 主电动机停车制动。设 M1 为正转，KS-1 常开触点闭合、KS-1 常闭触点断开，按 SB5，其常闭触点断开，KA1、KM3 线圈断电。M1 反转时制动过程与上述相反。

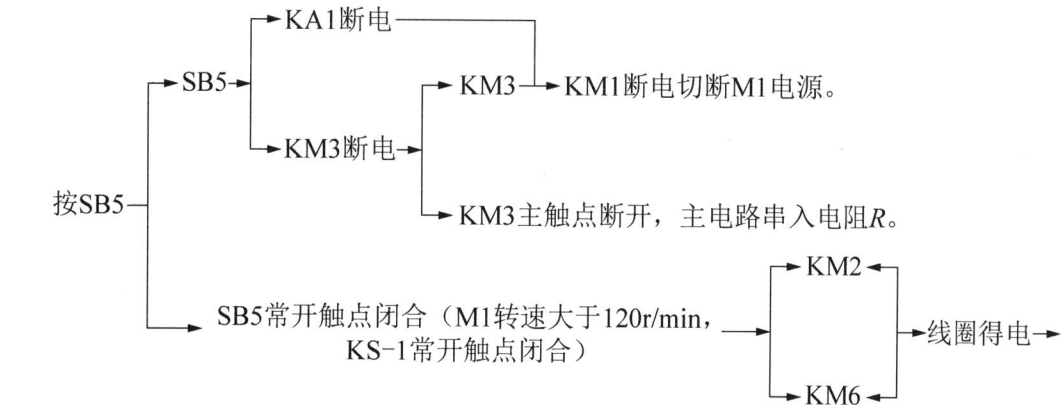

```
                        ┌→ KA1断电 ─────────┐
                        │                     ├→ KM3 → KM1断电切断M1电源。
              ┌→ SB5 ┤                     │
              │         └→ KM3断电 ─────────┘
              │                     └→ KM3主触点断开，主电路串入电阻R。
              │
按SB5 ┤
              │                                                    ┌→ KM2 ─┐
              │         SB5常开触点闭合（M1转速大于120r/min，────┤         ├→ 线圈得电 →
              └→       KS-1常开触点闭合）                            └→ KM6 ─┘
```

```
─────→ 主触点闭合 → M1反接制动 → M1转速低于100r/min，KS-2常开触点
                                      断开制动结束。
```

④ 变速冲动控制。

考虑到本机床在运转过程中进行变速时，能够使齿轮更好地啮合，现采用变速冲动控制。本机床的主轴变速和进给变速分别由各自的变速孔盘机构进行调速。其工作情况是如果运动中要变速，不必按下停车按钮，而是将变速手柄拉出，主轴变速开关 SQ1、SQ2 不再受压，此时 SQ1（5—10）、SQ2（17—15）触点由接通变为断开，SQ1（4—14）触点由断开变为接通，则 KM3、KT 线圈断电释放，KM1 断电释放，KM2 通电吸合，KM7、KM8 断电释放，KM6 通电吸合，于是电动机 M1 定子绕组接为三角形联结，串入限流电阻 R 进行正向低速反接制动，使 M1 转速迅速下降，当转速下降到速度继电器 KS 释放转速时，又由 KS 控制 M1 进行正向低速脉动转动，以利于齿轮啮合。待推回主轴变速手柄时，SQ1、SQ2 行程开关压下，SQ1 常开触点由断开变为接通状态。此时，KM3、KT 和 KM1、KM6 通电吸合，M1 先正向低速（三角形联结）启动，后在时间继电器 KT 控制下自动转为高速运行。由上述可知，所谓运行中的变速是指机床拖动系统在运行中，可拉出变速手柄进行变速，而机床电气控制系统可使电动机接入电气制动，制动后又控制电动机低速脉动运转，以利于齿轮啮合。待变速完成后，推回变速手柄又能自动启动运转。

2）快速移动电动机 M2 的控制。加工过程中，主轴箱、工作台或主轴的快速移动，是将快速手柄扳动，接通机械传动链，同时压动限位开关 SQ7 或 SQ8，使接触器 KM4、KM7 线圈得电，快速移动电动机 M2 正转或反转，拖动有关部件快速移动。

① 将快速移动手柄扳到"正向"位置，压动 SQ7，其常开触点闭合，KM4 线圈得电动作，M2 正向转动。将手柄扳到中间位置，SQ7 复位，KM4 线圈失电释放，M2 停转。

② 将快速移动手柄扳到"反向"位置，压动 SQ8，其常开触点闭合，KM7 线圈得电动作，M2 反向转动。将手柄扳至中间位置，SQ8 复位，KM7 线圈失电释放，M2 停转。

③ 主轴箱、工作台与主轴机动进给互锁功能。为防止工作台、主轴箱和主轴同时机动进给，损坏机床或刀具，在电气电路上采取了相互联锁措施。为使工作台及镗头架的自动进给与主轴及花盘刀架的自动进给不能同时进行，用 SQ5 和 SQ6 来进行联锁。工作台及镗头架自动进给时压 SQ5；主轴及花盘刀架自动进给时压 SQ6，当两个手柄都置于进给位置时，SQ5、SQ6 全压下，控制电路断电，机床不能工作。

3. 照明电路

机床照明由变压器供给 36V 安全电压。

任务实施

第1步　修理前进行调查研究

机床发生故障后，经询问操作工并试车运行后，了解到主轴电动机能低速启动，但不能高速运转。

第2步 电路分析

时间继电器 KT 和位置开关 SQ7 控制主轴电动机从低速向高速转换。出现主轴能低速启动、不能高速运转的故障后，应着重考虑时间继电器 KT 和位置开关 SQ7 是否动作或接触良好。

第3步 利用仪器、仪表、工具进行进一步的检查

利用万用表等进行故障检查，测量电路中的电压、电阻，判断故障所在。

第4步 排除故障

主轴不能高速运转的检修流程如图 3-3-4 所示。

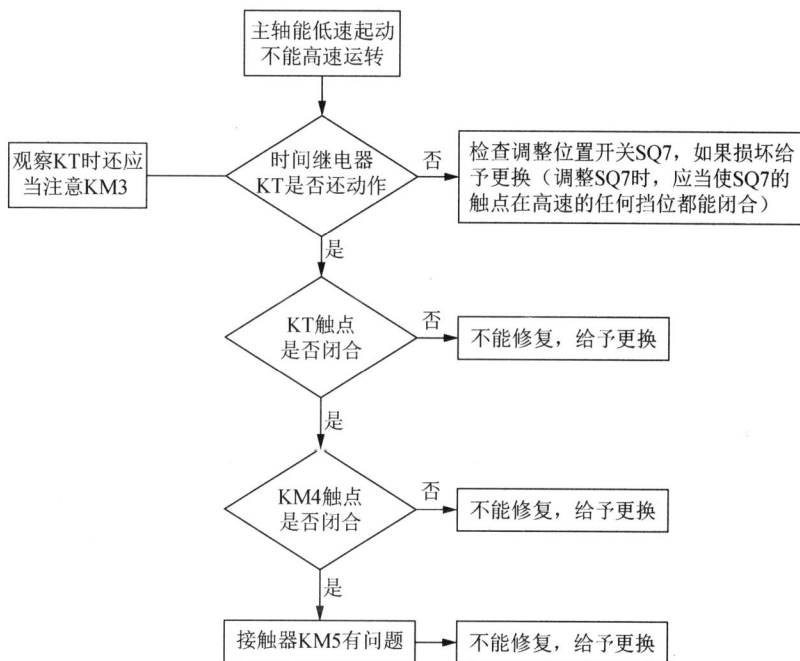

图 3-3-4 主轴不能高速运转的检修流程图

第5步 通电试车并做维修记录

经操作工同意，通电试车成功交付使用；做好维修记录，认真总结经验。故障排除以后，维修人员在运行前还应做进一步检查，通过检查证实故障确实已经排除，然后向操作人员交付。最后做好维修记录。维修记录表同表 3-1-5。

T68 型卧式镗床电气控制电路的常见故障及检修方法见表 3-3-1。

表 3-3-1　T68 型卧式镗床电气控制电路的常见故障及检修方法

故障现象	故障原因分析	排除方法
M1 不能启动	主轴电动机 M1 是双速电动机，正、反转控制不可能同时损坏。熔断器 FU1、FU2、FU4 的其中一个有熔断、自动快速进给、主轴进给操作手柄的位置不正确，压合 SQ1、SQ2 动作，热继电器 FR 动作，使电动机不能启动	FU1 熔丝已熔断。检查电路无短路，更换熔丝，故障排除。（检查 FU1 已熔断，说明电路中有大电流冲击，故障主要集中在 M1 主电路上）
只有高速挡，没有低速挡	接触器 KM4 已损坏；接触器 KM5 常闭触点损坏；时间继电器 KT 延时断开的动断触点损坏；SQ 一直处于通的状态，只有高速挡	检查接触器 KM4 线圈已损坏。更换接触器，故障排除
主轴变速手柄拉出后，主轴电动机不能冲动；或变速完毕，合上手柄后，主轴电动机不能自动开车	位置开关 SQ1 质量方面的问题，由绝缘击穿引起短路而接通无法变速	将主轴变速操作盘的操作手柄拉出，主轴电动机不停止。断电后，检查 SQ1 的常开触点不能断开，更换 SQ1，故障排除
主轴电动机 M1、进给电动机 M2 都不工作	熔断器 FU1、FU2、FU4 的熔丝熔断；变压器 TC 损坏	查看照明灯工作正常，说明 FU1、FU2 的熔丝未熔断。在断电情况下，检查 FU4 的熔丝已熔断，更换熔丝，故障排除
主轴电动机不能点动工作	SB1（100 号）线至 SB4 或 SB5（150 号）线路路	检查 40 号线断路，给予复原即可
只有低速挡，没有高速挡	1）时间继电器 KT 损坏；KM4 常闭触点、KM5 线圈不正常。 2）时间继电器 KT 是控制主轴电动机从低速向高速转换的。时间继电器 KT 不动作；行程开关 SQ 安装的位置移动；SQ 一直处于断的状态；接触器 KM5 损坏；KM4 常闭触点损坏	1）检查 KM5 线圈、KM4 常闭触点正常，时间继电器 KT 延时闭合的动合触点不通，更换微动开关，故障排除。 2）检查接触器 KM5 线圈良好，检查接触器 KM5 线圈（181 号）线与 KM4 常闭触点（180 号）线间电阻为无穷大已开路，更换导线，故障排除
点动可以工作，直接操作 SB2、SB3 按钮不能启动	接触器 KM3 线圈或常开辅助触点损坏	检查接触器 KM3 线圈损坏，更换接触器，电路恢复工作
进给电动机 M2 快速移动正常，主轴电动机 M1 不工作	热继电器 FR 常闭触点断开	检查热继电器 FR 常闭触点已烧坏，但不要急于更换，一定要查明原因
主轴电动机 M1 工作正常，进给电动机 M2 缺相	熔断器 FU2 中有一个熔丝熔断。KM6、KM7 同时损坏造成缺相的现象不多见	检查 FU2 的熔丝熔断，更换熔丝，故障排除。注意：有一个方向工作正常，故障必然在接触器 KM6 或 KM7 的主触点
正向启动正常，反向无制动，且反向启动不正常	若反向也不能启动，故障在 KM1 常闭触点，或在 KM2 线圈，KM2 主触点接触不良，以及 SR2 触点未闭合	检查 KM1 线圈正常，速度继电器 SR2 常开触点良好。检查 KM1 常闭触点接触不良，修复触点，故障排除
变速时，电动机不能停止	位置开关 SQ3 或 SQ4 常开触点短接	拉出变速手柄，检查位置开关 SQ3 正常，SQ4 常开触点的电阻很小，更换位置开关 SQ4，故障排除

任务评价

T68 型卧式镗床电气控制电路安装与检修任务评价见表 3-3-2。

表 3-3-2　T68 型卧式镗床电气控制电路安装与检修任务评价表

项目内容	配分	评价标准		得分
排除故障前的检查	20 分	电气元件漏检或错检，每处扣 1 分		
故障分析	30 分	1）故障分析和排除故障的思路不正确，每处扣 5 分。 2）标错电路故障范围，每个扣 5 分		
排除故障	30 分	1）断电不验电，扣 5 分。 2）工具及仪表使用不当，每次扣 5 分。 3）排除故障的顺序不对，扣 5～10 分。 4）不能查出故障点，每个扣 10 分。 5）查出故障点，但不能排除，每个扣 5 分。 6）产生新的故障： ① 不能排除，每个扣 10 分； ② 已经排除，每个扣 5 分。 7）损坏电动机，扣 20 分。 8）损伤电气元件，或排除故障方法不对，每只（次）扣 5 分		
通电试车	20 分	1）热继电器未整定或整定错误，扣 10 分。 2）熔丝规格选用不当，扣 5 分。 3）一次试车不成功，扣 10 分。 4）两次试车不成功，扣 15 分。 5）三次试车不成功，扣 20 分		
安全文明生产		违反安全文明生产规程，扣 10～20 分		
定额时间：30min		每超时 5min 扣 5 分，不足 5min 按 5min 计		
备注		除定额时间外，各项目的最高扣分不应超过配分分数	成绩	
开始时间		结束时间	实际时间	

知识拓展

Z3050 摇臂钻床常见电器故障的分析与检修

1. Z3050 摇臂钻床的认识

钻床是一种用途广泛的孔加工机床，可用来进行钻孔、扩孔、绞孔、攻螺纹及修刮端面等多种形式的加工。钻床的结构形式很多，有立式钻床、卧室钻床、深孔钻床等。摇臂钻床是一种立式钻床，它用于单件或批量生产中带有多孔的大型零件的孔加工，是一般机械加工车间常用的机床。

（1）主要结构及型号含义

摇臂钻床主要由底座、内外立柱、摇臂、主轴箱和工作台等组成。其外形如图 3-3-5 所示。

其型号含义如图 3-3-6 所示。

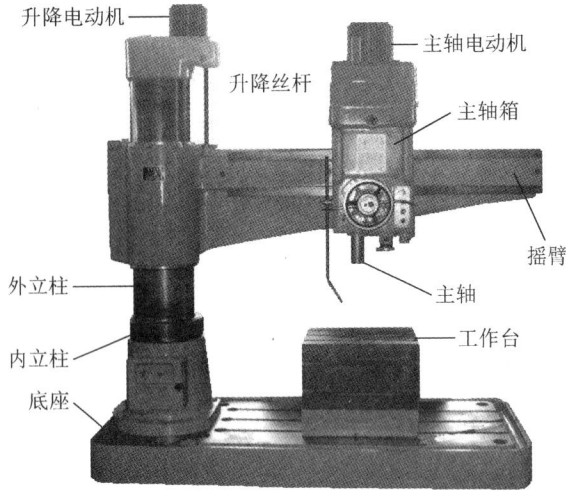

图 3-3-5　Z3050 摇臂钻床外形图

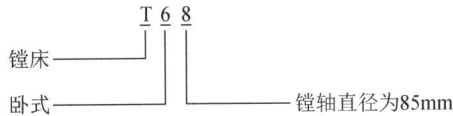

图 3-3-6　Z3050 摇臂钻床的型号含义

（2）工作原理

1）图 3-3-7 所示为 Z3050 摇臂钻床的电气原理图。

合上电源开关 QS1，机床摇臂与立柱处于自动夹紧状态：

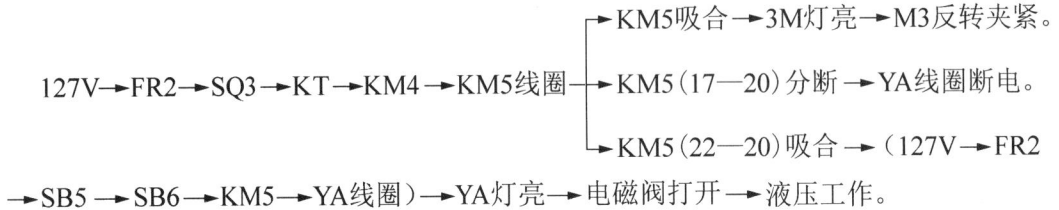

127V→FR2→SQ3→KT→KM4→KM5线圈

→KM5吸合→3M灯亮→M3反转夹紧。

→KM5（17—20）分断→YA线圈断电。

→KM5（22—20）吸合→（127V→FR2

→SB5→SB6→KM5→YA线圈）→YA灯亮→电磁阀打开→液压工作。

2）扳动机床照明开关 SA→照明灯 EL 亮：

36V→FU3→SA→照明灯 EL 亮。

3）主轴电动机 M1 工作：

① 按主轴启动按钮 SB2：

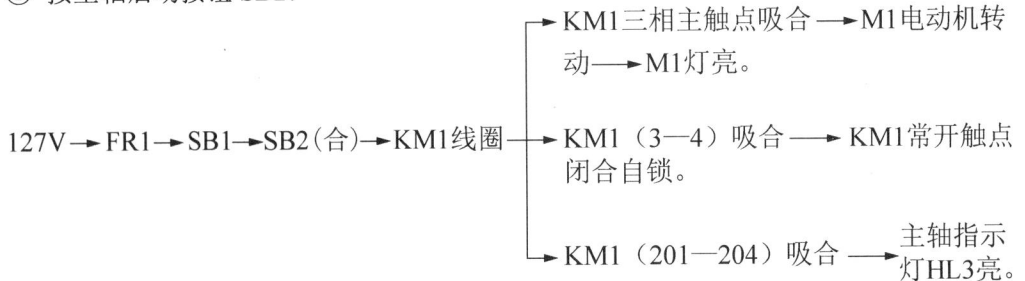

127V→FR1→SB1→SB2（合）→KM1线圈

→KM1三相主触点吸合→M1电动机转动→M1灯亮。

→KM1（3—4）吸合→KM1常开触点闭合自锁。

→KM1（201—204）吸合→主轴指示灯HL3亮。

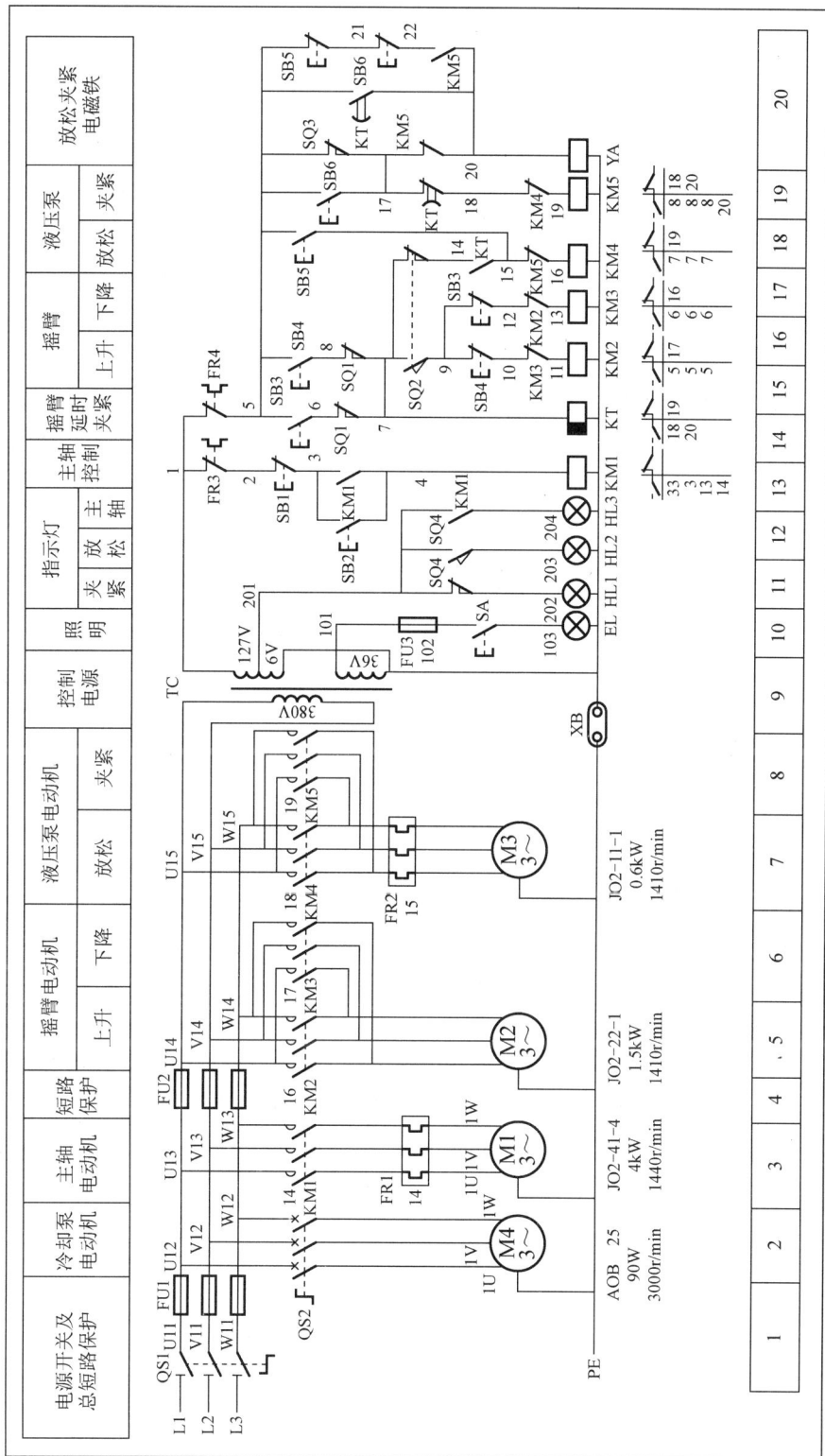

图 3-3-7 Z3050 摇臂钻床电气原理图

② 按主轴停止按钮 SB1：

KM1 线圈断电——►KM1 释放——►1M 灯亮灭（按钮指示灯 HL3 熄灭）——►主轴电动机 M1 停转。

4）冷却泵电动机 M4 工作：

合上 QS2：

L1L2L3 ——► QS1 ——► FU1 ——► QS2 ——► 4M ——► 4M 灯亮 ——► 冷却泵电动机 M4 工作。

断开 QS2 ——► 4M 灯灭 ——► 冷却泵电动机 M4 停止。

5）摇臂上升控制：松 ——► 升 ——► 紧。

① 摇臂对立柱由夹紧 ——► 放松。

按住上升按钮 SB3：

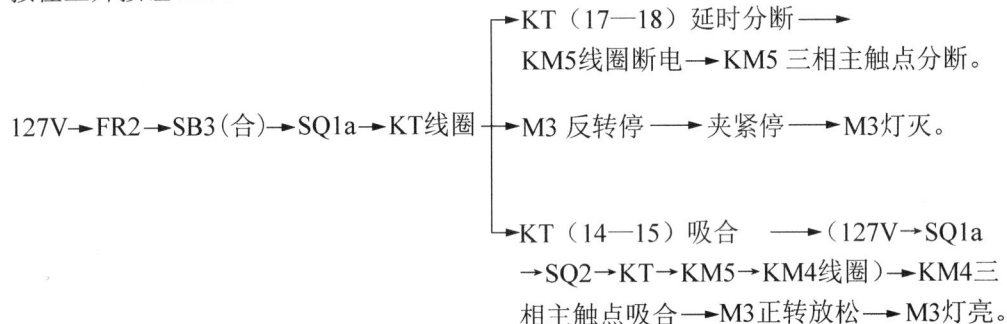

127V—►FR2—►SB3（合）—►SQ1a—►KT线圈 ┬► KT（17—18）延时分断——► KM5线圈断电——►KM5 三相主触点分断。 M3 反转停 ——► 夹紧停 ——► M3灯灭。

└► KT（14—15）吸合 ——►（127V—►SQ1a —►SQ2—►KT—►KM5—►KM4线圈）——►KM4三相主触点吸合——►M3正转放松——►M3灯亮。

注意：KM5线圈断电时 ┬►KM5（22—20）分断——►YA灯灭。
└►KM5（17—20）复位闭合——►YA灯亮——►电磁阀仍打开。

KT线圈通电时——►KT（5—20）延时闭合——►YA灯亮——►电磁阀仍打开。

② 摇臂上升。

扳动放松限位行程开关SQ2 ┬►SQ2（7—14）分断 ——► KM4线圈断电 ——► KM4 三相主触点释放 ——► M3灯灭 ——► M3放松停。

└►SQ2（7—9）闭合 ——►（127V—►FR2—►SB3—►SQ1a—► SQ2—►SB4—►KM3—►KM2线圈）——►KM2吸合——►M2灯亮，升降电动机正转M2工作 ——► 摇臂上升。

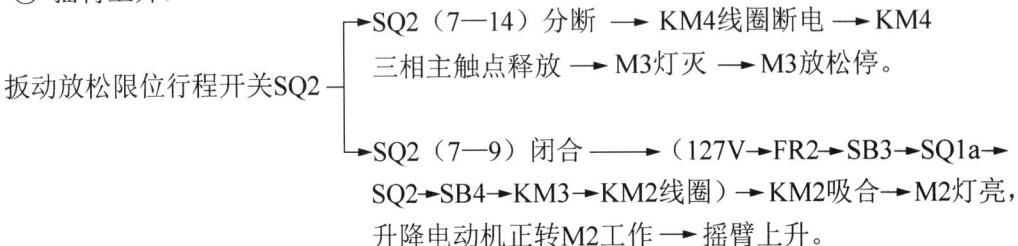

注意：KT 线圈仍通电 ——► KT（5—20）仍闭合［KM5（17—20）也仍闭合］——► YA 灯亮 ——► 电磁阀仍打开。

③ 上升到位：上升停，并放松 ——► 夹紧。

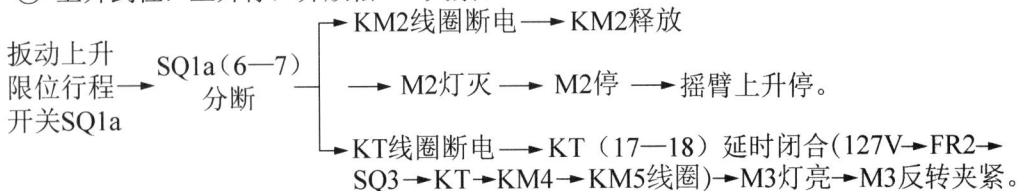

扳动上升限位行程开关SQ1a —► SQ1a（6—7）分断 ┬►KM2线圈断电——►KM2释放 ——► M2灯灭 ——► M2停 ——► 摇臂上升停。

└► KT线圈断电——►KT（17—18）延时闭合(127V—►FR2—► SQ3—►KT—►KM4—►KM5线圈)——►M3灯亮—►M3反转夹紧。

注意：KT 线圈断电时 ━━► KT（5—20）延时分断 ━━► YA 灯灭。

KM5线圈通电时 ━┳━► KM5（17—20）分断 ━━► YA灯灭。
　　　　　　　　┗━► KM5（22—20）吸合 ━━►（127V━►FR2━►SB5━►SB6━►KM5
　　　　　　　　━►YA线圈）━► YA灯亮 ━► 电磁阀仍打开。

④ 松开上升按钮 SB3。

说明：上升中也可上升到任意位置停（不扳动上升限位行程开关 SQ1a），直接在②后松开松开上升按钮 SB3，同样执行③的功能及显示。

6）摇臂下降控制：松 ━► 降 ━► 紧。

① 摇臂对立柱由夹紧 ━► 放松。

按住下降按钮 SB4：

127V━►FR2━►SB4（合）━►SQ1b ━►KT线圈 ━┳━► KT（17—18）延时分断 ━►KM5
线圈断电 ━► KM5 三相主触点分断 M3反转停 ━► 夹紧停 ━► M3灯灭。

　┗━► KT（14—15）吸合 ━►（127V━►SQ1b━►SQ2 ━► KT━►KM5━►KM4线圈）━►KM4三相主触点吸合 ━► M3正转放松 ━► M3灯亮。

注意：KM5线圈断电时 ━┳━► KM5（22—20）分断 ━━► YA灯灭。
　　　　　　　　　　　┗━► KM5（17—20）复位闭合 ━►YA灯亮 ━► 电磁阀仍打开。

KT线圈通电时 ━━► KT（5—20）延时闭合 ━► YA灯亮 ━► 电磁阀仍打开。

② 摇臂下降。

扳动放松限位行程开关SQ2 ━┳━► SQ2（7—14）分断 ━━► KM4线圈断电 ━► KM4三相主触点释放 ━► M3灯灭 ━► M3放松停。

　┗━► SQ2（7—9）闭合 ━━►（127V━►FR2━►SB4━►SQ1b━►SQ2━►SB3━►KM2━►KM3线圈）━━► KM3吸合 ━━► M2灯亮 ━► 升降电动机反转，M2工作 ━► 摇臂下降。

注意：KT 线圈仍通电━►KT（5—20）仍闭合（KM5（17—20）也仍闭合）━►YA 灯亮━►电磁阀仍打开。

③ 下降到位：下降停，并放松 → 夹紧。

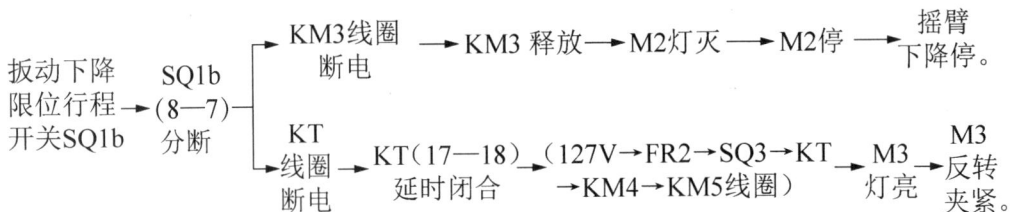

扳动下降限位行程开关SQ1b → SQ1b(8—7)分断 →

→ KM3线圈断电 → KM3 释放 → M2灯灭 → M2停 → 摇臂下降停。

→ KT线圈断电 → KT(17—18)延时闭合 → (127V→FR2→SQ3→KT→KM4→KM5线圈) → M3灯亮 → M3反转夹紧。

注意： KT 线圈断电时 → KT（5—20）延时分断 → YA 灯灭。

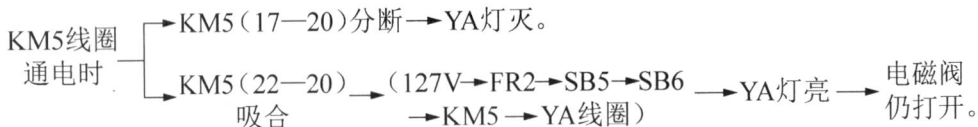

KM5线圈通电时 →

→ KM5（17—20）分断 → YA灯灭。

→ KM5（22—20）吸合 → (127V→FR2→SB5→SB6→KM5→YA线圈) → YA灯亮 → 电磁阀仍打开。

④ 松开下降按钮 SB3。

说明： 下降中也可下降到任意位置停（不扳动下降限位行程开关 SQ1b），直接在②后松开下降按钮 SB4，同样执行③的功能及显示。

7）主轴箱和立柱松、紧的点动控制。

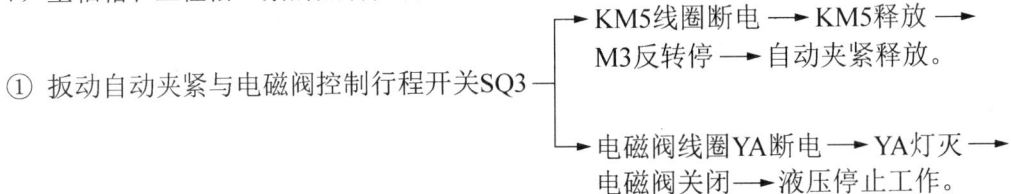

① 扳动自动夹紧与电磁阀控制行程开关SQ3 →

→ KM5线圈断电 → KM5释放 → M3反转停 → 自动夹紧释放。

→ 电磁阀线圈YA断电 → YA灯灭 → 电磁阀关闭 → 液压停止工作。

② 按住点动放松按钮 SB5：（127V → FR2 → SB5 → KM5 → KM4 线圈）→ KM4 三相主触点吸合 → M3 正转放松。

M3 灯亮 → 主轴箱和立柱松开。

点动放松指示灯信号：扳动行程开关 SQ4 → （6V → SQ4）→ 指示灯 EL1 灯亮。

③ 按住点动夹紧按钮 SB6：（127V → FR2 → SB6 → KT → KM4 → KM5 线圈）→ KM5 三相主触点吸合 → M3 反转夹紧 → M3 灯亮 → 主轴箱和立柱夹紧。

点动夹紧指示灯信号：扳动行程开关 SQ4 → （6V → SQ4）→ 指示灯 EL2 灯亮。

2. Z3050 摇臂钻床常见电气故障的分析与检修

以 Z3050 摇臂钻床的常见电气故障为例分析。

故障现象： 摇臂只能上升，不能下降。

分析： 因摇臂能上升，所以故障范围应在 KM3 有关的主电路和控制电路上。检查主电路为 KM3 的主触点接触是否良好；检查控制电路从 9 号线 KM3 线圈控制回路至 0 号线是否有断路点。

　　检查： 合上 QS1，按下 SB4，M3 运转一下停止，M2 不运转，且 KM3 没吸合。由此断定为 KM3 线圈控制回路有断点或接触不良。继续按下 SB4，短接 9 号线和 13 号线，KM3 吸合，短接 12 号线至 13 号线，KM3 不吸合，证明 SB3 常闭触点接触不良。停电后，断开 12 号线，用万用表 R_1 挡测量 SB3 常闭触点，不通，拆开检查为油污垢所致，拆换 SB3，故障排除。

　　Z3050 型摇臂钻床电气电路主要故障见表 3-3-3。

表 3-3-3　Z3050 型摇臂钻床电气电路主要故障

故障现象	故障原因
M1、M2、M3 全部不能启动	无电源电压，QS1 接触不良，FU1 断，FU2 的 U、V 相断路，控制电路 1 号线或 0 号线有断点
主轴电动机 M1 不能启动或只有点动	SB1、SB2 接触不良，FR1 有断点，KM1 线圈断路，1 号线接至 FR1 导线断路，0 号线接至 KM1 线圈导线断路，KM1 自锁触点接触不良（只有点动），主电路 FR1 有断点
摇臂不能升降，其他正常	SQ2 压合接触不良，9 号线从 SB3、SB4 接至 SQ2 导线有断点，0 号线接至 KM2、KM3 线圈导线有断点，M2 有问题
摇臂不能上升	主电路中 KM2 主触点接触不良，SB4 常闭接触不良，KM2 线圈回路中 KM3 的常闭触点接触不良，KM2 线圈断，9 号线接至 SB4 常闭触点导线断路，0 号线接至 KM2 线圈导线断路
摇臂不能下降	主电路中 KM3 主触点接触不良，SB3 常闭触点接触不良，KM3 线圈回路中 KM2 的常闭触点接触不良，KM3 线圈断，9 号线接至 SB3 常闭触点导线断路，0 号线接至 KM3 线圈导线断路
液压泵电动机 M3 不能启动	主电路 FR2 有断点，M3 有问题，SB3、SB4 接触不良，KT 线圈断，7 号线接至 KT 线圈导线断路，0 号线接至 KT 线圈导线断路，SQ2 常闭触点接触不良或没复位，KT 瞬时常开触点接触不良，KM4 线圈回路中 KM5 的常闭触点接触不良，KM4 线圈断，0 号线接至 KM4 线圈导线断路
冷却泵电动机 M4 不能启动	QS2 断路，M4 有问题

● 思考与练习 ●

　　1．双速电动机在高速启动时为什么要先进入低速启动？

　　2．电动机 M2 正向快速移动不能工作，是什么原因？

　　3．当主轴电动机进给手柄拨动时电路工作停止，是什么原因？

　　4．位置开关 SQ3、SQ4 常开触点不闭合，会出现什么故障？

任务 3.4　住宅污水处理系统电气控制电路的检修

◎ 任务描述

　　某民用住宅污水处理系统 1 号泵不能正常工作，其他正常。要求维修班人员根据故障现象，尽快排查故障并维修。

◎ 任务目标

1. 能识读住宅污水处理系统电气控制电路的电气原理图；
2. 熟悉住宅污水处理系统电气控制电路的工作原理；
3. 掌握住宅污水处理系统电气控制电路的故障分析方法；
4. 能根据故障现象，检修住宅污水处理系统电气控制电路。

相关知识

1. 民用住宅污水处理系统模拟台的认识

图 3-4-1 所示为民用住宅污水处理系统模拟台。主要用来排除生活污水、溢水等废水，当污水集水池的水位到达设备的高、低水位时，能自动开启和停止水泵，并具有完善的电路保护和电气状态显示，具体控制要求如下：

1）高水位时水泵自动开启，低水位时自动停止。

2）具有自动、手动两种控制功能。手动工作时，一个泵坏了，可以手动切换到另一个泵继续排水；自动工作时，如果一个坏了，另一个可以 5s 后切换到另一个泵继续排水。并且设有高水位和超高水位报警。高水位通过浮球开关实现，超高水位通过鸭嘴开关实现。

3）具有一个工作泵和一个备用泵，当工作泵因故障停止时，备用泵能自动投入运行，且工作泵和备用泵的工作性质可互换。

4）设有超高水位报警装置，防止污水溢出。

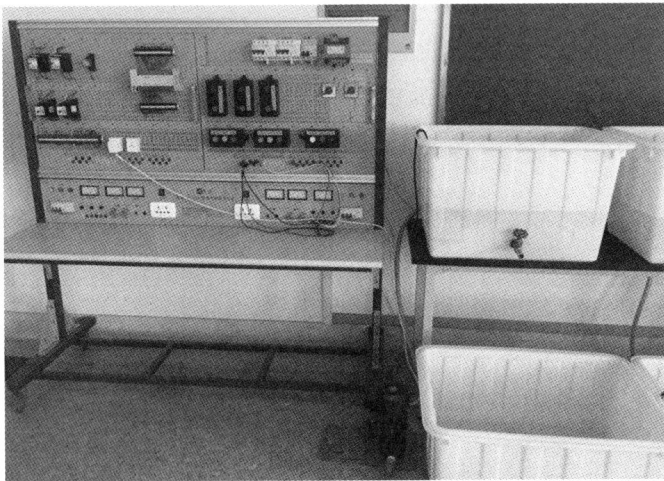

图 3-4-1　民用住宅污水处理系统模拟台

2. 民用住宅污水处理系统电气控制电路的工作原理

民用住宅污水处理系统电气原理图如图 3-4-2 所示。

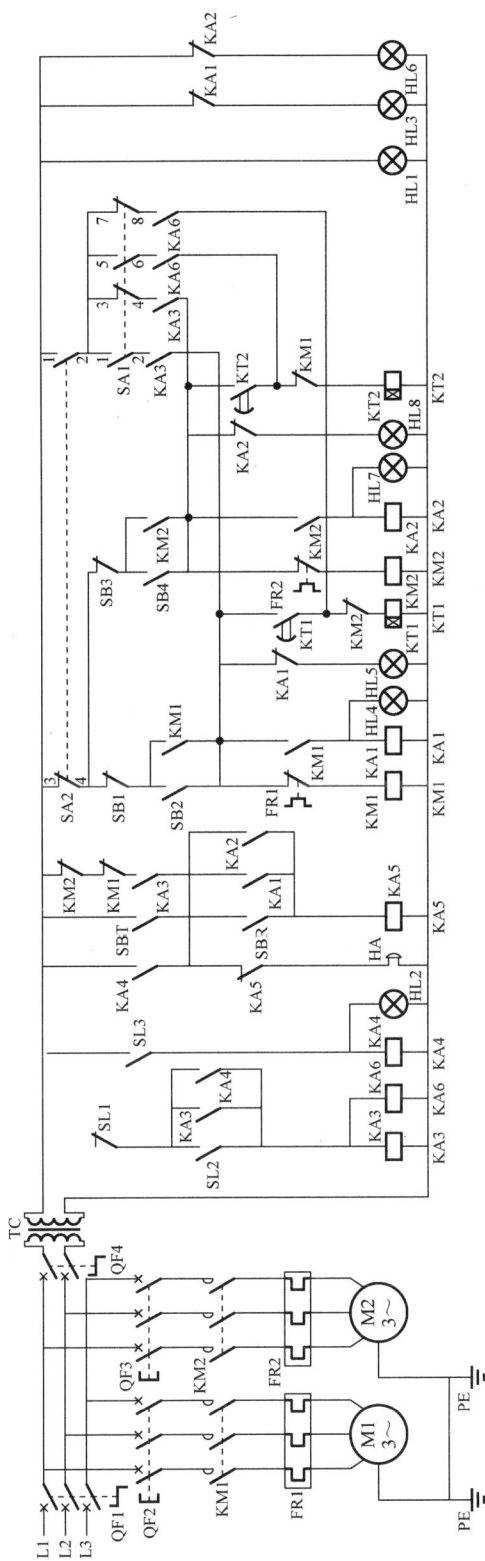

图 3-4-2　民用住宅污水处理系统电气原理图

QF1—电源开关；QF2—M1 主控开关；QF3—M2 主控开关；QF4—控制电路开关；PE—接地保护装置；TC—控制变压器；FR1—M1 热继电器；FR2—M2 热继电器；KM1—M1

HL2—超高水位显示；HA—报警蜂鸣器；SL1—低水位开关；SL2—高水位开关；SL3—超高水位开关；HL1—控制电源显示；HL3—1 号泵运行指示；HL4—1 号泵运行指示；HL5—1 号泵

SA1—工作备用转换开关；SA2—手动/自动转换开关；KT1—工作泵备用泵延时控制；HL3—1 号泵运行指示灯；HL1—控制电源显示灯；HL4—1 号泵运行指示；HL5—1 号泵

故障指示；HL7—2 号泵停止指示；HL6—2 号泵运行指示；HL8—2 号泵故障指示

热继电器；KM2—M2 热继电器；

主控开关；SBT—实验按钮；SBR—消音按钮；

在图 3-4-2 中，SA1 的 1、2、5、6 两常开触点闭合时 1 号泵为工作泵，2 号泵为备用泵；SA1 的 3、4、7、8 两常开触点闭合时，2 号泵为工作泵，1 号泵为备用泵。SA2 的 1、2 常开触点闭合为自动工作方式，SA2 的 3、4 常开触点闭合为手动方式。

（1）调试

合上电源开关。

按下 SBT ──→ 超高报警响。

（点动）

按下 SL2 ┬─→ KA3线圈得电 ─┐
（高水位）└─→ KA6线圈得电 ─┴─→ 超高报警响。

按下 SBR ──→ 中断超高报警。

（点动）

按下 SL3 ──→ KA4线圈得电 ──→ KA4常开触头闭合 ┬─→ KA3线圈得电 ─┐
（超高水位）   └─→ kA6线圈得电 ─┴─→ 超高报警响。

停止按下 SL1（低水位）即可。

（2）手动

按下 SB2 ┬─→ KM1线圈得电 ─┐
         └─→ KA1线圈得电 ─┴─→ 1号泵工作。

停止按下 SB1 即可。

按下 SB4 ┬─→ KM2线圈得电 ─┐
         └─→ KA2线圈得电 ─┴─→ 2号泵工作。

停止按下 SB3 即可。

（3）自动

转换开关置于 1 号泵 ──→ 按下 SL2 ──→ 1 号泵运转。

当1号泵出现故障时 ┬─→ 超高报警响（1号泵运转自动停止）。
                  └─→ KT2线圈得电（延时5s）──→ 2号泵运转。

转换开关置于 2 号泵 ──→ 按下 SL2 ──→ 2 号泵运转。

当2号泵出现故障时 ┬─→ 超高报警响（2号泵运转自动停止）。
                  └─→ KT1线圈得电（延时5s）──→ 1号泵运转。

当1号泵、2号泵都出现故障时 ──→ 超高报警一直响，停止按下SL1即可。

任务实施

第 1 步 修理前进行调查研究

民用住宅污水处理系统发生故障后，经询问操作工并试车运行后，了解到模拟台其他操作均能正常进行，但 1 号泵不能正常工作。按住 SB2，KM1 线圈吸合，1 号泵工作；松开 SB2，1 号泵停止工作。

第 2 步 电路分析

正常工作时，按下 SB2，因为 KM1 常开触点的自锁，使得 1 号泵能持续工作，且 KA1 线圈得电，指示灯 HL4 点亮。查看故障现象后发现按住 SB2 不动，KA1 线圈不吸合，指示灯 HL4 不亮，由此判断故障点应在 KM1 的自锁电路上。

第 3 步 利用仪器、仪表、工具进行进一步的检查

利用万用表等进行故障检查，测量 SB2 到 KM1 自锁触点的电路电阻。

第 4 步 排除故障

经检测，SB2 到 KM1 自锁触点的电路断路，重新接通此线。

第 5 步 通电试车并做维修记录

经操作工同意，通电试车成功交付使用；做好维修记录，认真总结经验。故障排除以后，维修人员在运行前还应做进一步检查，通过检查证实故障确实已经排除，然后向操作人员交付。最后做好维修记录。维修记录表同前，见表 3-1-5。

任务评价

住宅污水处理系统电气控制电路安装与检修任务评价见表 3-4-1。

表 3-4-1 住宅污水处理系统电气控制电路安装与检修任务评价表

项目内容	配分	评价标准	得分
排除故障前的检查	20 分	电气元件漏检或错检，每处扣 1 分	
故障分析	30 分	1) 故障分析和排除故障的思路不正确，每处扣 5 分。 2) 标错电路故障范围，每个扣 5 分	
排除故障	30 分	1) 断电不验电，扣 5 分。 2) 工具及仪表使用不当，每次扣 5 分。 3) 排除故障的顺序不对，扣 5~10 分。 4) 不能查出故障点，每个扣 10 分。	

续表

项目内容	配分	评价标准	得分
排除故障	30 分	5）查出故障点，但不能排除，每个扣 5 分。 6）产生新的故障： ① 不能排除，每个扣 10 分； ② 已经排除，每个扣 5 分。 7）损坏电动机，扣 20 分。 8）损伤电气元件，或排除故障方法不对，每只（次）扣 5 分	
通电试车	20 分	1）热继电器未整定或整定错误，扣 10 分。 2）熔丝规格选用不当，扣 5 分。 3）一次试车不成功，扣 10 分。 4）两次试车不成功，扣 15 分。 5）三次试车不成功，扣 20 分	
安全文明生产	违反安全文明生产规程，扣 10～20 分		
定额时间：30min	每超时 5min 扣 5 分，不足 5min 按 5min 计		
备注	除定额时间外，各项目的最高扣分不应超过配分分数	成绩	
开始时间		结束时间		实际时间	

● 思考与练习 ●

在民用住宅污水处理系统中，当 1 号泵出现故障时，如何实现 2 号泵的运转？

任务 3.5 高层恒压供水系统电气控制电路的检修

◎ **任务描述**

某学校的高层恒压供水系统模拟设备在教学过程中发生故障，电动机不运行，并发出"嗡嗡"声。要求电气工程学院学生尽快检修故障，以恢复正常教学。

◎ **任务目标**

1. 了解高层恒压供水系统的构成；
2. 掌握高层恒压供水系统电气控制电路的工作原理；
3. 掌握高层恒压供水系统电气控制电路的故障分析方法；
4. 能根据故障现象，检修高层恒压供水系统电气控制电路。

1. 高层恒压供水系统的认识

（1）设备概述

本实验装置采用日本三菱可编程控制器（PLC）和变频器为主要控制器件，PLC 通过 A/D 转换模块采集传感器的输出信号，从而监测供水压力及液面高度，再由 PLC 控制变频器和接触器调节水泵的工作状态，使供水压力保持在一个恒定的范围。图 3-5-1 所示为该设备的外形图。

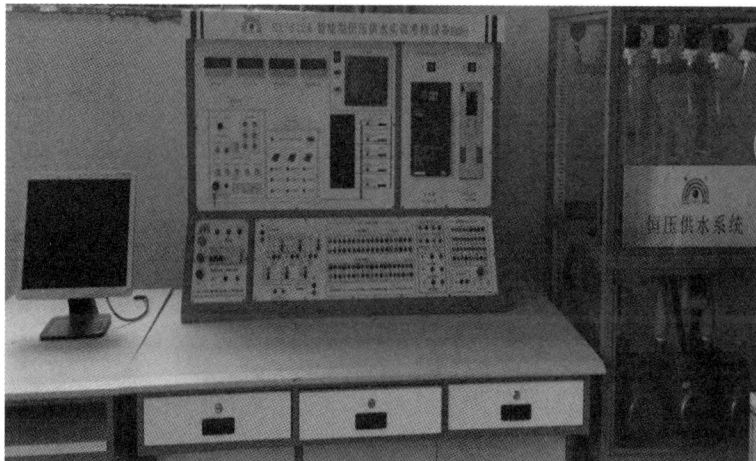

图 3-5-1　高层恒压供水系统模拟设备

（2）设备操作

设备注水过程如下：

1）按照表 3-5-1，将每个球形手阀复位。

表 3-5-1　球形手阀复位

球形手阀名称	复位情况	作用
KU1	ON	调节 1 号电磁阀出水流量
KU2	ON	调节 2 号电磁阀出水流量
KU3	ON	调节 3 号电磁阀出水流量
KU4	ON	调节 4 号电磁阀出水流量
KU5	ON	调节 5 号电磁阀出水流量
KS1	OFF	排放承压箱中的水时，用于与大气相通，加速排放
KS2	OFF	阻止承压箱中的水流入排水通道
KS3	OFF	供水箱的排水开关

2）往水箱中加入约 2/3 的水，如图 3-5-2 所示。

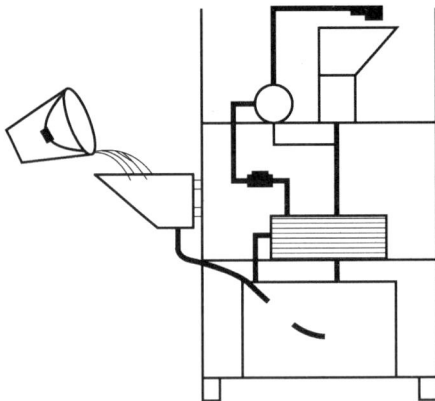

图 3-5-2　往水箱中加入约 2/3 的水

3）进行水泵"上水"，即"排空"调试。由于刚开始时承压箱是空的，实验时需要供水系统实现一个自循环，必须将水加满承压箱，并且使每个水泵进行排空。具体步骤如下：

① 将 1 号水泵直接和变频器的输出端相连，注意相序不要颠倒。将两个传感器的输出用导线短路，以便形成电流回路。

② 给变频器通电，确认操作模式中显示"PU"（没有显示"PU"时，用 MODE 键设定到操作模式，用上下键选择到"PU"模式）。

③ 将运行频率设为 65Hz（按 MODE 键切换到频率设定模式，再按上下键调节频率"50.00"，按 SET 键写入运行频率，出现"50.00"与"F"交替即可）。

④ PLC 参考程序写入 PLC，将 PLC 置于 RUN 状态，在控制板上的"电磁阀控制"任意开启 1～2 个电磁阀。

⑤ 按 FWD 键进行启动，1 号水泵随之进行运转（顺时针为正转。启动前通过透明玻璃观测水泵的运行情况，可通过多次启动／停止来观测确定），此时通过观测液位数显表，看显示值是否减小。如果数值减小说明水已被吸入，等待水从电磁阀流出；如果液面不变化，可通过几次启动/停止（按 STOP 键），若再无变化，则水泵需要手工加水进行排空。

⑥ 当水从电磁阀流出时，表示承压箱已灌满，还可以检测压力指示看其值是否增大，停止时是否减小，如果压力指示没有变化，请检查传感器回路是否连通。

⑦ 2 号及 3 号水泵的排空调试，可将变频器输出改接到相应水泵输入端，重复上述步骤即可。

2. 高层恒压供水系统电气控制电路的工作原理

高层恒压供水系统电气控制电路分为主电路、交流接触器控制电路、变频器控制电路和供水压力传感器控制电路 4 部分。

（1）主电路分析

主电路图连接如图 3-5-3 所示。

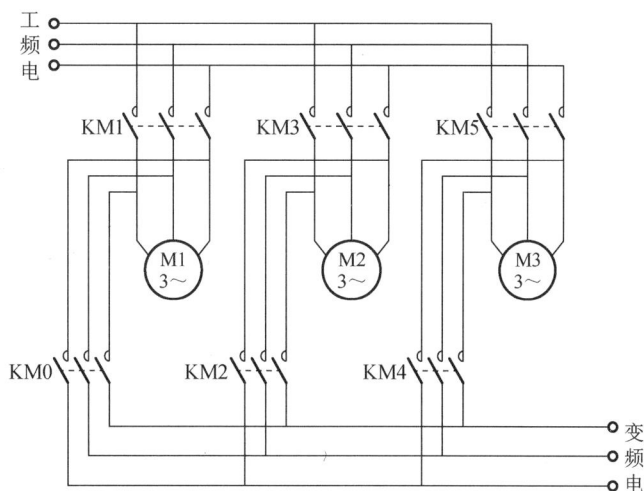

图 3-5-3　高层恒压供水系统主电路

主电路的连接特点：

1）三相电输入 UVW 分别与电源板上的 UVW 相连。

2）变频输入的 UVW 分别与变频器模块的 UVW 相连。

3）1 号水泵的输出 U1V1W1 分别与供水系统 I/O 口模块上的 U1V1W1 相连。

4）2 号水泵的输出 U2V2W2 分别与供水系统 I/O 口模块上的 U2V2W2 相连。

5）3 号水泵的输出 U3V3W3 分别与供水系统 I/O 口模块上的 U3V3W3 相连。

图 3-5-4 所示为主电路实物连线图。

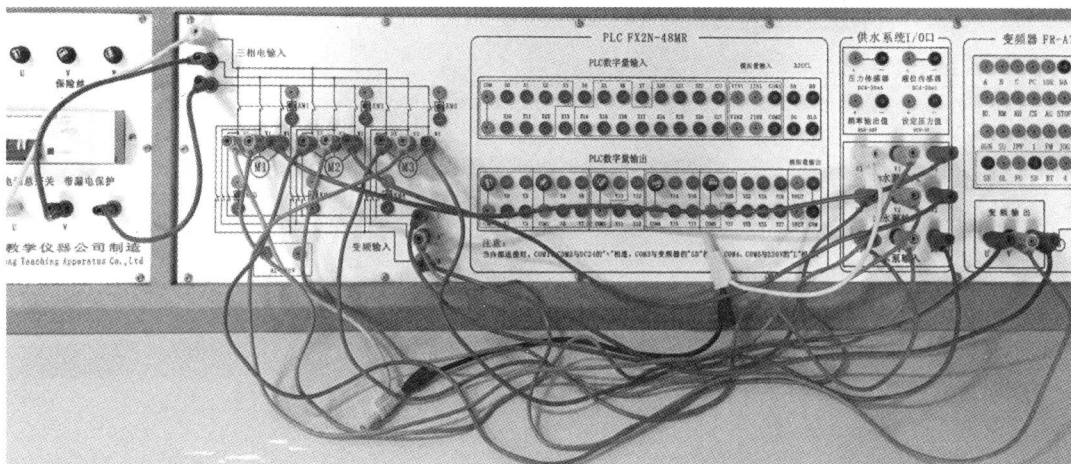

图 3-5-4　主电路实物连线

（2）交流接触器控制电路分析

如图 3-5-5 所示为交流接触器控制电路图。图中虚线框部分的连接是由内部接线实现的。Y21～Y26 分别控制继电器 KM0～KM5，KM0 与 KM1、KM3 与 KM2、KM4 与 KM5

之间分别互锁，防止它们同时闭合使变频器输出端接入电源输出端。

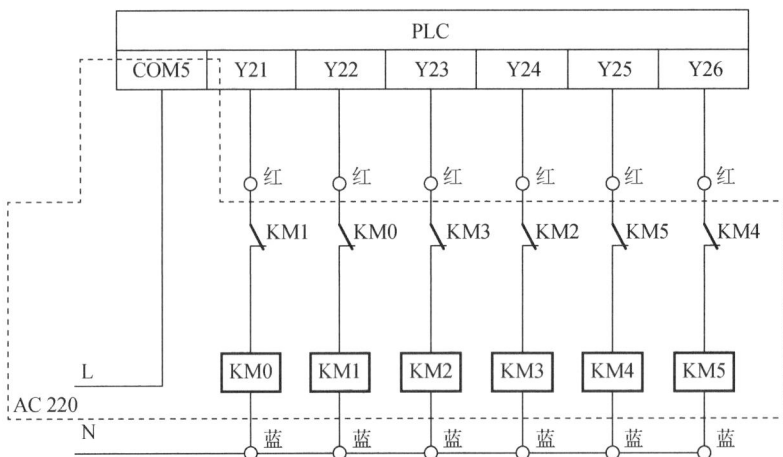

图 3-5-5　交流接触器控制电路图

图 3-5-6 所示为交流接触器控制电路图实物连线图。

图 3-5-6　交流接触器控制电路图实物连线

（3）变频器控制电路分析

变频器控制电路部分接线图如图 3-5-7 所示。变频器启动靠 PLC 的 Y10 控制，频率检测的上/下限信号分别通过 FU 和 OL 输出至 PLC 的 X3 与 X2 输入端。除图中虚线部分（SD-RT）和 4、5 是面板上的连线，其余均被内部连接。

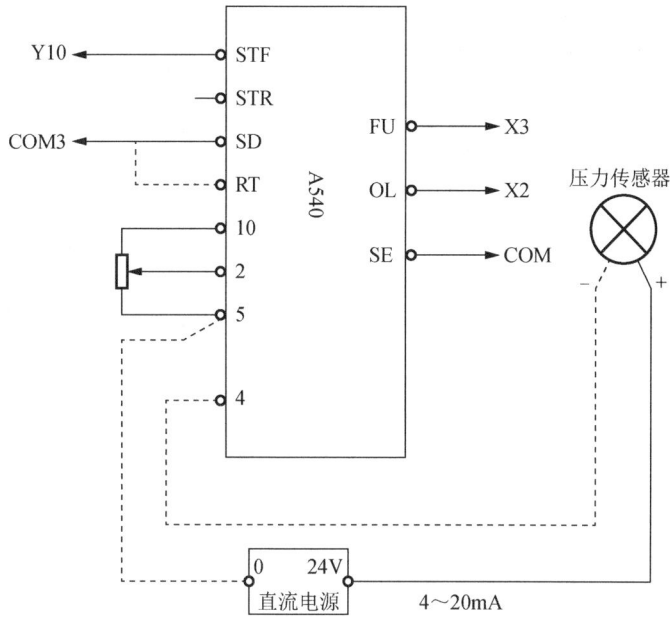

图 3-5-7 变频器控制电路部分接线图

图 3-5-8 所示为变频器控制电路的实物连线图。

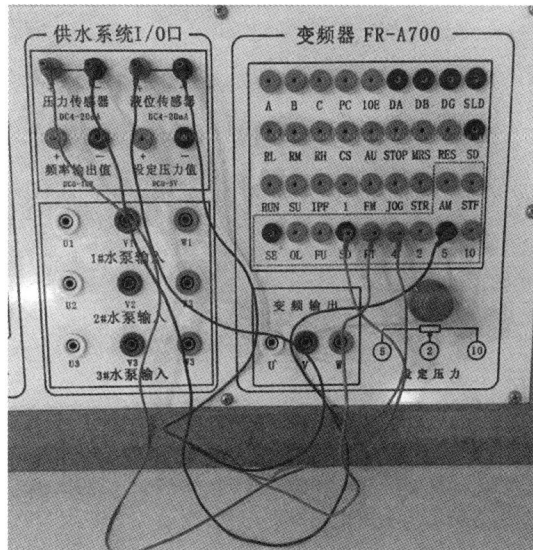

图 3-5-8 变频器控制电路的实物连线

（4）供水压力传感器电路分析

压力传感器和液位传感器都是通过各自的数显表供电，而且都为电流传感器，压力的不同和液位的不同会影响回路中的电流大小，压力传感器电路原理图如图 3-5-9 所示。

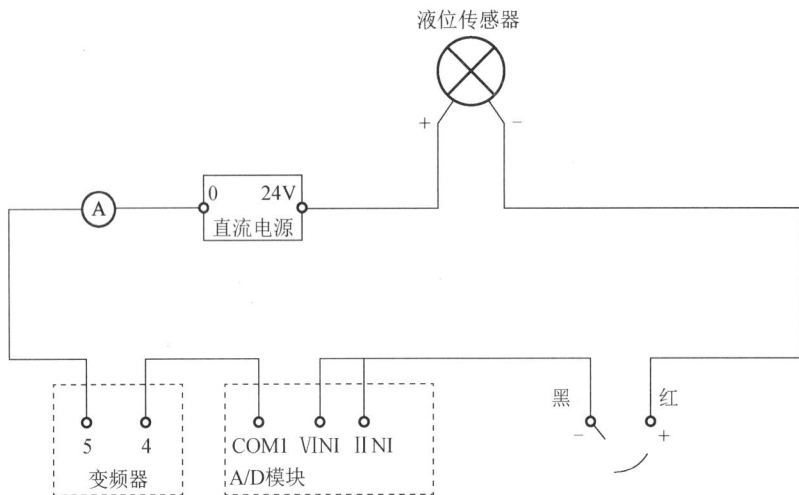

图 3-5-9　压力传感器电路原理图

液位传感器电路部分与此图类似，电路只是直接通过 VIN2、IN2 和 COM2，不经过变频器，其监测端需在面板部分短接。

任务实施

第 1 步　修理前进行调查研究

发生故障后，经询问操作工，了解到电动机不运行。先观察熔断器内熔丝是否熔断，其他电气元件有无烧坏、发热、断线，导线连接螺钉是否松动。试车后发现，电动机发出"嗡嗡"的声音。

第 2 步　电路分析

电动机不运行且发出"嗡嗡"声，若已查看熔丝无烧断，则应查看是否存在断相。

第 3 步　利用仪器、仪表、工具进行进一步的检查

利用万用表等进行故障检查，测量电路中的电压、电阻，判断故障所在位置。

第 4 步　排除故障

电动机不运转的检修流程如图 3-5-10 所示。

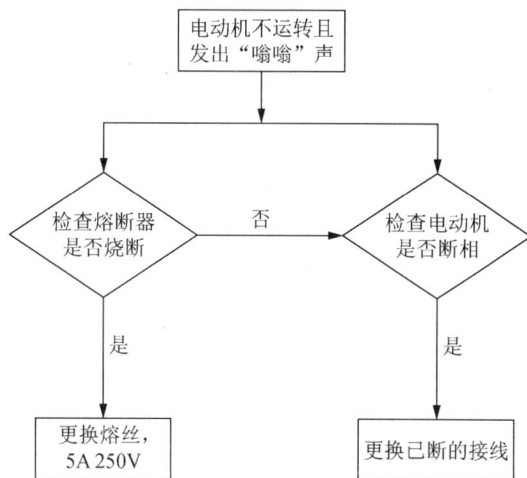

图 3-5-10　电动机不运转的检修流程图

第 5 步　通电试车并做维修记录

经操作工同意，通电试车成功交付使用；做好维修记录，认真总结经验。故障排除以后，维修人员在运行前还应做进一步检查，通过检查证实故障确实已经排除，然后向操作人员交付。最后做好维修记录。维修记录表同前，见表 3-1-5。

任务评价

高层恒压供水系统电气控制电路安装与检修任务评价见表 3-5-2。

表 3-5-2　高层恒压供水系统电气控制电路安装与检修任务评价表

项目内容	配分	评价标准	得分
排除故障前的检查	20 分	电气元件漏检或错检，每处扣 1 分	
故障分析	30 分	1）故障分析和排除故障的思路不正确，每处扣 5 分。 2）标错电路故障范围，每个扣 5 分	
排除故障	30 分	1）断电不验电，扣 5 分。 2）工具及仪表使用不当，每次扣 5 分。 3）排除故障的顺序不对，扣 5~10 分。 4）不能查出故障点，每个扣 10 分。 5）查出故障点，但不能排除，每个扣 5 分。 6）产生新的故障： ① 不能排除，每个扣 10 分； ② 已经排除，每个扣 5 分。 7）损坏电动机，扣 20 分。 8）损伤电气元件，或排除故障方法不对，每只（次）扣 5 分	
通电试车	20 分	1）热继电器未整定或整定错误，扣 10 分。 2）熔丝规格选用不当，扣 5 分。 3）一次试车不成功，扣 10 分。 4）两次试车不成功，扣 15 分。 5）三次试车不成功，扣 20 分	

续表

项目内容	配分	评价标准		得分
安全文明生产	违反安全文明生产规程，扣 10～20 分			
定额时间：30min	每超时 5min 扣 5 分，不足 5min 按 5min 计			
备注	除定额时间外，各项目的最高扣分不应超过配分分数		成绩	
开始时间		结束时间	实际时间	

知识拓展

高层恒压供水系统电气控制电路的常见故障及检修方法

高层恒压供水系统电气控制电路的常见故障及检修方法见表 3-5-3。

表 3-5-3　高层恒压供水系统电气控制电路的常见故障及检修方法

故障类型	故障现象	检查要点	处理方法
水泵故障	工频运行时，电动机停止	1）检查电路是否连接正确。 2）检查熔丝是否烧断	1）按照相关电气原理图仔细检查电路连接。 2）更换熔丝，规格为 5A 250V
	电动机不运行，并发出"嗡嗡"声	1）检查连线是否断相。 2）检查熔丝是否烧断一相	1）按照相关电气原理图仔细检查电路连接。 2）更换熔丝，规格为 5A 250V
	"上水"调试时，水泵运行但不吸水	1）检查水泵旋转方向是否顺时针。 2）检查电磁阀是否开启	1）进行"上水"调试。 2）将水泵侧面的螺钉卸下，手动加水进行排空
变频器故障	变频器的 FWD 键按下后，相应水泵无响应	按 MODE 键，将变频器调整到 MON 模式，看是否有频率或电压输出	1）若无频率和电压输出，则检查变频器参数设置是否正确。 2）若无频率和电压输出，则将控制端的选插线全部拆除。 3）若有频率和电压输出，则检查变频器输出端与相应水泵连接是否正确
	变频器无动作，并且报警指示 ALARM 点亮	记下在变频器操作面板上显示的字形，找到相应记录	1）短接 SD 与 RES 端子，复位变频器。 2）查询相应报警记录
PLC 故障	PLC 上电后指示红灯闪烁，无法正常工作	检查是否程序有错误	将改正的程序写入
	PLC 写入/读出程序时，提示"参数错误"	1）检查端口选择是否正确。 2）检查红灯是否闪烁。 3）检查红灯是否长亮	1）选择正确的端口号和通信参数。 2）执行"PLC 存储器清除"命令，直到红灯熄灭为止
电磁阀故障	"上水"调试时，电磁阀无水排出	1）检查导线是否连接正确。 2）检查电磁阀上的指示灯是否能点亮。 3）断电后触摸，检查电磁阀是否发热。 4）检查 AC 220V 电是否已经提供	1）按照电磁阀连接图检查连线。 2）测量 220V 电压是否有输出。 3）目测电磁阀上的导线是否脱落。 4）检查相应的球形手阀是否打开
传感器故障	"上水"调试时，水流出后，压力指示表无变化	1）检查 HSP-1"压力传感器"端子（红、黑）是否有导线连接。 2）供水系统架与机头的四芯连接接头是否连接牢固	用一条较短的细选插线将红、黑两端子短接

续表

故障类型	故障现象	检查要点	处理方法
其他故障	供水箱里的液面变化时（如加水和上水），液位传感器指示无变化	1）检查 HSP-1 "液位传感器" 端子（红、黑）是否有导线连接。 2）供水系统架与机头的四芯连接接头是否连接牢固	用一条较短的细选插线将红、黑两端子短接
其他故障	数显表无显示	1）检测是否有短路的熔丝。 2）压力或液面传感回路是否有断路	1）更换熔丝。 2）将接线板上的压力与液位传感器的输出端短接

● 思考与练习 ●

1．"上水" 调试时，电磁阀无水排出，试分析可能的故障原因。

2．"上水" 调试时，水泵运转但不吸水，试分析可能的故障原因。

任务 3.6 典型自动化生产线设备电气控制电路的检修

◎ 任务描述

某学校的 YL-235A 型自动化生产线设备在操作过程中，发现机械手其他方向运行正常，但在向前伸出后自动停止，不能继续工作。要求电气工程学院学生尽快检修故障，以恢复正常运行。

◎ 任务目标

1. 了解自动化生产线的构成；

2. 掌握 YL-235A 型自动化生产线设备电气控制电路的工作原理；

3. 掌握 YL-235A 型自动化生产线设备电气控制电路的故障分析方法；

4. 能根据故障现象，检修 YL-235A 型自动化生产线设备电气控制电路。

相关知识

1. 典型自动化生产线的认识

自动化生产线是按照工艺过程，将自动机床和辅助设备按照工艺顺序连接起来，形成包括上料、下料、装卸和产品加工等全部工序都能自动控制、自动测量和自动连续的生产线。本任务以 YL-235A 型自动化生产线设备为例。

（1）YL-235A 自动化生产线设备的工作流程

图 3-6-1 所示为 YL-235A 型自动化生产线设备外形图。该设备由铝合金导轨式实训台、上料机构、上料检测机构、搬运机构、物料传送和分拣机构等组成。各个机构紧密相连，学生可以自由装配和调试。控制系统采用模块组合式，由触摸屏模块、PLC 模块、变频器模块、按钮模块、电源模块、端子板和各种传感器等组成。

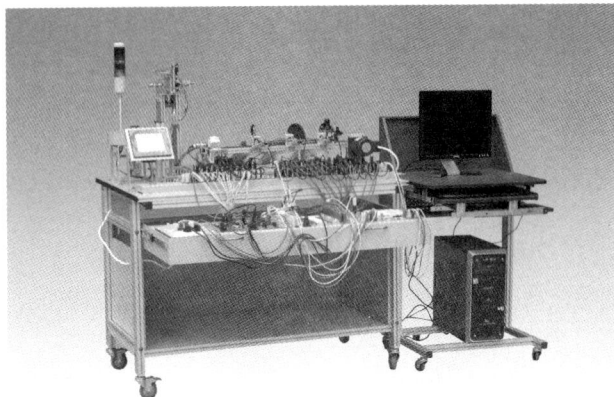

图 3-6-1　YL-235A 型自动化生产线设备的外形

图 3-6-2 所示为 YL-235A 型自动化生产线设备的工作流程图。

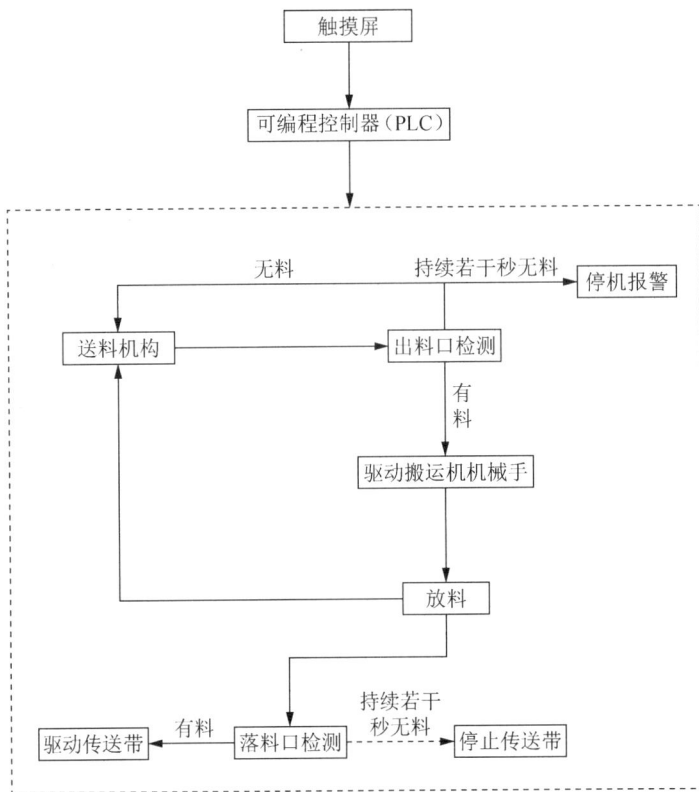

图 3-6-2　YL-235A 型自动化生产线设备的工作流程

在触摸屏上按启动按扭后，装置进行复位过程，当装置复位到位后，由 PLC 启动送料电动机驱动放料转盘旋转，物料由放料转盘滑到物料检测位置，物料检测光电传感器开始检测；如果送料电动机运行若干秒后，物料检测光电传感器仍未检测到物料，则说明送料机构已经无物料，这时要停机并报警；当物料检测光电传感器检测到有物料，将给 PLC 发出信号，由 PLC 驱动机械手臂伸出手爪下降抓物，然后手爪提升臂缩回，手臂向右旋转到右限位，手臂伸出，手爪下降将物料放到传送带上，落料口的物料检测传感器检测到物料后启动传送带输送物料，同时机械手按原来位置返回进行下一个流程；传感器则根据物料的材料特性、颜色特性进行辨别，分别由 PLC 控制相应电磁阀使气缸动作，对物料进行分拣。

（2）主要分支结构

1）送料机构。图 3-6-3 所示为送料机构外形图。

图 3-6-3　送料机构外形

1—放料转盘；2—调节支架；3—直流电动机；4—物料；5—出料口传感器；6—物料检测支架

① 放料转盘：转盘中共放 3 种物料，即金属物料、白色非金属物料、黑色非金属物料。

② 驱动电动机：电动机采用 24V 直流减速电动机，转速为 6r/min，用于驱动放料转盘旋转。

③ 物料检测支架：将物料有效定位，并确保每次只上一个物料。

④ 出料口传感器：为光电漫反射型传感器，主要为 PLC 提供一个输入信号，如果运行中光电传感器没有检测到物料并保持若干秒，则应让系统停机然后报警。

2）机械手搬运机构。图 3-6-4 所示为机械手搬运机构外形图。

整个搬运机构能完成 4 个自由度动作，手臂伸缩、手臂旋转、手爪上下、手爪松紧。

① 手爪提升气缸：提升气缸采用双向电控气阀控制。

② 磁性传感器：用于气缸的位置检测。检测气缸伸出和缩回是否到位，为此在前点和后点上各安装一个传感器，当检测到气缸准确到位后将给 PLC 发出一个信号（在应用过程中棕色接 PLC 主机输入端，蓝色接输入的公共端）。

③ 手爪：抓取和松开物料由双电控气阀控制，手爪夹紧磁性传感器有信号输出，指示灯亮，在控制过程中不允许两个线圈同时得电。

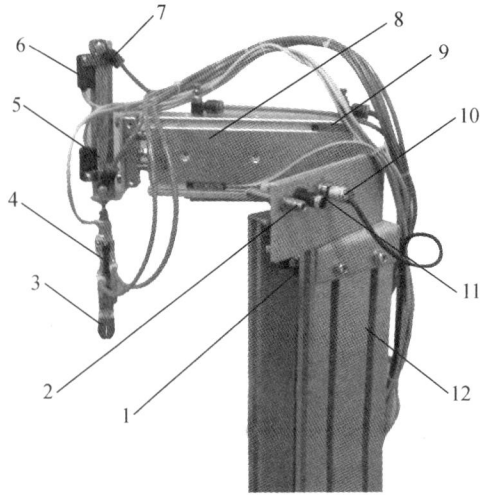

图 3-6-4　机械手搬运机构外形

1—旋转气缸；2—非标螺钉；3—气动手爪；4—手爪磁性开关 Y59BLS；5—提升气缸；6—磁性开关 D-C73；7—节流阀；
8—伸缩气缸；9—磁性开关 D-Z73；10—左右限位传感器；11—缓冲阀；12—安装支架

④ 旋转气缸：机械手臂的正反转，由双电控气阀控制。

⑤ 接近传感器：机械手臂正转和反转到位后，接近传感器信号输出（在应用过程中，棕色线接直流 24V 电源"+"、蓝色线接直流 24V 电源"–"，黑色线接 PLC 主机的输入端）。

⑥ 双杆气缸：机械手臂伸出、缩回，由电控气阀控制。气缸上装有两个磁性传感器，检测气缸伸出或缩回的位置。

⑦ 缓冲器：旋转气缸高速正转和反转时，起缓冲减速作用。

3）物料传送和分拣机构。图 3-6-5 所示为物料传送和分拣机构外形图。

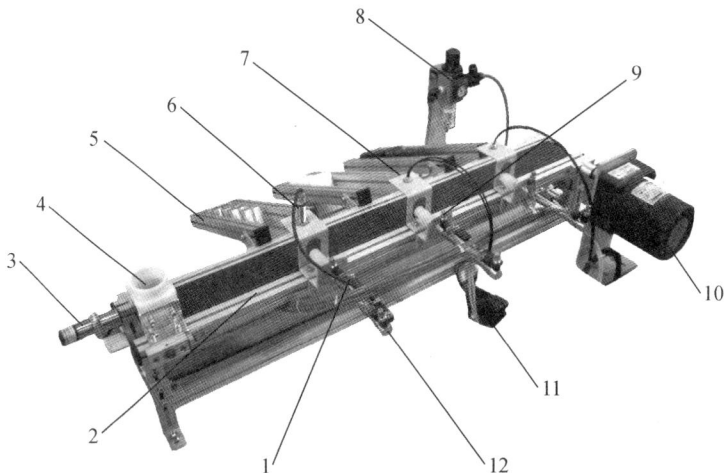

图 3-6-5　物料传送和分拣机构外形

1—磁性开关 D-C73；2—传送分拣机构；3—落料口传感器；4—落料口；5—料槽；6—电感式传感器；7—光纤传感器；
8—过滤调压阀；9—节流阀；10—三相异步电动机；11—光纤放大器；12—推料气缸

① 落料口传感器：检测是否有物料到传送带上，并给 PLC 一个输入信号。
② 落料口：物料落料位置定位。
③ 料槽：放置物料。
④ 电感式传感器：检测金属材料，检测距离为 3～5mm。
⑤ 光纤传感器：用于检测不同颜色的物料，可通过调节光纤放大器来区分不同颜色的灵敏度。
⑥ 三相异步电动机：驱动传送带转动，由变频器控制。
⑦ 推料气缸：将物料推入料槽，由电控气阀控制。

2. YL-235A 型自动化生产线设备电气电路的工作原理

该设备电气部分主要由电源模块、按钮模块、可编程控制器（PLC）模块、变频器模块、警示灯、三相异步电动机、端子板等组成。所有的电气元件均连接到端子板上，通过端子板连接到安全插孔，由安全插孔连接到各个模块，提高实训考核装置的安全性。

下面介绍三菱 PLC 主机、变频器。

图 3-6-6 所示为该设备电气部分外形图，分别是电源模块、按钮模块、PLC 模块及变频器模块。

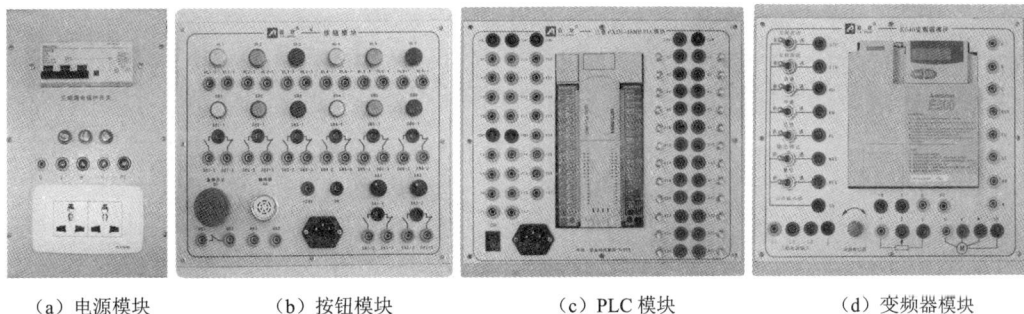

（a）电源模块　　（b）按钮模块　　（c）PLC 模块　　（d）变频器模块

图 3-6-6　YL-235A 型自动化生产线设备电气部分外形图

电源模块：三相电源总开关（带漏电和短路保护）、熔断器。单相电源插座用于模块电源连接和给外部设备提供电源，模块之间电源连接采用安全导线方式。

按钮模块：提供了多种不同功能的按钮和指示灯（DC 24V），包括急停按钮、转换开关、蜂鸣器等。所有接口采用安全插孔连接。内置开关电源（24V/6A 一组，12V/2A 一组）为外部设备工作提供电源。

PLC 模块：采用三菱 FX2N-48MR 继电器输出，所有接口采用安全插孔连接。

变频器模块：三菱 E540-0.75kW 控制传送带电动机转动，所有接口采用安全插孔连接。

警示灯：共有绿色和红色两种颜色。引出线有 5 根，其中并在一起的两根粗线是电源线（红线接"+24"，黑红双色线接"GND"），其余 3 根是信号控制线（棕色线为控制信号公共端，若将控制信号线中的红色线和棕色线接通，则红灯闪烁；若将控制信号线中的绿色线和棕色线接通，则绿灯闪烁）。

1）端子接线图。图 3-6-7 所示为外部端子接线图。
2）图 3-6-8 所示为三菱 PLC 控制原理图。

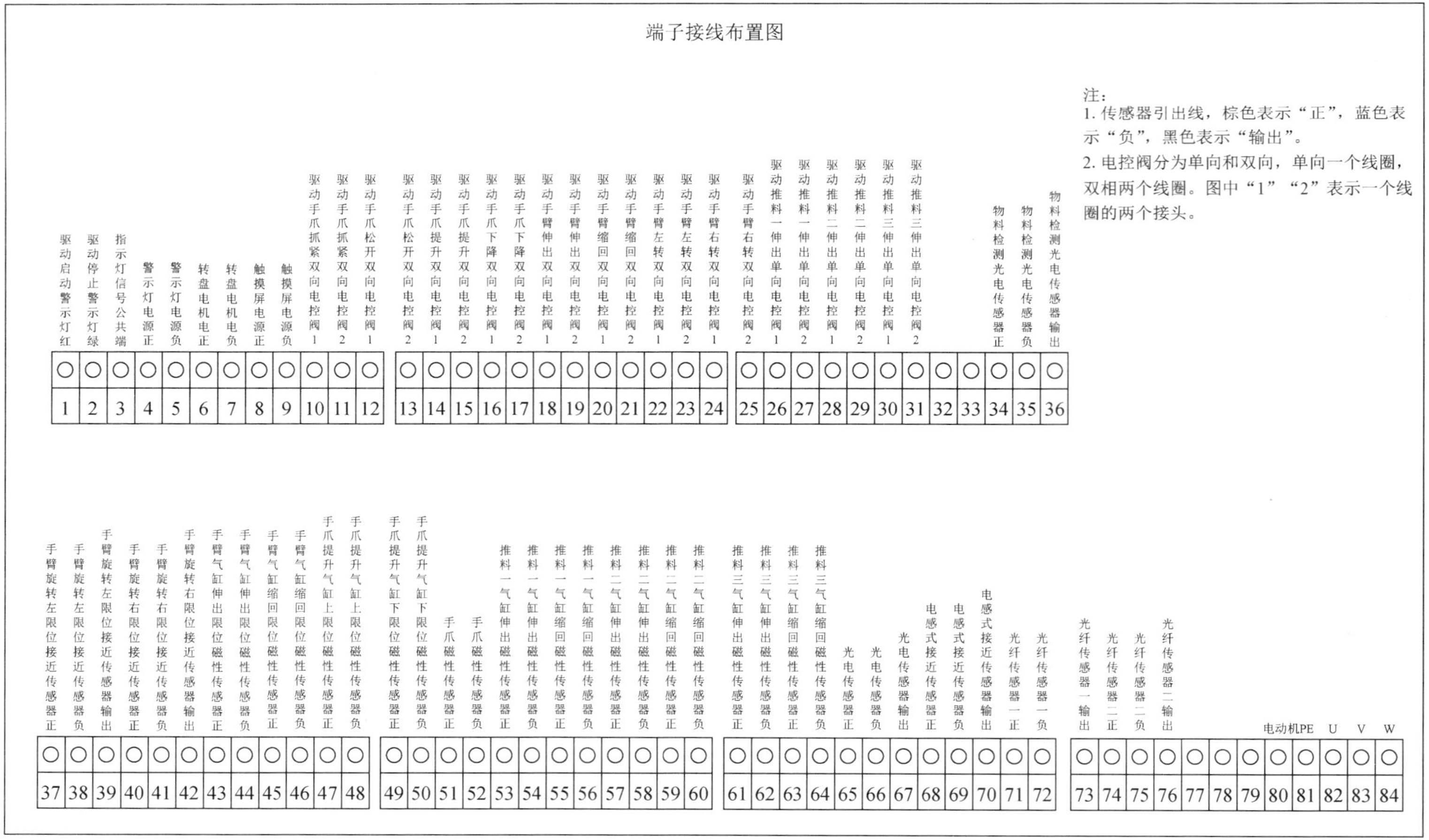

端子接线布置图

注：
1. 传感器引出线，棕色表示"正"，蓝色表示"负"，黑色表示"输出"。
2. 电控阀分为单向和双向，单向一个线圈，双向两个线圈。图中"1" "2"表示一个线圈的两个接头。

驱动启动警示灯红	驱动停止警示灯绿	指示灯信号公共端	警示灯电源正	警示灯电源负	转盘电机正	转盘电机负	触摸屏电源正	触摸屏电源负	驱动手爪抓紧双向电控阀1	驱动手爪抓紧双向电控阀2	驱动手爪松开双向电控阀1	驱动手爪松开双向电控阀2	驱动手爪提升双向电控阀1	驱动手爪提升双向电控阀2	驱动手爪下降双向电控阀1	驱动手爪下降双向电控阀2	驱动手臂伸出双向电控阀1
1	2	3	4	5	6	7	8	9	10	11	12	13	14	15	16	17	18

驱动手臂伸出双向电控阀2	驱动手臂缩回双向电控阀1	驱动手臂缩回双向电控阀2	驱动手臂左转双向电控阀1	驱动手臂左转双向电控阀2	驱动手臂右转双向电控阀1	驱动手臂右转双向电控阀2	驱动推料一伸出单向电控阀1	驱动推料一伸出单向电控阀2	驱动推料二伸出单向电控阀1	驱动推料二伸出单向电控阀2	驱动推料三伸出单向电控阀1	驱动推料三伸出单向电控阀2	物料检测光电传感器正	物料检测光电传感器负	物料检测光电传感器输出		
19	20	21	22	23	24	25	26	27	28	29	30	31	32	33	34	35	36

图 3-6-7 外部端子接线图

手臂旋转左限位接近传感器正	手臂旋转左限位接近传感器负	手臂旋转左限位接近传感器输出	手臂旋转右限位接近传感器正	手臂旋转右限位接近传感器负	手臂旋转右限位接近传感器输出	手臂气缸缩回限位磁性传感器正	手臂气缸缩回限位磁性传感器负	手臂气缸伸出限位磁性传感器正	手臂气缸伸出限位磁性传感器负	手爪提升气缸上限位磁性传感器正	手爪提升气缸上限位磁性传感器负		
37	38	39	40	41	42	43	44	45	46	47	48		

手爪提升气缸下限位磁性传感器正	手爪提升气缸下限位磁性传感器负	手爪气缸伸出限位磁性传感器正	手爪气缸伸出限位磁性传感器负	手爪气缸缩回限位磁性传感器正	手爪气缸缩回限位磁性传感器负	推料一气缸伸出磁性传感器正	推料一气缸伸出磁性传感器负	推料二气缸伸出磁性传感器正	推料二气缸伸出磁性传感器负	推料三气缸伸出磁性传感器正	推料三气缸伸出磁性传感器负	
49	50	51	52	53	54	55	56	57	58	59	60	

光电传感器一正	光电传感器一负	光电传感器一输出	光电传感器二正	光电传感器二负	光电传感器二输出	电感式接近传感器正	电感式接近传感器负	电感式接近传感器输出	光纤传感器一正	光纤传感器一负	光纤传感器一输出	
61	62	63	64	65	66	67	68	69	70	71	72	

光纤传感器二正	光纤传感器二负	光纤传感器二输出						电动机PE	U	V	W	
73	74	75	76	77	78	79	80	81	82	83	84	

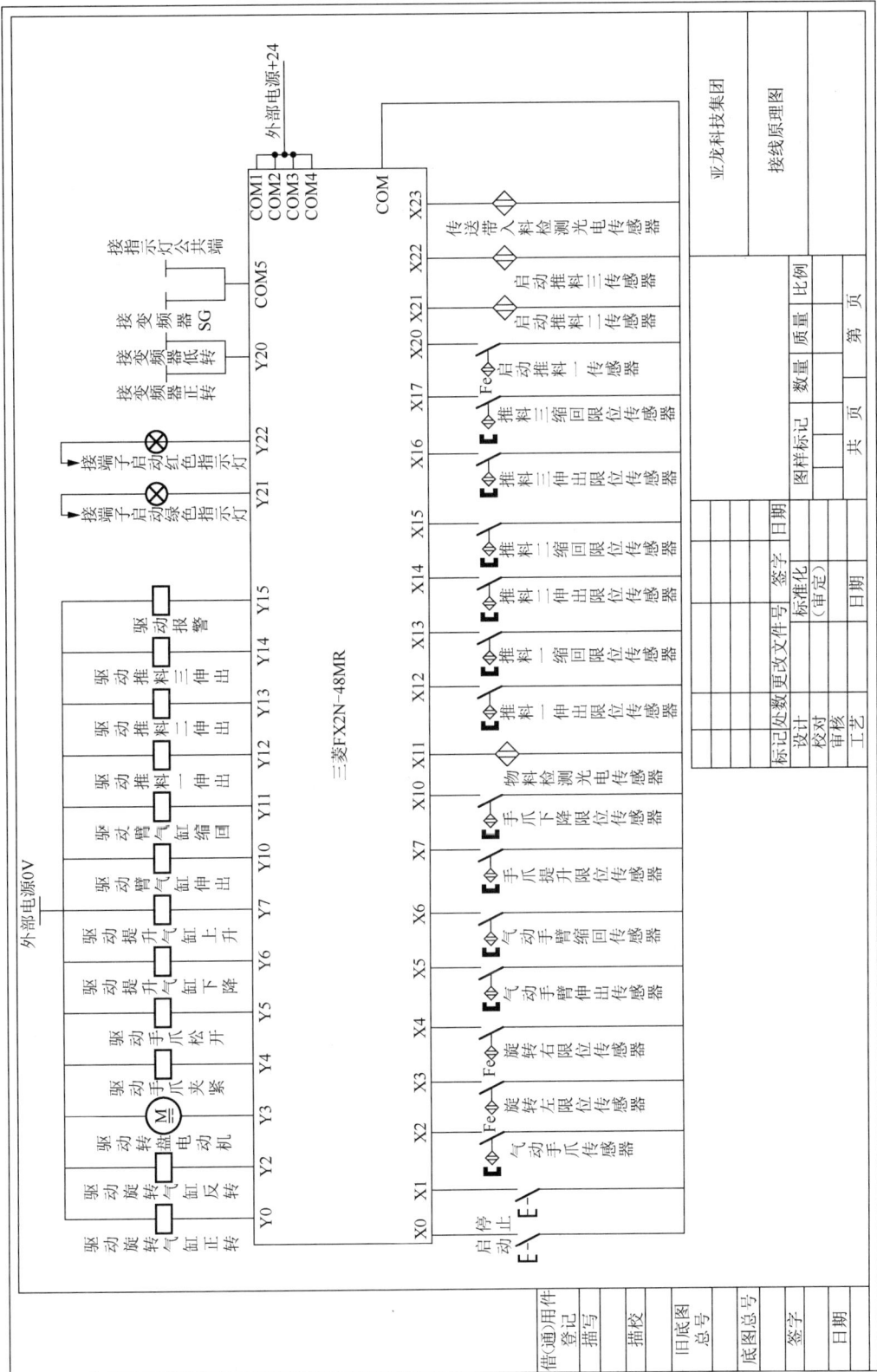

图 3-6-8　三菱 PLC 控制原理图

3）表 3-6-1 所示为三菱 I/O 分配表。

表 3-6-1　三菱 I/O 分配表

输入地址			输出地址		
序号	地址	备注	序号	地址	备注
1	X0	启动	1	Y0	驱动手臂正转
2	X1	停止	2	Y1	—
3	X2	气动手爪传感器	3	Y2	驱动手臂反转
4	X3	旋转左限位传感器	4	Y3	驱动转盘电动机
5	X4	旋转右限位传感器	5	Y4	驱动手爪抓紧
6	X5	气动手臂伸出传感器	6	Y5	驱动手爪松开
7	X6	气动手臂缩回传感器	7	Y6	驱动提升气缸下降
8	X7	手爪提升限位传感器	8	Y7	驱动提升气缸上升
9	X10	手爪下降限位传感器	9	Y10	驱动臂气缸伸出
10	X11	物料检测传感器	10	Y11	驱动臂气缸缩回
11	X12	推料一伸出限位传感器	11	Y12	驱动推料一伸出
12	X13	推料一缩回限位传感器	12	Y13	驱动推料二伸出
13	X14	推料二伸出限位传感器	13	Y14	驱动推料三伸出
14	X15	推料二缩回限位传感器	14	Y15	驱动报警
15	X16	推料三伸出限位传感器	15	Y20	驱动变频器
16	X17	推料三缩回限位传感器	16	Y21	运行指示
17	X20	启动推料一传感器	17	Y22	停止指示
18	X21	启动推料二传感器			
19	X22	启动推料三传感器			
20	X23	启动传送带			

4）三菱变频器操作。图 3-6-9 所示为三菱变频器端子图。

三相 400V 电源输入

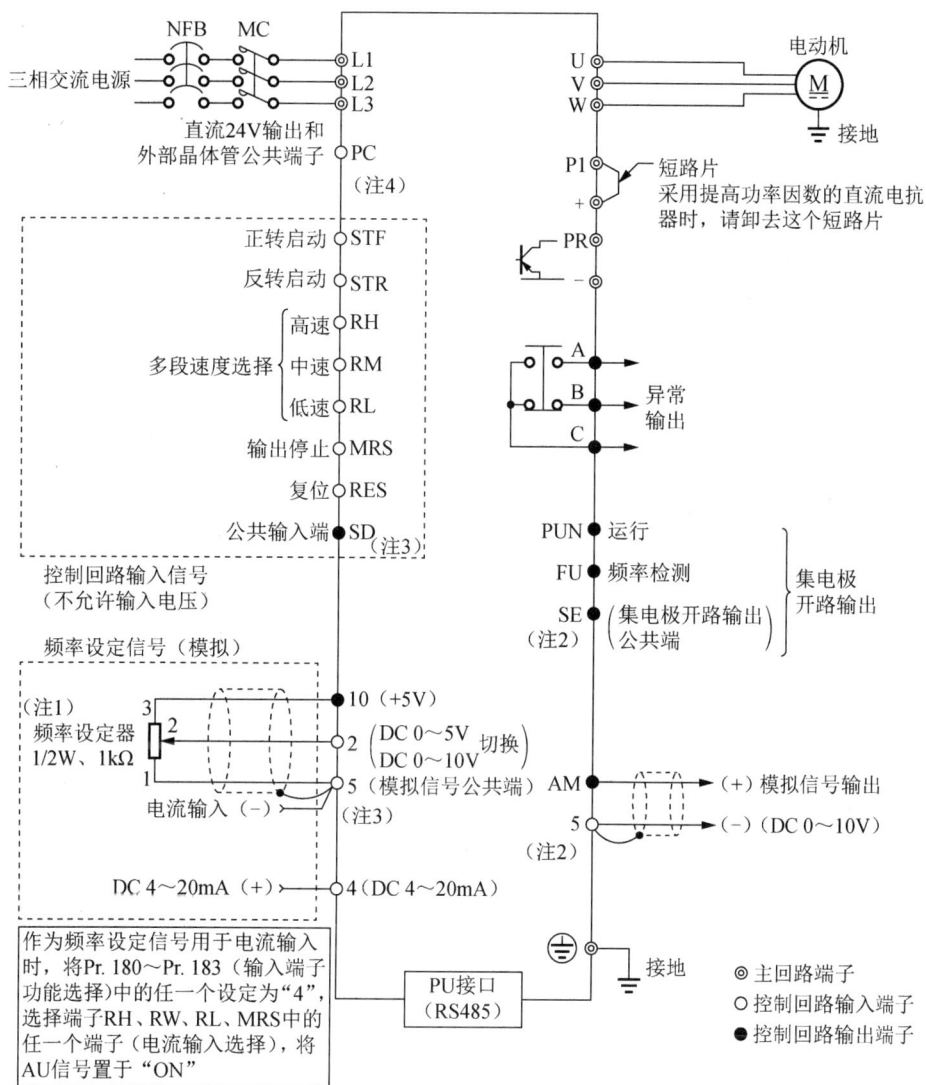

图 3-6-9   三菱变频器端子图

对图 3-6-9 中的注 1～注 4 的说明如下：

注 1：设定器操作频率高的情况下，请使用 2W、1kΩ的旋钮电位器。

注 2：使端子 SD 和 SE 绝缘。

注 3：端子 SD 和 5 是公共端，请不要接地。

注 4：端子 PC-SD 之间作为直流 24V 电源使用时，请注意不要让两端子间短路，一旦短路会造成变频器损坏。

图 3-6-10 所示为变频器操作面板。各按键说明见表 3-6-2。单位及运行状态说明见表 3-6-3。

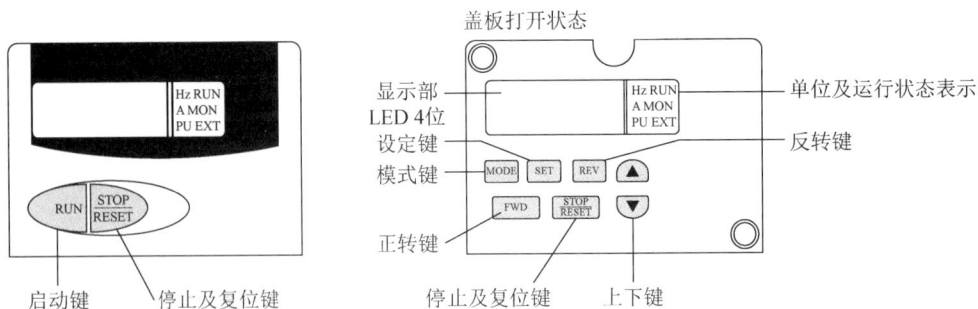

盖板打开状态

显示部
LED 4位
设定键
模式键
正转键
停止及复位键
单位及运行状态表示
反转键
上下键

启动键　停止及复位键

图 3-6-10　变频器操作面板

表 3-6-2　各按键说明

按键	说明
RUN	正转运行指令键
MODE	可用于选择操作模式或设定模式
SET	用于确定频率和参数的设定
▲、▼	● 用于连续增加或降低运行频率，按此键可改变频率 ● 在设定模式中按此键，则可连续设定参数
FWD	用于给出正转指令
REV	用于给出反转指令
STOP RESET	● 用于停止运行 ● 用于保护功能动作输出停止时复位变频器

表 3-6-3　单位及运行状态说明

单位及运行状态	说明
Hz	表示频率时，灯亮 Pr.52"操作面板/PU 主显示数据选择"为"100"时，有闪烁/亮灯的动作
A	表示电流时，灯亮
RUN	变频器运行时灯亮。正转时灯亮，反转时闪亮
MON	监示显示模式时灯亮
PU	PU 操作模式时灯亮
EXT	外部操作模式时灯亮

任务实施

第 1 步　修理前进行调查研究

发生故障后，经询问操作人员，了解到机械手其他方向运行正常，但在向前伸出后自动停止。经观察发现机械手前限到位，但传感器灯不亮，无输入信号。

第2步　电路分析

机械手其他方向运行正常，传感器均有信号，说明公共端无故障。初步判断故障可能发生在前限限位传感器的电路上。

第3步　利用仪器、仪表、工具进行进一步的检查

利用万用表等进行故障检查，测量电路中的电压、电阻，判断故障所在。把万用表置于直流电压 200V 挡，测量前限限位传感器有无 24V 电源。若有，则说明接线无误。此时故障可能的原因：①前限限位传感器不到位；②传感器损坏。

若无 24V 电源，则 PLC 与传感器的接线存在故障。将万用表置于 R×100 挡，分别测量 PLC 的输入端与传感器的棕色线（正）之间、PLC 的 0V 端与传感器的蓝色线（负）之间是否导通。若不导通，则说明有电路断开。

第4步　排除故障

机械手前限限位不工作的故障检修流程如图 3-6-11 所示。

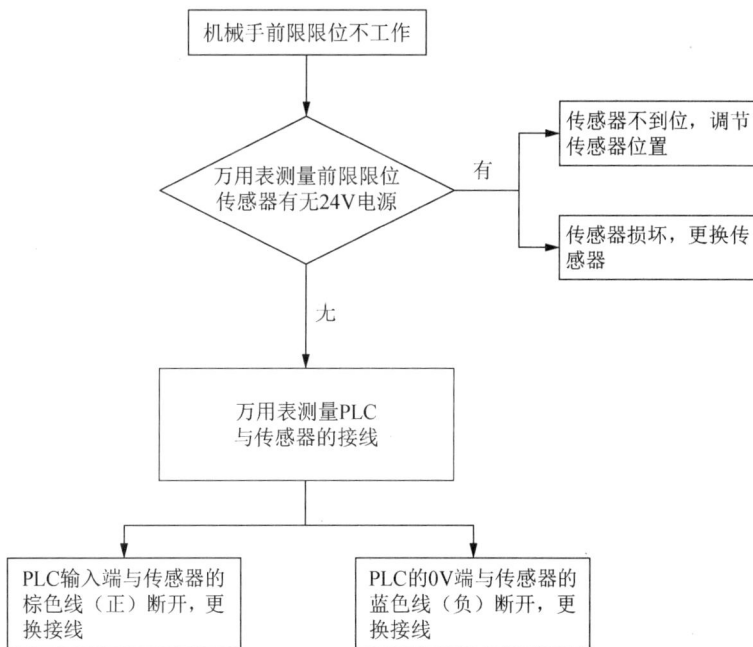

图 3-6-11　机械手前限限位不工作的故障检修流程图

第5步　通电试车并做维修记录

经操作工同意，通电试车成功交付使用；做好维修记录，认真总结经验。

故障排除以后，维修人员在运行前还应做进一步检查，通过检查证实故障确实已经排除，然后向操作人员交付，最后做好维修记录。维修记录表同表 3-1-5。

任务评价

典型自动化生产线设备电气控制电路安装与检修任务评价见表 3-6-4。

表 3-6-4　典型自动化生产线设备电气控制电路安装与检修任务评价表

项目内容	配分	评价标准	得分
排除故障前的检查	20 分	电气元件漏检或错检，每处扣 1 分	
故障分析	30 分	1）故障分析和排除故障的思路不正确，每处扣 5 分。 2）标错电路故障范围，每个扣 5 分	
排除故障	30 分	1）断电不验电，扣 5 分。 2）工具及仪表使用不当，每次扣 5 分。 3）排除故障的顺序不对，扣 5～10 分。 4）不能查出故障点，每个扣 10 分。 5）查出故障点，但不能排除，每个扣 5 分。 6）产生新的故障： ① 不能排除，每个扣 10 分； ② 已经排除，每个扣 5 分。 7）损坏电动机，扣 20 分。 8）损伤电气元件，或排除故障方法不对，每只（次）扣 5 分。	
通电试车	20 分	1）热继电器未整定或整定错误，扣 10 分。 2）熔丝规格选用不当，扣 5 分。 3）一次试车不成功，扣 10 分。 4）两次试车不成功，扣 15 分。 5）三次试车不成功，扣 20 分	
安全文明生产		违反安全文明生产规程，扣 10～20 分	
定额时间：30min		每超时 5min 扣 5 分，不足 5min 按 5min 计	
备注		除定额时间外，各项目的最高扣分不应超过配分分数	成绩
开始时间		结束时间	实际时间

知识拓展

机械手常见故障类型及处理方法

机械手常见故障的分析与处理见表 3-6-5 和表 3-6-6。

表 3-6-5　机械手常见故障的分析与处理（装置侧故障）

故障位置示意图	故障位置与类型	处理方法
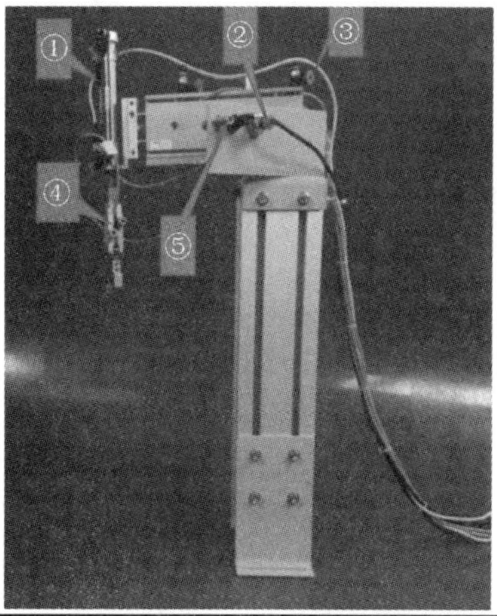	① 磁性传感器检测不到	调整传感器位置和检查电路
	② 金属传感器检测不到	调整传感器位置和检查电路
	③ 节流阀无气压	调整节流阀阀门和检查油水分离器
	④ 手爪传感器检测不到手爪抓紧信号	调整传感器位置
	⑤ 手臂气缸左右不到位	调整非标螺钉位置

表 3-6-6　机械手常见故障的分析与处理（PLC 侧故障）

故障位置示意图	故障位置与类型	处理方法
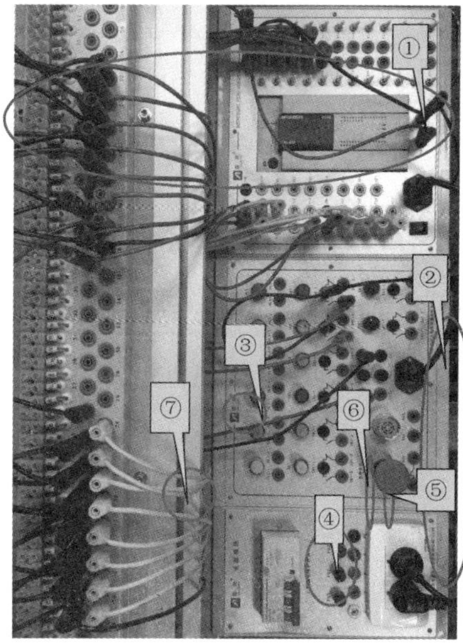	① 安全插线不导通	检查安全插线是否损坏
	② 传感器得电而 PLC 无输入信号	检测 PLC 端口 S/S 和 COM 有无接 24V 电源
	③ 启动或停止按钮不工作	检测接线或者拆下维修
	④ PLC 不工作	检查总电源输出
	⑤ 传感器无输入，PLC 输入指示灯亮	检测 PLC 模块上输入按钮有无闭合
	⑥ PLC 有输出，电动机不转	用万用表测量输出 Y 与按钮模块 0V 有无电压
	⑦ 按钮模块 24V 电源损坏	更换熔丝

● 思考与练习 ●

1. 如果机械手操作前没有正确恢复初始状态，会有什么危害？
2. 机械手的气动手爪不能夹紧，试分析此故障可能的原因。

4 项目

直流电动机控制电路的认识

>>>>>

◎ **项目导读**

在现代工业中，直流电动机占有重要的地位，它具有良好的启动性能和调速性能，是交流异步电动机无可比拟的，因此直流电动机的应用还是相当广泛。在精密机械加工与冶金工业生产过程中，如高精度金属切削机床、轧钢机、造纸机、龙门刨床、电气机车等生产机械都是用直流电动机来拖动的，这是因为直流电动机具有启动转矩大、调速范围广、调速精度高、能够实现无级平滑调速及可以频繁启动等一系列优点。对需要能够在大范围内实现无级平滑调速或需要大启动转矩的生产机械，常用直流电动机来拖动。

◎ **项目目标**

通过本项目的学习，要求达到的学习目标如下：

目标	内容
知识目标	1. 掌握直流电动机的工作原理与调速； 2. 掌握直流电动机基本控制电路的工作原理，能理解和分析控制电路的特点
能力目标	1. 能根据直流电动机的控制电路原理图熟练进行电路的安装、接线，在调试过程中，能根据出现的故障现象进行正确的分析与排除； 2. 能运用所学知识完成对直流电动机的使用与维护
情感目标	1. 培养学习兴趣，体验发现问题、解决问题的成就感； 2. 培养互助友爱与团结合作的精神

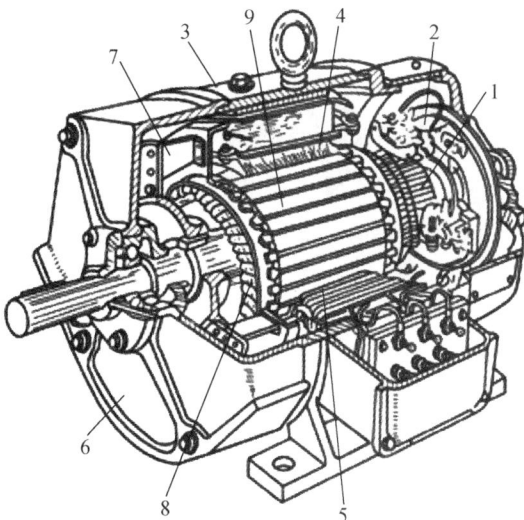

任务 4.1　并励直流电动机基本控制电路的安装与调试

◎ **任务描述**

　　直流电动机与交流电动机使用的电源不同，与交流电动机相比，直流电动机具有转矩大、调速范围宽、调速精度高、能实现平滑无级调速及可以频繁启动等一系列优点。现某工厂的一台龙门刨床需要进行改良，要求实现正反转控制。

◎ **任务目标**

1. 掌握并励直流电动机的启动、换向、调速和正反转控制电路的工作原理；
2. 能识读并励直流电动机基本控制电路的原理图、接线图和位置图；
3. 掌握并励直流电动机基本控制电路安装方法；
4. 能正确编写安装步骤和工艺；
5. 会按照工艺要求正确安装并励直流电动机基本控制电路。

相关知识

1. 直流电动机

（1）直流电动机的结构

直流电动机（图4-1-1）主要由定子和转子两大基本结构部件组成，见表4-1-1。

视频：直流电动机的拆卸

图 4-1-1　直流电动机的组成

1—换向器；2—电刷装置；3—机座；4—主磁极；5—换向极；6—端盖；
7—风扇；8—电枢绕组；9—电枢铁心

表 4-1-1　直流电动机的组成及各部分说明

组成	名称	图片	说明
定子部分	主磁极		主磁极的作用是产生主磁场
	换向极		换向极的作用是改善换向,减小电动机运行时电刷与换向器之间可能产生的换向火花,一般装在两个相邻主磁极之间,由换向极铁心和换向极绕组组成
	电刷装置		电刷的作用是将旋转的电枢与固定不动的外电路相连,把直流电压和直流电流引入。电刷装置由电刷、刷握、刷辫和压紧弹簧等组成

续表

组成	名称	图片	说明
转子部分	电枢	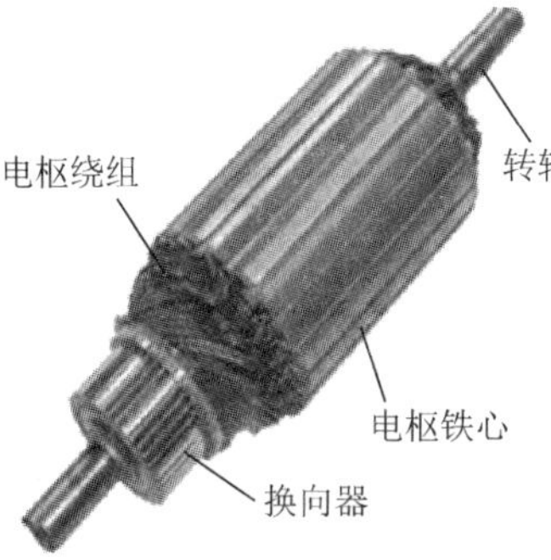	直流电动机的转子通称为电枢,由电枢铁心、电枢绕组、换向器、转轴、风扇等部分组成。电枢铁心是主磁路的组成部分,同时用以嵌放电枢绕组
	电枢绕组	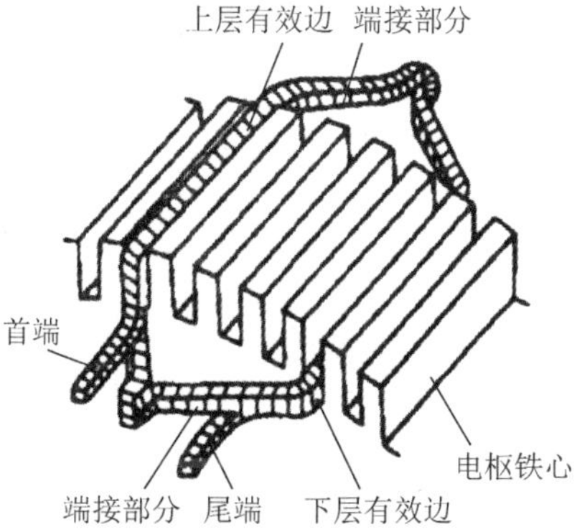	电枢绕组的作用是产生电磁转矩和感应电动势,是直流电动机进行能量变换的关键部件。电枢绕组用绝缘导线绕成线圈嵌放在电枢铁心槽内,每一个线圈有两个端头,按一定规律连接到相应的换向片上,全部线圈组成闭合的电枢绕组
	换向器	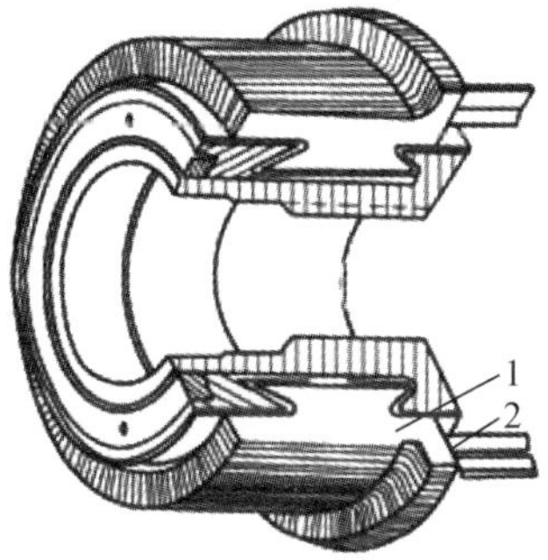	换向器由许多彼此绝缘的换向片组合而成,它的作用是将电枢绕组中的交流电动势用机械换向的方法转变为电刷间的直流电动势,或反之

（2）直流电动机的基本工作原理

直流电动机是依据通电导体在磁场中受到力的作用而运动的原理制造的。

把电刷 A、B 接到一直流电源上,电刷 A 接电源的正极,电刷 B 接电源的负极,则在电枢线圈 abcd 中有电流 I 流过,如图 4-1-2 所示。

当线圈处于图 4-1-2 所示位置时,线圈的 ab 边在 N 极下,线圈的 cd 边位于 S 极上,两边中的电流方向为 a→b,c→d。由左手定则可以确定,ab 边受力方向为从右向左,cd 边受力方向为从左向右。ab 边或 cd 边所受的电磁力为

$$F = B_x LI$$

式中，I 为导体中流过的电流；B_x 为导体所在处的磁通密度；L 为导体 ab 或 cd 边的有效长度；F 为电磁力。根据左手定则可知，两个 F 的方向相反（图 4-1-2），形成电磁转矩，驱使线圈逆时针方向旋转。当线圈转过 180° 时，cd 边处于 N 极下，ab 边处于 S 极上。由于换向器的作用，使两有效边中电流的方向与原来相反，变为 d→c、b→a，这就使得两磁极下的有效边中电流的方向保持不变，因而其受力方向、电磁转矩方向都不变。

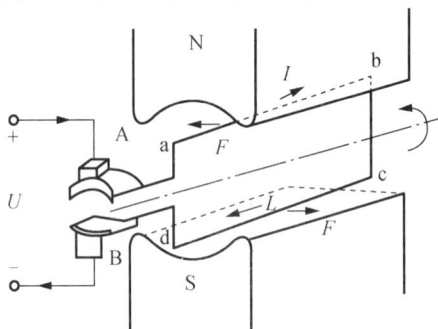

图 4-1-2 直流电动机工作原理

由此可见，正是由于直流电动机采用了换向器结构，虽然导体中流过的电流是交变的，但电枢线圈中受到的电磁转矩保持不变，在这个电磁转矩作用下使电枢按逆时针方向旋转。这时电动机可作为原动机带动生产机械旋转，即由电动机向机械负载输出机械功率。

（3）并励直流电动机

直流电动机按照主磁极绕组与电枢绕组接线方式的不同，可以分为他励式和自励式两种，自励式又可分为并励、串励和复励几种。图 4-1-3 所示是并励直流电动机的外形。

并励电动机励磁绕组与电枢绕组并联，并可通过调节电阻 R_P 的大小来调节励磁电流。它的特点是励磁绕组匝数多，导线截面面积较小，励磁电流只占电枢电流的一小部分。图 4-1-4 所示为并励直流电动机的接线图。

图 4-1-3 并励直流电动机的外形

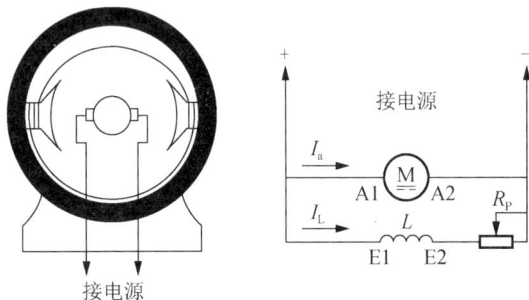

图 4-1-4 并励直流电动机的接线图

2. 直流电动机的调速方法

直流电动机的调速有机械调速、电气调速及机械电气配合调速 3 种方法。下面主要介绍直流电动机的电气调速方法。由直流电动机的转速公式 $n = \dfrac{U - I_a R_a}{C_e \Phi}$ 可知，直流电动机的调速可以通过电枢回路串电阻调速、改变主磁通调速和改变电枢回路中串接调速变阻器来实现。

（1）电枢回路串电阻调速

电枢回路串电阻调速是在电枢电路中串接调速变阻器来实现的，如图 4-1-5 所示。

（2）改变主磁通调速

改变主磁通调速是通过调节附加电阻 R_P 来改变励磁电流 I_f，从而改变主磁通 Φ 的大小，实现电动机调速，如图 4-1-6 所示。

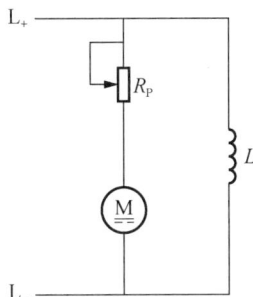

图 4-1-5　串电阻调速

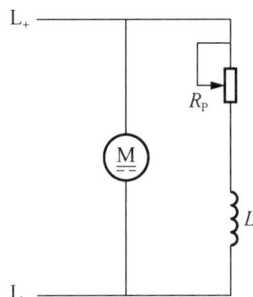

图 4-1-6　改变主磁通调速

由于直流电动机在额定运行时，磁路已稍有饱和，此调速方法只能通过减弱励磁实现调速，因此也称为弱磁调速，即只能在额定转速以上范围内调速。为避免电动机振动过大，换向条件恶化，甚至出现"飞车"事故，转速不能调节过高，用这种方法调速时，其最高转速一般在 3000 r/min 以下。

（3）改变电枢电压调速

由于电网电压一般是不变的，所以这种调速方法必须配置直流调压设备，适用于他励直流电动机的调速控制。

1）G-M 调速系统。G-M 调速系统是直流发电机-直流电动机调速系统的简称。它的调速平滑性好，可实现无级调速，具有较好的启动、调速、正反转、制动控制性能，因此曾被广泛用于龙门刨床、重型镗床、轧钢机、矿井提升设备等生产机械上。但 G-M 调速系统存在设备费用大、机组多、占地面积大、效率较低、过渡过程的时间较长等不足。G-M 调速系统如图 4-1-7 所示。

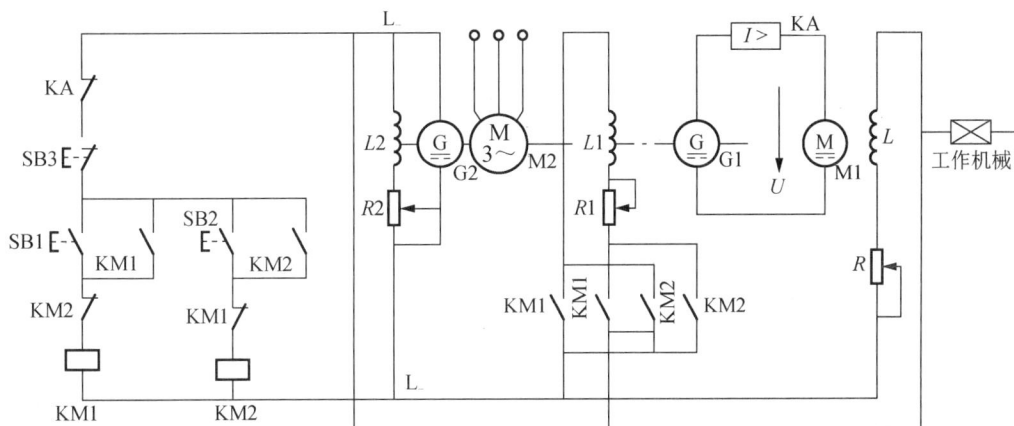

图 4-1-7　G-M 调速系统

2）晶闸管-直流电动机调速系统。晶闸管-直流电动机调速系统具有效率高、功率增益大、快速性和控制性好及噪声小等优点，正在逐渐取代其他的直流调速系统。晶闸管-直流电动机调速系统如图 4-1-8 所示。

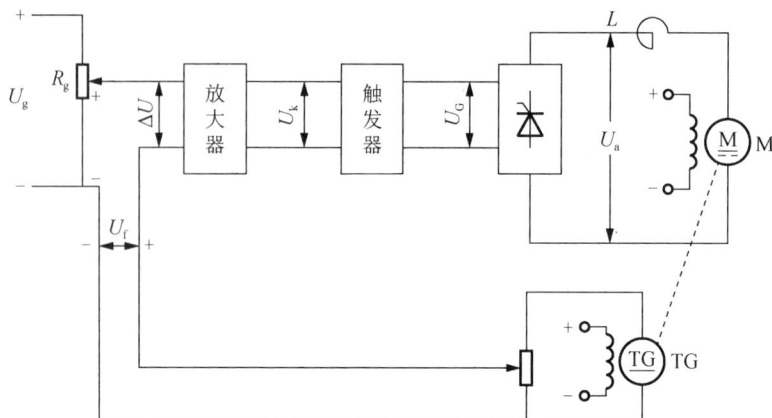

图 4-1-8　晶闸管-直流电动机调速系统

3. 并励直流电动机正反转控制电路的工作原理

并励直流电动机正反转控制电路电气原理图如图 4-1-9 所示。

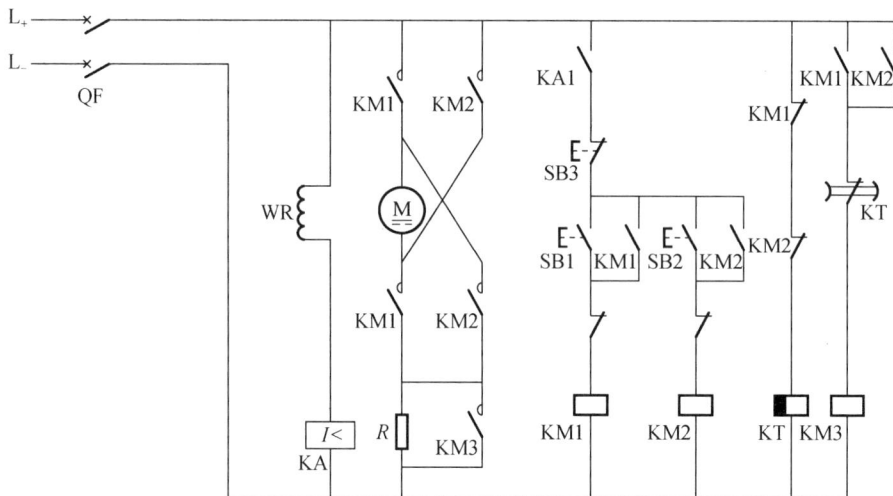

图 4-1-9　并励直流电动机正反转控制电路电气原理图

并励直流电动机正反转控制电路的工作原理如下：

励磁绕组WR得电励磁。

首先合上断路器QF —→ 欠电流继电器KA线圈得电 —→ KA辅助常开触点闭合。

时间继电器KT线圈得电 —→ KT延时闭合常闭触点瞬时

分断 —→ 接触器KM3线圈处于失电状态 —→ 保证电动机M串接电阻R启动。

1）正转（反转）启动：

按下正转启动按钮 SB1（或反转启动按钮 SB2）──→ KM1 线圈（KM2 线圈）得电──

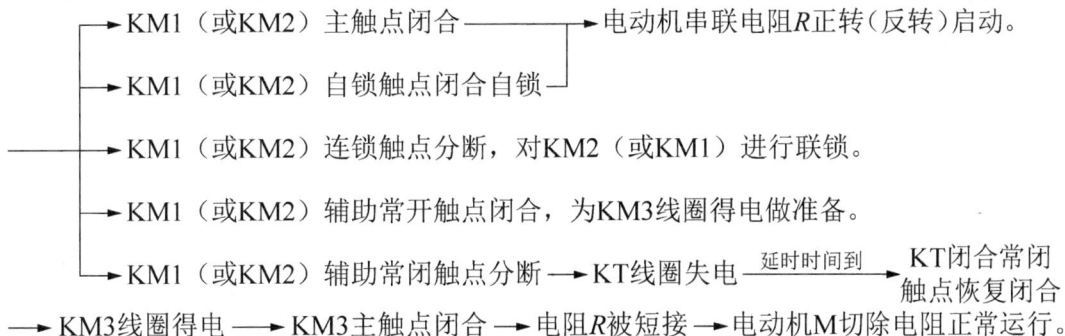

──→ KM1（或 KM2）主触点闭合 ───────→电动机串联电阻R正转（反转）启动。

──→ KM1（或 KM2）自锁触点闭合自锁──

──→ KM1（或 KM2）连锁触点分断，对KM2（或KM1）进行联锁。

──→ KM1（或 KM2）辅助常开触点闭合，为KM3线圈得电做准备。

──→ KM1（或 KM2）辅助常闭触点分断 ──→ KT线圈失电──延时时间到──→ KT闭合常闭触点恢复闭合

──→ KM3线圈得电 ──→ KM3主触点闭合 ──→电阻R被短接 ──→电动机M切除电阻正常运行。

2）正转（反转）停止，按下 SB3 即可。

任务实施

第 1 步　选用工具、仪表、元件及耗材

根据并励直流电动机正反转控制电路电气原理图（图 4-1-9），列出所需的工具、仪表、元件及耗材清单，详细清单见表 4-1-2 和表 4-1-3。

表 4-1-2　工具与仪表

工具	螺钉旋具、尖嘴钳、斜嘴钳、剥线钳等
仪表	万用表、钳形电流表

表 4-1-3　电气元件及部分电工器材明细表

名称	符号	型号	规格	数量
并励直流电动机	M	Z200/20-220	200W，220V，I_N=1.1A，I_{fn}=0.24A，2000r/min	1 台
直流断路器	QF	DZ5-20/220	2 极，220V，20A，整定电流 1.1A	2 只
直流接触器	KM1～KM3	CZ0-40/20	2 开 2 闭，线圈功率 22W	3 只
时间继电器	KT	JS7-3A	线圈电压 220V，延时范围 0.4～60s	1 只
欠电流继电器	KA	JL14-ZQ	I_N=1.5A	1 只
按钮	SB1～SB3	LA19-11A	电流 5A	3 只
启动变阻器	R	—	100Ω，1.2A	1 只
端子板	XT	BVR-1.5	380V，10A，20 节	1 条
导线	—	—	1.5mm²（7mm×0.52mm）	若干
控制板	—	—	500mm×400mm×20mm	1 块
保护接地线	—	BVR-1.5	1.5mm² 黄绿双色软铜线	若干
编码套管	—	—	1.5mm² 白色套管	若干
螺钉	—	—	3.5mm×25mm	若干

第 2 步　绘制元件安装位置图和接线图

01 绘制并励直流电动机正反转控制电路元件安装位置图，如图 4-1-10 所示。

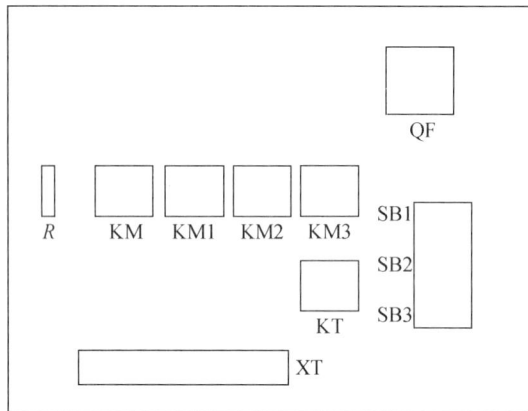

图 4-1-10　并励直流电动机正反转控制电路元件安装参考位置图

02 根据元件位置图，形象地描绘出各元件的各部分（形象地用符号表示出元件实物），按照原理图进行合理的布线，认真细致地绘制电路的安装接线图，如图 4-1-11 所示。

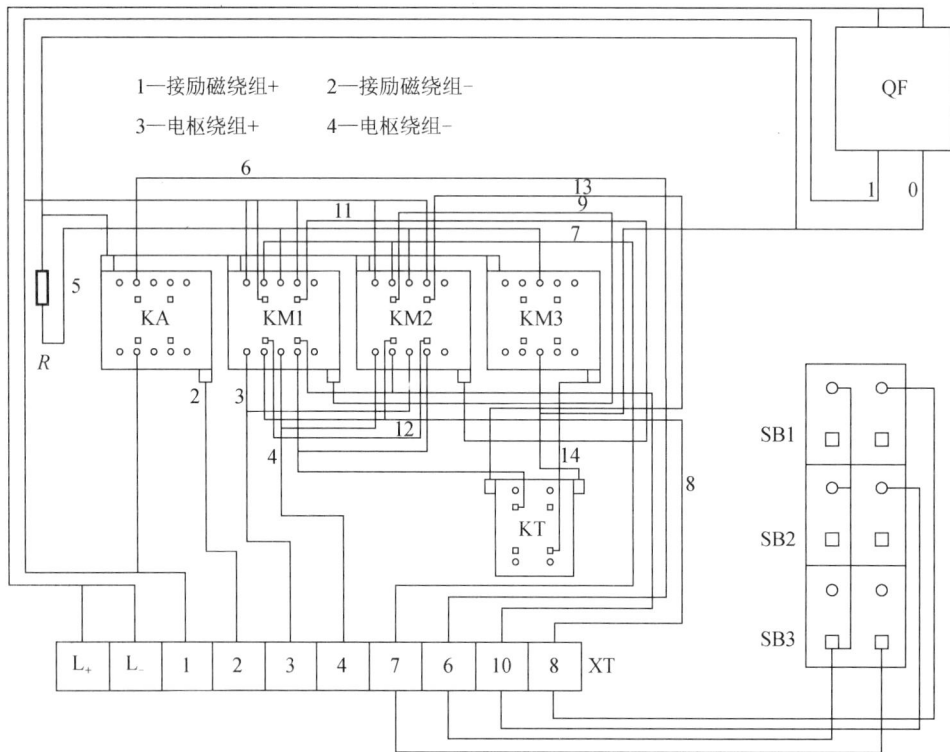

图 4-1-11　并励直流电动机正反转控制电路安装接线图

第 3 步　安装元件并合理接线

对照并励直流电动机正反转控制电路电气原理图或接线图，根据之前学习的接线要求合理地接线。

第 4 步　通电前自检

对于安装完成的控制电路，通电前自检是安全通电试车的重要保证。

主要按电路原理图，逐段核对接线及接线端子处线号是否正确，有无漏接、错接。检查导线接点是否符合要求，有无反圈、露铜过长、压绝缘等故障，接点接触是否良好等。

> **小贴士**
>
> 自检时，一定要特别注意励磁回路的接线，必须保证连接可靠，以防止电动机运行时出现因励磁回路段路失磁引起"飞车"事故。

第 5 步　通电试车

检查无误后通电试车。操作步骤如下：

01 将启动变阻器 R 的阻值调到最大位置，合上电源 QF，按下正转启动按钮 SB1，用钳形电流表测量电枢绕组和励磁绕组的电流，观察其大小的变化；同时观察并记下电动机的转向，待转速表测其转速。然后按下 SB3 停车，并记下无制动停车所用的时间。

02 按下反转按钮 SB2，用钳形电流表测量电枢绕组和励磁绕组的电流，观察其大小的变化；同时观察并记下电动机的转向，与之前比较是否两者方向相反，如果二者方向相同应切断电源并检查接触器 KM1、KM2 主触点的接线正确与否，改正后重新试车。

> **小贴士**
>
> 在连续运行过程中，如果半按下按钮 SB2（即按钮不按到底），也能使电动机停转。

任务评价

并励直流电动机正反转控制电路的安装与调试的评价见表 4-1-4。

表 4-1-4　并励直流电动机正反转控制电路安装与检修评价表

项目内容	配分	评价标准	得分
选用工具、仪表及器材	15 分	1）工具、仪表少选或错选，每个扣 2 分。 2）元件选错型号和规格，每个扣 4 分。 3）选错元件数量或型号规格没有写全，每个扣 2 分	
安装前检查	5 分	电气元件漏检或错检，每处扣 1 分	

续表

项目内容	配分	评价标准	得分
安装布线	30分	1）电器布置不合理，扣5分。 2）电动机安装不符合要求，扣15分。 3）元件安装不牢固，每只扣4分。 4）元件安装不整齐、不匀称、不合理，每只扣3分。 5）损坏元件，每只扣15分。 6）不按电气原理图接线，扣15分。 7）布线不符合要求，每根扣3分。 8）接点松动、露铜过长、反圈等，每个扣1分。 9）损伤导线绝缘层或线芯，每根扣5分。 10）漏装或套错编码套管，每处扣1分。 11）漏接接地线，扣10分	
故障分析	10分	1）故障分析和排除故障的思路不正确，每处扣5分。 2）标错电路故障范围，每个扣5分	
排除故障	20分	1）断电不验电，扣5分。 2）工具及仪表使用不当，每次扣5分。 3）排除故障的顺序不对，扣5～10分。 4）不能查出故障点，每个扣10分。 5）查出故障点，但不能排除，每个扣5分。 6）产生新的故障： ① 不能排除，每个扣10分； ② 已经排除，每个扣5分。 7）损坏电动机，扣20分。 8）损伤电气元件，或排除故障方法不对，每只（次）扣5分	
通电试车	20分	1）热继电器未整定或整定错误，扣10分。 2）熔丝规格选用不当，扣5分。 3）一次试车不成功，扣10分。 4）两次试车不成功，扣15分。 5）三次试车不成功，扣20分	
安全文明生产		违反安全文明生产规程，扣10～40分	
定额时间：3h		每超时5min扣5分，不足5min按5min计	
备注		除定额时间外，各项目的最高扣分不应超过配分分数	成绩
开始时间		结束时间	实际时间

知识拓展

并励直流电动机电枢回路串电阻二级启动控制电路工作原理

直流电动机的启动方法有两种：一是电枢回路串联电阻启动；二是降低电源电压启动。对直流电动机常采用的是电枢回路串联电阻启动。其中包括手动启动控制电路和电枢回路串电阻二级启动控制电路。图4-1-12即为电枢回路串电阻二级启动控制电路的电气原理图。

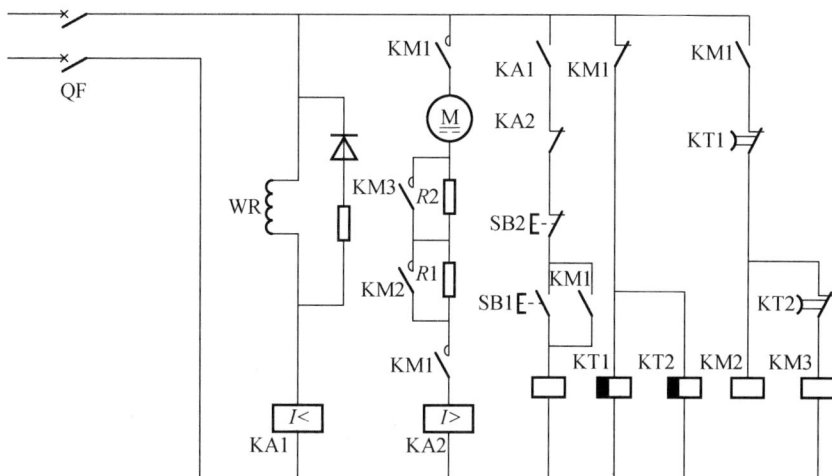

图 4-1-12　并励直流电动机电枢回路串电阻二级启动控制电路电气原理图

电路的工作原理如下：

首先合上断路器QF ——→
- 励磁绕组WR得电励磁。
- 欠电流继电器KA1线圈得电 ——→ KA1辅助常开触点闭合。
- KT1线圈、KT2线圈得电 ——→ KT1、KT2延时闭合瞬时断开常闭触点瞬时分断

——→接触器KM2、KM3线圈处于失电状态，以保证电阻R1、R2全部串入电枢回路启动。

1）启动：

按下启动按钮SB1 ——→ KM1线圈得电 ——→
- KM1自锁触点闭合自锁
- KM1主触点闭合 ——→ 电动机串电阻启动。
- KM1辅助常开触点闭合，为KM2、KM3线圈得电做准备。
- KM1辅助常闭触点分断 ——→ KT1、KT2线圈失电 ——→

延时时间到 ——→ KT1常闭触点恢复闭合 ——→ KM2线圈得电 ——→ KM2主触点闭合短接R1 ——→ 电动机M串接R2继续启动 延时时间到 ——→ KT2常闭触点恢复闭合 ——→ KM3线圈得电 ——→ KM3主触点闭合短接R2 ——→ 电动机M启动结束进入正常运转。

2）停止：

停止时，按下 SB2 即可。

思考与练习

1. 直流电动机的调速方法有哪些？
2. "飞车"是什么意思？怎样防止"飞车"事故的发生？
3. 简述 G-M 调速系统的控制原理。

任务 4.2 串励直流电动机基本控制电路的安装与调试

◎ **任务描述**

串励直流电动机与并励直流电动机相比较主要有以下特点：一是具有较大的启动转矩，启动性能好；二是过载能力强。因此，在要求有大的启动转矩、负载变化时转速允许的恒功率负载场合宜使用串励直流电动机。在实际生产中，大部分机械设备工作都需要直流电动机控制。现要求用串励直流电动机完成正反转控制电路的安装。按下 SB1（或 SB2）电动机正转（或反转），按下 SB3，电动机停止运行。图 4-2-1 所示是串励直流电动机的外形和原理图。

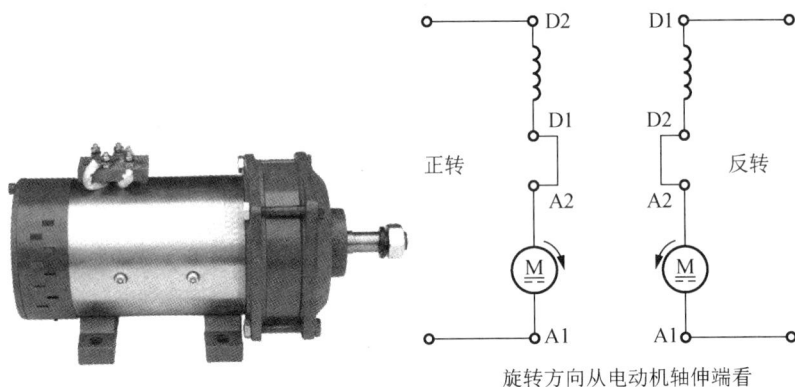

旋转方向从电动机轴伸端看

图 4-2-1　串励直流电动机外形及原理图

◎ **任务目标**

1. 掌握串励直流电动机的启动、换向、调速和制动控制电路的工作原理；
2. 能识读串励直流电动机基本控制电路的原理图、接线图和位置图；
3. 掌握串励直流电动机基本控制电路安装方法；
4. 能正确编写安装步骤和工艺；
5. 会按照工艺要求正确安装串励直流电动机基本控制电路。

![相关知识]

1. 直流电动机的使用与维护

电机在安装后投入运行前或长期搁置而重新投入运行前，需要做好直流电动机的使用与维护工作，见表 4-2-1。

表 4-2-1　直流电动机的使用与维护

使用与维护	说明	操作方法
直流电动机的使用	电机的启动准备工作	1）用压缩空气吹净附着于电动机内部的灰尘，对于新电动机应去掉在风窗处的包装纸。检查轴承润滑脂是否洁净、适量，润滑脂占轴室的 2/3 为宜。 2）用柔软、干燥而无绒毛的布块擦拭换向器表面，并检视其是否光洁，若有油污，则可蘸汽油少许拭净之。 3）检查电刷压力是否正常均匀，电刷间压力差不超过 10%，刷握的固定是否可靠，电刷在刷握内是否太紧或太松，电刷与换向器的接触是否良好。 4）检查刷杆座上是否标有电刷位置的记号。 5）用手转动电枢，检查是否阻塞或在转动时是否有撞击或摩擦之声。 6）检查接地装置是否良好。 7）用 500V 绝缘电阻表测量绕组对机壳的绝缘电阻，若小于 1MΩ，则必须进行干燥处理。 8）检查电动机引出线与磁场变阻器、启动器等连接是否正确，接触是否良好
	电动机的启动	1）检查电路情况（包括电源、控制器、接线及测量仪表的连接等），启动器的弹簧是否灵活，接触是否良好。 2）在恒压电源供电时，需用启动器启动。闭合电源开关，在电动机负载下，转动启动器，在每个触点上停留约 2s 时间，直至最后一点，转动臂被电磁铁吸住为止。 3）电动机在单独的可调电源供电时，先将励磁绕组通电，并将电源电压降低至最小，然后闭合电枢回路接触器，逐渐升高电压，达到额定值或所需转速。 4）电动机与生产机械的联轴器先别连接，输入小于 10% 的额定电枢电压，确定电动机与生产机械转速方向是否一致，一致时表示接线正确。 5）电动机换向器端装有测速发电机时，电动机启动后，应检查测速发电机输出特性，该极性与控制屏极性应一致。 6）电动机启动完毕后，应观察换向器上有无火花，火花等级是否超标
	电动机的调速	恒功率弱磁向上调速，可调节磁场调速器，直至转速达到所需值，但不得超过技术条件所允许的最高转速。恒转矩负载可以采用降压或电枢串电阻向下调速
	电动机的停机	1）若为变速电动机，则先将转速降到最低值。 2）去掉电动机负载（除串励电动机外）后，切断电源开关。 3）切断励磁回路，励磁绕组不允许在停车后长期通额定电流

使用与维护	说明	操作方法
直流电动机的维护	常规清洁工作	电动机周围应保持干燥，其内外部均不应放置其他物件。电动机的清洁工作每月不得少于一次，清洁时应以压缩空气吹净内部的灰尘，特别是换向器、线圈连接线和引线部分
	换向器的保养	1）换向器应呈正圆柱形光洁的表面，不应有机械损伤和烧焦的痕迹。 2）换向器在负载下经长期无火花运转后，在表面产生一层褐色有光泽的坚硬薄膜，这是正常现象，它能保护换向器的磨损，这层薄膜必须加以保护，不能用砂布摩擦。 3）若换向器表面出现粗糙、烧焦等现象时可用"0"号砂布在旋转着的换向器表面进行细致研磨。若换向器表面出现过于粗糙不平、不圆或有部分凹进现象时应将换向器进行车削，车削速度不大于 1.5m/s，车削深度及每转进刀量均不大于 0.1mm，车削时换向器不应有轴向位移。 4）换向器表面磨损很多时，或经车削后，发现云母片有凸出现象，应以铣刀将云母片铣成 1～1.5mm 的凹槽。 5）换向器车削或云母片下刻时，须防止铜屑、灰尘侵入电枢内部，因而要将电枢线圈端部及接头片覆盖。加工完毕后用压缩空气做清洁处理
	电刷的使用	1）电刷与换向器的工作面应有良好的接触，电刷压力正常。电刷在刷握内应能滑动自如。电刷磨损或损坏时，应以牌号及尺寸与原来相同的电刷更替之，并且用"0"号砂布进行研磨，砂布面向电刷，背面紧贴换向器，研磨时随换向器做来回移动。 2）电刷研磨后用压缩空气做清洁处理，再使电动机做空载运转，然后以轻负载（为额定负载的 1/4～1/3）运转 1h，使电刷在换向器上得到良好的接触面（每块电刷的接触面积不小于 80%）
	轴承的保养	1）轴承在运转时温度太高，或发出有害杂声时，说明可能损坏或有外物侵入，应拆下轴承进行清洗检查，当发现钢珠或滑圈有裂纹损坏或轴承经清洗后使用情况仍未改变时，必须更换新轴承。轴承工作 2000～2500h 后应更换新的润滑脂，每年不得少于一次。 2）轴承在运转时须防止灰尘及潮气侵入，并严禁对轴承内圈或外圈的任何冲击
	绝缘电阻	1）应当经常检查电动机的绝缘电阻，如果绝缘电阻小于 1MΩ 时，应仔细清除绝缘表面的污物和灰尘，并用汽油、甲苯或四氯化碳清除之，待其干燥后再涂绝缘漆。 2）必要时可采用热空气干燥法，即用通风机将热空气（80℃）送入电动机进行干燥，开始绝缘电阻降低，然后升高，最后趋于稳定
	通风系统	应经常检查定子温升，判断通风系统是否正常，风量是否足够，如果温升超过允许值，应立即停车检查通风系统

2. 串励直流电动机正反转控制电路的工作原理

串励直流电动机正反转控制电路电气原理图如图 4-2-2 所示。

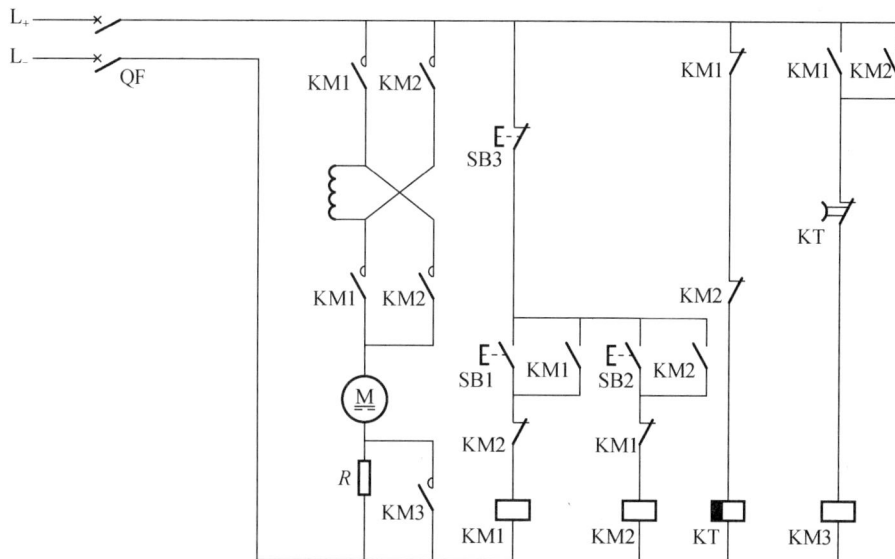

图 4-2-2　串励直流电动机正反转控制电路电气原理图

电路工作原理如下：

合上电源开关──→KT 线圈得电──→KT 延时闭合的动断触点瞬时分断──→KM3 线圈处于断电状态──→保证电动机 M 串接电阻 R 启动。

1）启动：

按下 SB1（或 SB2）──→KM1（或 KM2）线圈得电──→

　　├─→KM1（或 KM2）自锁触点闭合自锁──→电动机 M 串接 R 启动正转（或反转）。

　　├─→KM1（或 KM2）主触点闭合───

　　├─→KM1（或 KM2）辅助常开触点闭合为 KM3 线圈得电做准备。

　　├─→KM1（或 KM2）联锁触点分断对 KM2（或 KM1）的联锁。

　　└─→KM1（或 KM2）辅助常闭触点分断──→KT 线圈失电──→KT 延时闭合常闭触点恢复闭合

──→KM3 线圈得电──→KM3 主触头闭合短接电阻 R──→电动机 M 进入正常运行。

2）停止：

停止时，按下 SB3 即可。

任务实施

第 1 步　选用工具、仪表、元件及耗材

根据串励直流电动机正反转控制电路电气原理图（图 4-2-2），列出所需的工具、仪表、元件及耗材清单，详细清单见表 4-2-2 和表 4-2-3。

表 4-2-2 工具与仪表

工具	螺钉旋具、尖嘴钳、斜嘴钳、剥线钳等
仪表	万用表

表 4-2-3 电气元件及部分电工器材明细表

名称	符号	型号	规格	数量
直流电动机	M	Z4-100-1	1.5kW，160V，13.3A	1 台
直流断路器	QF	DZ5-20/220	2 极，220V，20A，整定电流1.1A	1 只
直流接触器	KM1～KM3	CZ0-40/20	2 开 2 闭，线圈功率22W	3 只
时间继电器	KT	JS7-3A	线圈电压220V，延时范围0.4～60s	1 只
按钮	SB1～SB3	LA19-11A	电流：5A	3 只
启动变阻器	R	—	100Ω，1.2A	1 只
端子板	XT	BVR-1.5	380V，10A，20 节	1 条
导线	—	—	1.5mm^2（7mm×0.52mm）	若干
控制板	—	—	500mm×400mm×20mm	1 块
保护接地线	—	BVR-1.5	1.5mm^2 黄绿双色软铜线	若干
编码套管	—	—	1.5mm^2 白色	若干
螺钉	—	—	3.5mm×25mm	若干

第 2 步 绘制元件安装位置图和接线图

01 绘制串励直流电动机正反转控制电路元件安装位置图，如图 4-2-3 所示。

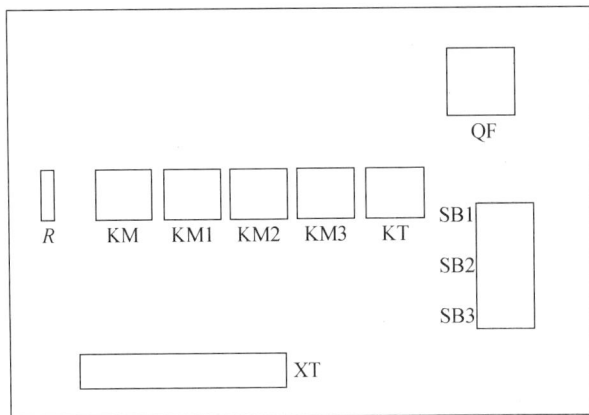

图 4-2-3 串励直流电动机正反转控制电路元件安装参考位置图

02 根据元件位置图，形象地描绘出各元件的各部分（形象地用符号表示出元件实物），按照原理图进行合理的布线，认真细致地绘制电路的安装接线图，如图 4-2-4 所示。

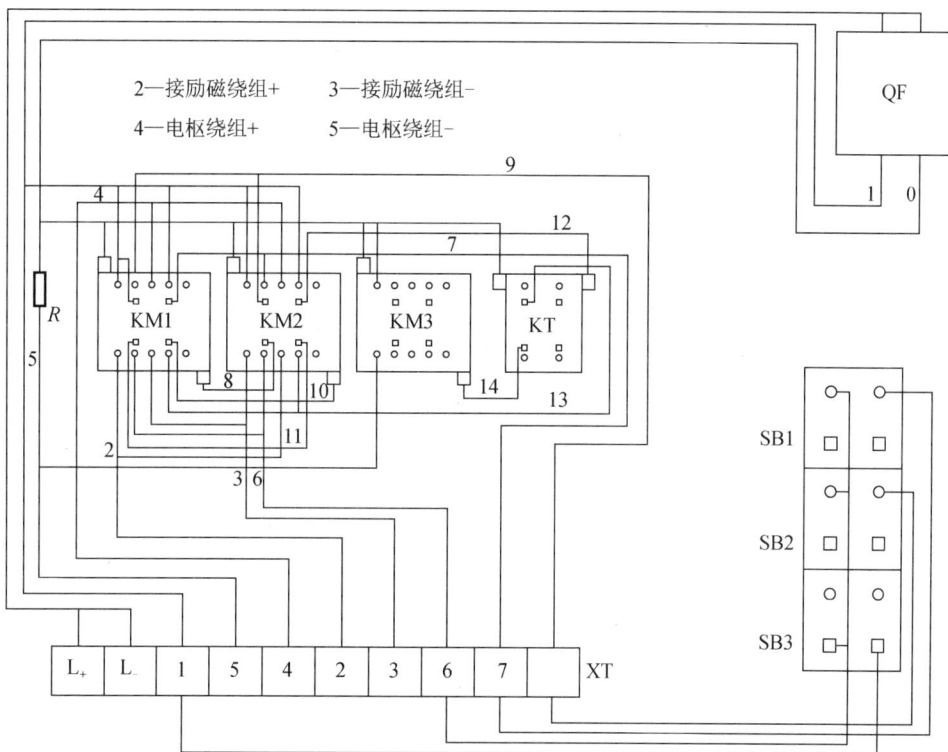

图 4-2-4　串励直流电动机正反转控制电路安装接线图

第 3 步　安装元件并合理接线

对照串励直流电动机正反转控制电路电气原理图或接线图，根据之前学习的接线要求合理地接线。

第 4 步　通电前自检

对于安装完成的控制电路，通电前自检是安全通电试车的重要保证。

主要按电路原理图，逐段核对接线及接线端子处线号是否正确，有无漏接、错接。检查导线接点是否符合要求，有无反圈、露铜过长、压绝缘等故障，接点接触是否良好等。

小贴士

自检时，一定要特别注意励磁回路的接线，必须保证连接可靠，以防止电动机运行时出现因励磁回路断路失磁引起"飞车"事故。

第 5 步　通电试车

串励直流电动机正反转控制电路的通电试车操作步骤如下：

01 通电时，先合上三相电源开关，按下连续启动按钮 SB1（或 SB2），电动机连续运转。

02 试车完毕，断电时，先按下停止按钮 SB3，再切断三相电源开关。

小贴士

在连续运行过程中，如果半按下按钮（即按钮不按到底）SB2，也能使电动机停转。

任务评价

串励直流电动机正反转控制电路安装与检修的评价见表4-2-4。

表 4-2-4　串励直流电动机正反转控制电路安装与检修评价表

项目内容	配分	评价标准	得分
选用工具、仪表及器材	15分	1）工具、仪表少选或错选，每个扣2分。 2）元件选错型号和规格，每个扣4分。 3）选错元件数量或型号规格没有写全，每个扣2分	
安装前检查	5分	电气元件漏检或错检，每处扣1分	
安装布线	30分	1）电器布置不合理，扣5分。 2）电动机安装不符合要求，扣15分。 3）元件安装不牢固，每只扣4分。 4）元件安装不整齐、不匀称、不合理，每只扣3分。 5）损坏元件，每只扣15分。 6）不按电气原理图接线，扣15分。 7）布线不符合要求，每根扣3分。 8）接点松动、露铜过长、反圈等，每个扣1分。 9）损伤导线绝缘层或线芯，每根扣5分。 10）漏装或套错编码套管，每处扣1分。 11）漏接接地线，扣10分	
故障分析	10分	1）故障分析和排除故障的思路不正确，每处扣5分。 2）标错电路故障范围，每个扣5分	
排除故障	20分	1）断电不验电，扣5分。 2）工具及仪表使用不当，每次扣5分。 3）排除故障的顺序不对，扣5～10分。 4）不能查出故障点，每个扣10分。 5）查出故障点，但不能排除，每个扣5分。 6）产生新的故障： ① 不能排除，每个扣10分； ② 已经排除，每个扣5分。 7）损坏电动机，扣20分。 8）损伤电气元件，或排除故障方法不对，每只（次）扣5分	
通电试车	20分	1）热继电器未整定或整定错误，扣10分。 2）熔丝规格选用不当，扣5分。 3）一次试车不成功，扣10分。 4）两次试车不成功，扣15分。 5）三次试车不成功，扣20分	
安全文明生产		违反安全文明生产规程，扣10～40分	
定额时间：3h		每超时5min扣5分，不足5min按5min计	
备注		除定额时间外，各项目的最高扣分不应超过配分分数	成绩
开始时间		结束时间	实际时间

知识拓展

串励直流电动机自动启动控制电路工作原理

串励直流电动机和并励直流电动机一样，常采用电枢回路串联启动电阻的方法进行启动，以限制启动电流。其中启动的方法包括手动启动和自动启动控制电路。图 4-2-5 所示即为自动启动控制电路。

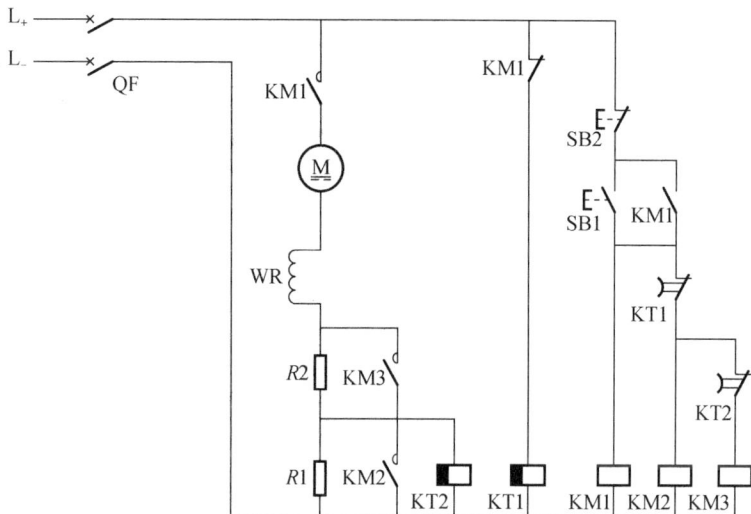

图 4-2-5　串励直流电动机自动启动控制电路

电路的工作原理如下：

合上电源开关—→KT1 线圈得电—→KT1 延时闭合的动断触点瞬时断开—→使接触器 KM2、KM3 线圈处于断电状态—→保证电动机串接电阻 R1、R2 启动。

1）启动：

按下启动按钮SB1—→KM1线圈得电 —→KM1自锁触点闭合自锁—→电动机M①
　　　　　　　　　　　　　　　　　—→KM1主触点闭合———→KT2线圈②
　　　　　　　　　　　　　　　　　—→KM1辅助常闭触点分断—→KT1线圈③

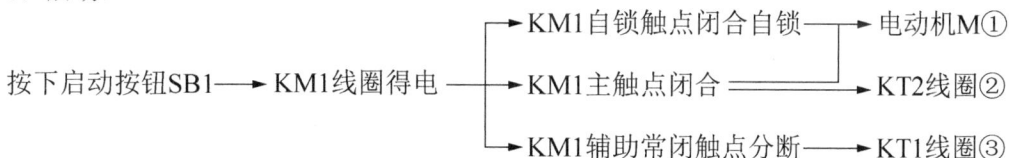

① 串电阻 R1、R2 启动。

② 失电—→KT2 延时闭合的动断触点瞬时分断。

③ 失电—→经 KT1 整定时间—→KT1 延时闭合的动断触点恢复闭合—→KM2 线圈得电—→KM2 主触点闭合短接电阻 R1—→电动机 M 串电阻 R2 继续启动—→在 R1 被短接的同时 KT2 线圈也被短接断电—→经KT2 整定时间—→KT2 延时闭合的动断触点恢复闭合—→KM3 线圈得电—→KM3 主触点闭合短接电阻 R2—→电动机 M 进入正常工作状态。

2）停止：

停止时，按下 SB2 即可。

● 思考与练习 ●

1. 串励直流电动机与并励直流电动机相比，主要有哪些特点？

2. 串励直流电动机使用时应注意哪些问题？为什么？

3. 串励直流电动机改变主磁通调速时，通常采用哪些方法？

附　　录

附录 1　电气控制电路设计的基本方法

随着高层建筑和智能化楼宇的增多，电气控制设备越来越多，各类控制电路广泛应用在各种自动化领域中。因此，作为电气工程技术人员，需要掌握一定的电气控制电路设计知识，懂得电气设计基本原则、基本内容和基本方法。我们在这里主要介绍继电控制电路的经验设计方法，对逻辑代数设计方法仅做简单介绍。

1. 电气设计的基本原则

1）电气控制电路要最大限度满足生产设备、生产工艺的要求。

2）在满足要求的前提下尽量简化电路。

3）尽量选用标准、广泛采用并经过长期使用的控制环节，同时要注意触点的等电位布置。

4）合理选用元件。

附图 1-1～附图 1-3 列举了几种设计中应注意连接方式。

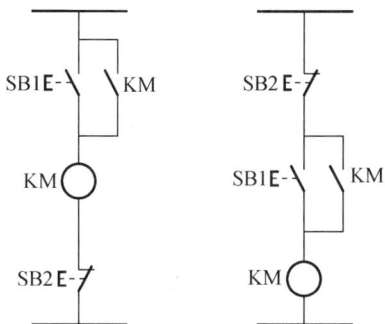

附图 1-1　减少引出线的连接

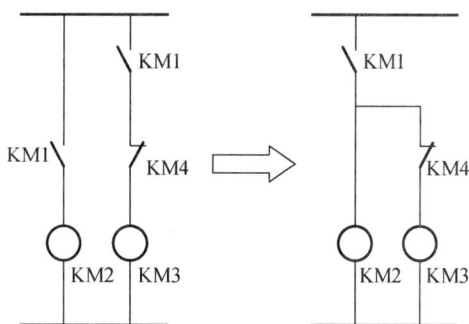

附图 1-2　合并同类触点

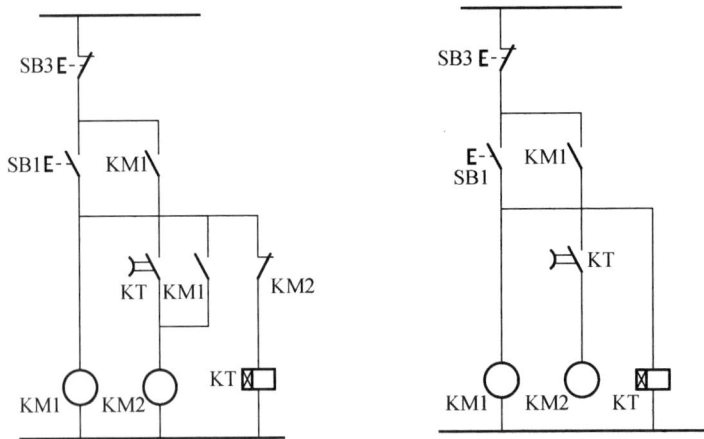

附图 1-3　减少通电电器

2. 电气设计的基本内容

电气设计的基本内容主要包括以下几个方面：

1）电力拖动方案的制订。

2）电气控制方式的选择。

3）工艺设计。

4）图样绘制。

3. 电气设计的基本方法

（1）分析设计法

分析设计法又称为经验设计法，设计方案要通过分析、比较和筛选，有时还需要进行试验验证才能确定出最佳方案。由于经验设计方法简单、快捷，在实际工作中普遍运用。下面通过带运输机的实例介绍经验设计方法。

在建筑施工企业的沙石料场，普遍使用带运输机对沙和石料进行传送转运，附图 1-4 是两级带运输机示意图，M1 是第一级电动机，M2 是第二级电动机。基本工作特点如下：

① 只能 M1 先启动，然后 M2 才能运行；

② 当 M2 停止工作时 M1 才能停止工作；

③ 控制电路有必要的保护环节。

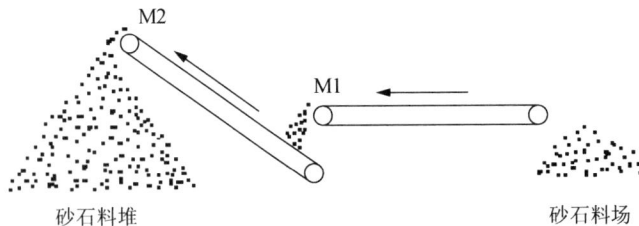

附图 1-4　两级带运输机示意图

1）主电路设计。

电动机采用三相笼形异步电动机，接触器控制启动、停止，电路应有短路、过载、欠电压保护，两台电动机控制方式一样。带运输机主电路如附图 1-5 所示。电路中采用了断路保护器、熔断器、热继电器，可满足上述保护需要。

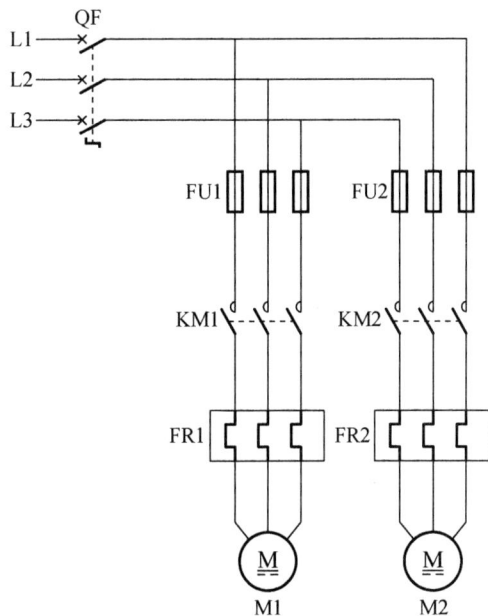

附图 1-5　带运输机主电路

2）控制电路设计。

直接启动基本控制电路如附图 1-6 所示，为操作方便，电路中设计了总停按钮 SB5。

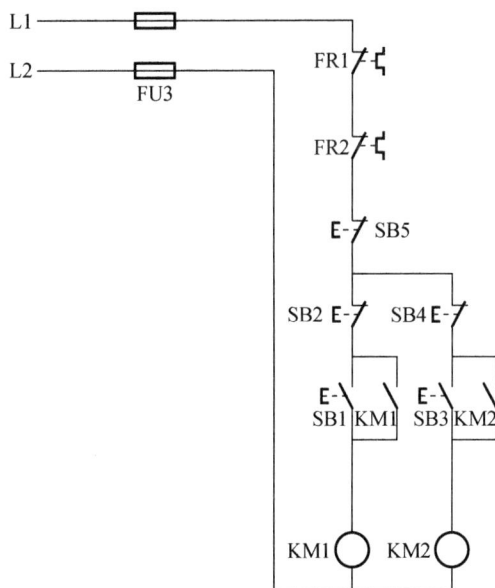

附图 1-6　直接启动基本控制电路

考虑到电动机的启动和停止有一定的顺序，必须相互制约，所以我们在控制电路中，M2 线圈前加上 KM1 继电器的辅助常开触点，这样在保证 M1 线圈得电后，M2 才能运行，如附图 1-7 所示。

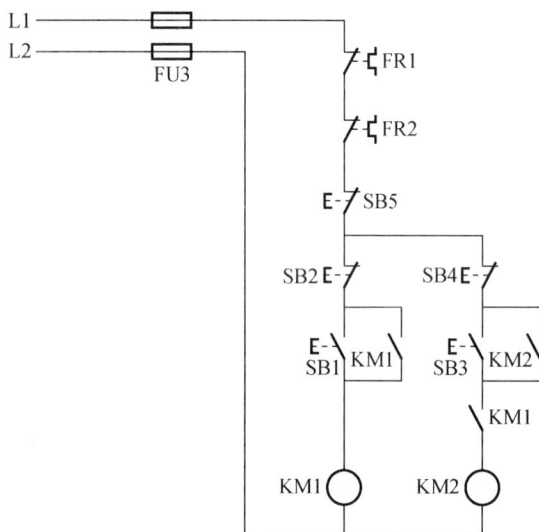

附图 1-7　改善后的控制电路

既然电路是相互制约的，启动过程我们已经设计出来了，那么对于停止部分，如何让 M2 先停止运行，然后 M1 停止呢？这时我们可以利用 KM2 线圈的辅助常开触点与 SB2 并联，这样保证 M2 停止后 M1 才停止运行，如附图 1-8 所示。

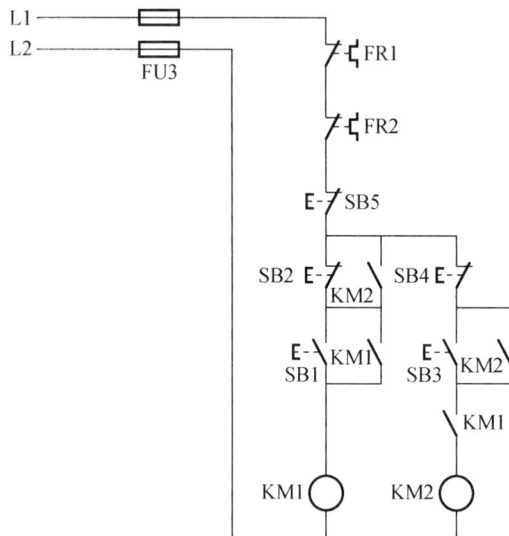

附图 1-8　带运输机的控制电路

综上所述，能够实现题目所要求的功能的电路如附图 1-9 所示。

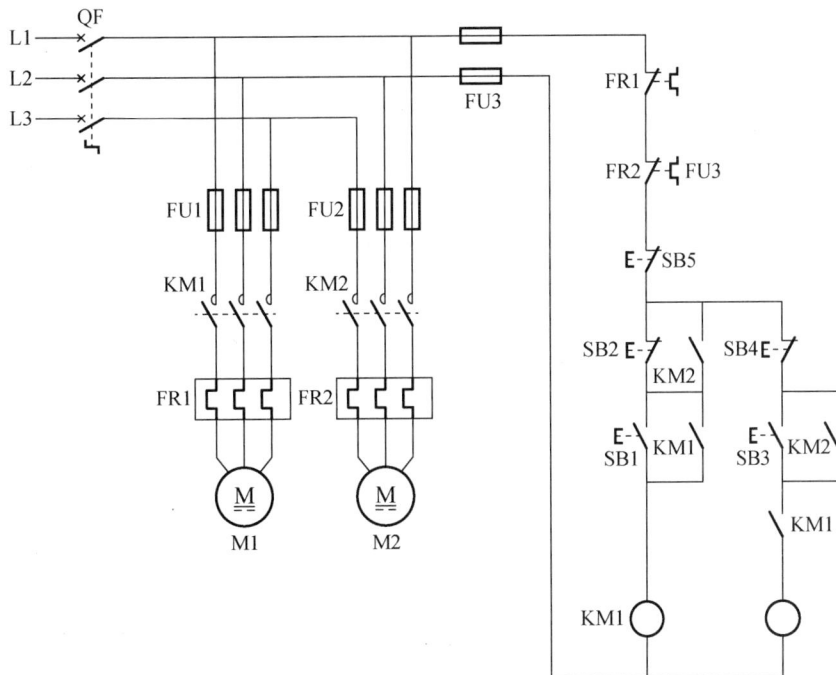

附图 1-9　带运输机设计电路

3）设计电路的复验。

根据设计要求逐一验证。

① 电路中采用了断路器、熔断器、热继电器，可满足电路保护需要。

② 两台电动机的运行过程均能满足要求。

（2）逻辑设计法

逻辑代数设计法是根据生产工艺的要求，把电气元件的动作状态视为逻辑变量，通过逻辑运算找出最简单的逻辑表达式，画出相应的控制电路，使电路使用的元件最少。逻辑代数设计法用于复杂控制电路的设计时具有明显的优势，当然这种设计的难度也比较大，在此不做详细说明。

附录 2 常用电器、电动机的图形及文字符号

附表 2-1 为常用电器图形符号和文字符号。附表 2-2 为常用电动机图形符号和文字符号。

附表 2-1 常用电器图形符号和文字符号

类别	名称	图形符号	文字符号	类别	名称	图形符号	文字符号
开关	单极控制开关		SA	按钮	常开按钮		SB
	手动开关		SA		常闭按钮		SB
	三级控制开关		QS		复合按钮		SB
	三级隔离开关		QS		急停按钮		SB
	三级负荷开关		QS	行程开关	常开触点		SQ
	组合旋转开关		QS		常闭触点		SQ
	低压断路器		QF		复合触点		SQ

类别	名称	图形符号	文字符号	类别	名称	图形符号	文字符号
接触器	线圈		KM	时间继电器	通电延时线圈		KT
	常开主触点		KM		断电延时线圈		KT
	常开辅助触点		KM		延时闭合的动合触点		KT
	常开辅助触点		KM		延时断开的动断触点		KT
热继电器	热元件		FR		延时断开的动合触点		KT
	常闭触点		FR		延时闭合的动断触点		KT
	常开触点		FR		瞬时闭合常开触点与瞬时断开常闭触点		KT

类别	名称	图形符号	文字符号	类别	名称	图形符号	文字符号
中间继电器	线圈		KA	电压继电器	过电压线圈	$U>$	KV
	常开触点		KA		欠电压线圈	$U<$	KV
	常闭触点		KA		常开触点		KV
电流继电器	过电流线圈	$I>$	KA		常闭触点		KV
	欠电流线圈	$I<$	KA	非电力控制的继电器	速度继电器常开触点	n	KS
	常开触点		KA		压力继电器常开触点	p	KP
	常闭触点		KA	熔断器	熔断器		FU

附表 2-2　常用电动机图形符号和文字符号

类别	名称	图形符号	文字符号	类别	名称	图形符号	文字符号
电动机	三相笼形异步电动机		M	变压器	单相变压器		TC
	三相绕线转子异步电动机		M		三相变压器		TM
	他励直流电动机		M	灯	信号灯（指示灯）		HL
	并励直流电动机		M		照明灯		EL
	串励直流电动机		M	互感器	电流互感器		TA
发电机	发电机		G		电压互感器		TV
	直流测速发电机		TG				

附录 3　常用电力安全标志

附表 3-1 为常用电力安全禁止标志, 附表 3-2 为常用警告标志, 附表 3-3 为常用指示标志。

附表 3-1　常用电力安全禁止标志

序号	提醒标志示例	名称	序号	提醒标志示例	名称
1		禁止吸烟	8		禁止堆放
2		禁止烟火	9		禁止靠近
3		禁止带火种	10		禁止戴手套
4		禁止攀登 高压危险	11		禁止启动
5		禁止用水灭火	12		禁止饮用
6		禁止合闸	13		禁止停留
7		禁止触摸	14		禁止入内

附表 3-2　常用警告标志

序号	提醒标志示例	名称	序号	提醒标志示例	名称
1		注意安全	8		当心滑跌
2		当心触电	9		当心电离辐射
3		当心火灾	10		当心绊倒
4		当心电缆	11		当心坑洞
5		当心腐蚀	12		当心塌方
6		当心烫伤	13		当心弧光
7		当心吊物	14		当心坠落

附表 3-3　常用指示标志

序号	提醒标志示例	名称	序号	提醒标志示例	名称
1		必须戴防护眼镜	6		必须戴防护帽
2		必须戴防毒面具	7		必须戴防护手套
3		必须戴防尘口罩	8		必须系安全带
4		必须戴安全帽	9		必须穿防护服
5		必须戴护耳器			

参 考 文 献

王洪，2009．机床电气控制[M]．北京：科学出版社．

王金花，2011．维修电工与技能训练[M]．北京：人民邮电出版社．

谢敏玲，陆春松，2010．电机与电气控制模块化实用教程[M]．北京：中国水利水电出版社．

杨志良，2015．电工技能实训[M]．北京：北京理工大学出版社．

岳丽英，2014．电气控制基础电路安装与调试[M]．北京：机械工业出版社．

周万平，2006．维修电工技能[M]．北京：中国劳动社会保障出版社．